美中暖戰

兩強競逐太平洋控制權的現在進行式

Crashback

The Power Clash Between the U.S. and China in Pacific

麥克・法貝
Michael Fabey 著

常靖 譯

致 Barb、Megan 與 Jason

你們都是我的羅盤、我的船錨和我的北極星

目錄

這一切都是完全合乎國際法，也一直都廣為各國接受的海事行為。

第二章　屬於美國的海洋　047

除了少數例外，其他海軍作夢也不可能完全稱霸西太平洋，更不要說整個從美洲一路延伸到馬六甲海峽的太平洋了。太平洋實在太大、太寬，牽涉到的行為人太多，任何一個國家或海軍都不可能完全控制。

事實上，在整個歷史上，只有一支海軍曾經強大到可以將太平洋說成是自己的海洋。

第三章　吳上尉的新海軍　083

重點並不是吳上尉宣稱的海口艦性能到底準不準確。

重點是吳上尉和解放軍海軍的諸多軍官「相信」這是真的。他們相信本國海軍會在大約十年之內，在科技與作戰能力上超越美國海軍。他們相信中共會結束美國幾十年來在西太平洋的海上霸權。

照這樣來看，吳上尉的新海軍確實可能是個危險的對手。

第四章　這就是暖戰　107

在一次與中國外交部長於白宮進行的會談中，歐巴馬總統提到了「合作」、「提高美國與中國軍事對話的頻率與層級十分重要，如此才能避免未來再有事情發生」。

在美國海軍的最高層，他們相信如果能與中國那邊地位相等的人發展出更緊密的關係，就能影響中國的軍事政策，並控制住中共的侵略傾向。他們相信合作與溫和地說服，而不是武力展示，可以改變中共的行為。

簡單來說，他們相信美國真的可以「信任」中國

太平洋司令部司令對記者表示，美國在太平洋地區面對的最大安全威脅不是北韓的飛彈，也不是中共持續成長的野心與海軍軍力，而是「全球暖化」。美國與美國在太平洋的夥伴應該投入軍方資源來準備對付這個問題，他覺得在區域內主權爭議的問題上，「有些時候中共受到其他國家的待遇太粗暴了」。

基於中國艦艇的攻擊性與難以預料的狀況特質，值更官向艦長提出是否要修改考本斯號的武器狀態，預防對方完全瘋掉、開始射擊。本來根據安全準則，發射飛彈或射擊五吋艦砲需要下三道不同的命令，但若是在修改狀態下，只要一道就夠了：艦長向兵器官下令開火，半秒後飛彈或砲彈就出去了。

太平洋艦隊司令哈里斯上將就相信與中共軍方有一點互動確實是比完全沒有互動好，但同時這並不代表他信任中共。

「我觀察他們有一陣子了，」他日後表示，「而現在我對中國的觀點比以前要來得黑暗一些。」環太平洋演習的間諜船事件，無疑讓美國執行與中國合作的政策要困難了許多。中國似乎將合

作當成是一條單行道，若是牽涉到像南海這樣的緊張地區，他們還是表現出這條單行道彷彿是他們家開的一樣。

第八章　更多、更好的飛彈　221

面對中國日漸努力透過部署攻擊性武器、試著不讓美國海軍進入西太平洋關鍵地區，這些新型或改良的飛彈能解決問題嗎？若是可以達成目的，中國並不想與美國發生衝突。將臺灣「歸還」給中國控制、稱霸南海的航道、將美軍趕出西太平洋，這些都是中共領導階級的核心目標。所以只要經濟足以支撐，中國就會繼續發展軍事科技。如果美國海軍想要保持西太平洋的戰鬥能力，它就必須跟上中國的腳步。

第九章　沙土長城　253

我們看到某些海岸國家在濫用海上主權宣示。有些這樣的宣示已經過了頭，開始製造出不確定性與不穩定性。但真正在此時此刻使許多人擔憂的，是目前中共正在進行、前所未有的土地奪回行為。

中共正在將沙填入活珊瑚礁製造人工土地……已製造出超過四平方公里的人工土地。……中共接下來的行為會是重要的指標，顯示此地區正走向對峙或是合作。

第十章　變更路線　277

國家元首常常發現所謂的「狂人理論」在國際關係上相當好用。如果你的對手相信你真的瘋了，

比方說瘋到真的會發動戰爭，甚至是核戰，那他們就會害怕把你逼得太緊。尼克森總統運用這種方法對付蘇聯和北越的事蹟就很出名，他鼓勵季辛吉向外國的對口單位私下表示美國總統精神不穩定，什麼事都做得出來。已經有人認為川普也在玩同一個把戲了。

推薦序（一）

解放軍在南海的野心

呂禮詩（海軍官校軍事學科部前教官、新江軍艦前艦長）

本書作者麥克．法貝所說的「暖戰」，正持續在台灣附近的南海上演中。所謂的「暖戰」並非指雙方真的打起來，但不斷地升溫的軍事建設與兵力投入正加劇著雙方的抗衡與衝突。

以色列國際衛星影像公司（ImageSat International, ISI）五月中旬在社群媒體公開了近日永暑礁的衛星照片，其中可以清楚的判讀解放軍空警500預警機、空潛200反潛機與疑似直18反潛直升機，已前進部署南海；如果比對中國將二〇一二年所設立的三沙地級市，在上個月更進一步劃設為西沙區及南沙區，顯見中國對南沙加強了政治及軍事的管治。相對於台灣極度仰賴此一「海上交通線」（Sea Line of Communications, SLOCs），就不能不重視解放軍在南海的野心及其可能的延伸。

預警機的部署，從來就不是單純的海空預警，而是著眼在更重要的遠距離目標獲得與戰機空中指管。雖然此次的衛星偵照，並未發現戰機的進駐，但美國智庫戰略與國際研究中心（CSIS）亞洲海事透明倡議組織（AMTI）在二〇一六年六月所公布的衛星照片中，可見跑道末端的機庫上方裝置了除濕降溫的空調設備，就已說明了殲擊機（編註：或稱戰鬥機）的部署早在預劃之中。

外型與直8相似的直18反潛直升機與空潛200反潛機部署於永暑礁，反映解放軍的反潛戰力向南海延伸。這同時解釋了四月十日遼寧號航空母艦通過宮古海峽、十二日穿越巴士海峽、進入南海的戰鬥群編隊，為何所納編的052D飛彈驅逐艦或054A飛彈護衛艦（編註：或稱巡防艦），皆配備了311型主／被動拖曳陣列聲納，顯示解放軍正全力針對反潛戰力的不足，進行裝備的補強與訓練的提升。

日本海上自衛隊前自衛艦隊司令官香田洋二海將（Yoji Koda）於二〇一六年即已在《亞洲政策》（*Asia Policy*）期刊中提出南海「戰略三角」（strategic triangle）的概念：構成戰略三角的三個頂點分別為永興島、民主礁與永暑礁、渚碧礁、美濟礁形成的「南沙鐵三角」；並指出這個戰略三角將會對於美國及日本的戰略規劃產生巨大影響，且可能成為區域權力關係中的遊戲規則改變者。

梳理近三年來解放軍在南海各前哨基地所進行的部署與訓練：二〇一八年五月於永興島部署直8／18及直9直升機，轟6K轟炸機進行起降訓練；二〇一八年六月發現「紅旗-9」防空飛彈放列於永興島北部灘岸，同年七月則有殲11進駐；二〇一九年六月在永興島部署至少四架殲10戰機，十一月於美濟礁發現可長期滯空進行海空監偵的「浮空器」（編註：Aerostat，貌似飛艇的航空器）。

以上歸納不難發現，解放軍的部署由最北的永興島向東南的美濟礁及西側的永暑礁擴張，裝備以空中目標的偵蒐系統與攔截的飛彈、戰機為主；故此中國正以「切香腸戰術」，次第的建構「南海防空識別區」的識別與攔截能量；這就是香田洋二所指稱的南海「戰略三角」形成下，遊戲規則的改變力量。

中國在十年間，將南海其中三個礁石與淺灘填海成為不但擁有3A標準跑道，且可進駐海軍、海警及民兵的「沙土長城」；相對於二戰後掌握了西太平洋海權七十餘年的美國，近年來卻力不從心，只能透過「群島防禦」（archipelagic defense）與「航行自由行動」（Freedom of Navigation Operation, FONOP）進行被動的反制。

美軍在有限的預算下，除了無奈的將關愛的眼神望向菲律賓蘇比克灣及越南金蘭灣外，最積極的舉措就是陸戰隊司令柏格（David Berger）以《兵力設計二〇三〇》（Force Design 2030）為藍圖，收縮人力規模而轉向部署新一代的攻船飛彈、無人載具與兩棲舟車，透過「陸戰隊濱海團」（Marine Littoral Regiment）的打造，建構陸戰隊制海（sea control）與海上拒止（sea denial）的作戰能力。

最近即使疫情緊張，美國依然在南海執行「航行自由行動」，前些時候還有航空母艦打擊群及遠征打擊群集結，電偵機甚至數次接近華南及香港。雖然美國極力挽回劣勢，但解放軍在南海的軍力擴張並非終點，永暑礁部署的空潛200反潛機所代表的遠距水下作戰能力，指向的是「二十一世紀海上絲綢之路」所延伸、更遠的——印度洋。如果美國如麥克．法貝在書中提到的，能夠阻止中國在西太平洋建立新秩序，也就是維持現狀：通過國際法，而不是威懾和恐嚇的方式，以和平的方式來解決爭端，那麼維護西太平洋及其周邊地區的安全、自由和不受限制通行的目的就有望達成，如此也才能止住解放軍在南海的野心。

推薦序（二）

中美海上逐鹿從南海延伸到太平洋

揭仲博士（中華戰略前瞻協會研究員）

作者在書中以「暖戰」形容習近平擔任中共領導人後，美國與中共在南海問題上的情勢發展。一方面雙方並未真正的兵戎相見，甚至在許多國際政治與經濟層面上，還是必須相互合作；但在第一線的爭議現場，卻又頻頻你來我往、短兵相接，甚至好幾次頻臨「意外」發生的邊緣。

而當本書的英文本問世後，短短二年間，美國與中共的「暖戰」，已經從原本的熱點南海，逐漸延伸至第一島鏈與第二島鏈之間的西太平洋；特別是菲律賓海，也就是若干中共學者口中的「中海」。

首先是中共於二〇一九年一月十六日，派出「南部戰區海軍遠海聯合訓練編隊」，前往南海、西太平洋、中太平洋等海域進行歷時三十四天，總航程約一萬浬的遠海聯合訓練。然後在六月十日，遼寧號航艦戰鬥群從宮古海峽穿出第一島鏈進入西太平洋；不但超越沖之鳥礁，抵達距關島約一千公里的海域，才轉向西南，從菲律賓南方的蘇祿海進入南海海域。

挺進第三島鏈逼近夏威夷

接著，南部戰區於二〇二〇年一月十六日，再度派遣「南部戰區海軍遠海聯合訓練編隊」，進行四十一天、一萬四千餘浬的遠海聯合訓練。艦隊更首度以戰備訓練狀態，穿越國際換日線，挺進至離夏威夷——第三島鏈美軍最大基地——約一千公里的海域。換言之，已接近夏威夷到055型驅逐艦（此次未納編）所配備、射程超過一千公里之「長劍-10」巡弋飛彈的打擊範圍。

不同於以往不定期、甚至相隔數年才舉行的「機動」系列演習。從二〇一九年迄今的這三次海軍艦隊遠海聯合訓練，意味著中共已開始常態性、定期性地派遣艦隊，前往第二島鏈附近，執行「體系化」與「實戰化」的訓練。目的是將海軍的「作戰海區」，從目前的黃海、東海、南海中部南沙海域等「近海」，逐步朝「中海」擴展；後者主要包括第一島鏈與第二島鏈之間的菲律賓海與西馬里亞納海等太平洋水域。

在中共的軍事用語中，「作戰海區」是指「遂行作戰任務的海區」，或「海上作戰行動所及的海區」，是制定海軍戰略的重要依據。而「作戰海區」的範圍絕非一成不變，會隨國家總體戰略目標的改變進行調整。

作戰海區從近海擴展至中海

共軍尋求將海軍「作戰海區」，從「近海」逐步擴展至「中海」，依照中共學者的看法，主要是著眼於下列戰略價值：

第一，菲律賓海與西馬里亞納海位於第一島鏈與第二島鏈間，若能在此部署海軍兵力，就能同時威脅第一島鏈與第二島鏈，形成共軍最強調的「圍點打援」——一方面從側面與後方威脅第一島鏈，同時又能制約從第二島鏈出發、企圖馳援第一島鏈的兵力，進而掌握主動權。

第二，由於美軍的遠距精準打擊能力不斷提升，共軍若無法在距中國大陸一千浬外的區域，攔截並打擊美軍兵力，就無法有效保障海上方向的安全。

第三，實施「戰略外線反擊作戰」，是現代高技術局部戰爭的條件下的必然選擇。因此，中共海軍應當派遣兵力，進入太平洋，「變美方的縱深為中方的前沿」，然後伺機對美軍在關島、甚至夏威夷的後方中樞基地進行干擾和打擊，以癱瘓美軍的整體作戰能力。

第四，中共「巨浪-2」型潛射洲際彈道飛彈，目前射程約八千公里，不足以從「近海」攻擊美國本土。因此，中共的核子動力彈道飛彈潛艦，還是必須設法進入「中海」，才能保有一定的核嚇阻與核反擊能力。

隨著中共海軍開始常態性地派遣艦隊進入「中海」，還特地營造未來能對關島、甚至能對夏威夷發動攻擊的想像。美軍的反應，在川普就任美國總統，和美國對中共的戰略調整後，也如同作者在書中結尾的「暗示」，出現了變化，開始張大眼睛瞪著中共。

最具代表性的措施，就是在二〇二〇年四月中旬，將關島的B－52轟炸機調離；並立即於四月二十二日和二十九日，兩度自美國本土派遣B－1B轟炸機，前往日本和南海執行任務。隨後又在四月底，從美國本土派遣四架B－1B，前進部署至關島安德森空軍基地，執行「轟炸機特遣隊」任務；其中一架還先到日本，與駐日美軍進行操演後，再前往關島。

美B－1B轟炸機阻斷共軍通道

接下來，這批前進部署至關島的B－1B，不僅數度飛抵台灣周邊，還對中共還以顏色，飛到足以用射程超過九百公里之AGM－158B「聯合空對地距外飛彈」，攻擊大陸東南沿海內陸目標的位置。甚至在五月八日，一口氣出動兩架B－1B，由KC－135實施空中加油後，兵分兩路，分別從巴士海峽與「蘇拉威西海－蘇祿海」進入南海；而巴士海峽與蘇拉威西海，正是共軍南海艦隊從「近海」挺進至「中海」的主要通道。這兩架B－1B的飛行路徑，其實就是要向中共和周邊國家展示，美軍有能力在這兩條通道上打擊共軍的艦隊。

這些舉動，除了要以具體行動證明，即使美軍航艦打擊群的反應能力下降，美軍仍然有能力立即對中共的軍事冒進採取行動。或許更重要的是，美軍要向中共和其他亞太國家展示，即便共軍能威脅關島，美軍也能從本土、甚至世界其他區域對中共發動打擊；藉此強化其他國家對美國在軍事和外交上的支持，確保美國在太平洋的戰略態勢。

時至今日，再來閱讀作者的這本《美中曖戰：兩強競逐太平洋控制權的現在進行式》，將能對習近平擔任中共領導人以來，美國和中共關係的變化，尤其是在南海與西太平洋的競逐，獲致一個清楚的脈絡；是關心這個重要主題的學者、甚至一般的讀者，不能錯過的好書。

（原文刊登於《新新聞周刊》，二〇二〇年五月十三日，1732期，經作者改寫）

作者序

要寫一本以正在發生的歷史為題的書從來都不是一件簡單的事。本書的大部分「研究」，都是我在擔任《航空週刊》（*Aviation Week*）的海軍編輯期間，直接觀察、現場採訪親身涉入其中或目擊書中所述許多事件的人士為主。我有機會接觸到前人無法接觸的軍官、水兵、飛行員、地面人員、艦艇、航空器與演習，範圍不限於美國海軍，還包括其盟友、夥伴，甚至是對手。在某些情況下，如書中所述，我都有找到其他附有事實或引述的報導。但不論如何，即使有這些報導，我仍補上自己對報導者的訪談或其他來源，不僅是為了確認發生的事，也為了要尋找可能的變化並將未說明清楚的細節釐清。許多時候，由於消息來源面對的職涯或個人自由風險，我必須隱匿這些來源。無論如何，我都已盡力將這些來源與我所能提供最準確的事件概觀結合成本書的內容。

羊座II型偵察機，卻因靠得太近於碰撞時喪生。受損的白羊座偵察機被迫於海南島降落，其24名機組員遭拘留11天。爾後，紐約市與華盛頓特區發生恐怖攻擊，使美軍的注意力轉向阿富汗與中東地區。

2007年

中共發射反衛星飛彈[7]摧毀一枚老舊的氣象衛星。中共發展陸基與太空反衛星科技的長期計畫於此開始。

2011年

歐巴馬政府發表於經濟、外交與軍事層面「重返亞太」[8]，將重心移出中東地區。

2012年

中共海上準軍事部隊與漁船逼迫菲律賓部隊離開爭議性島礁民主礁（Scarborough Shoal）[9]，並單獨控制該南海礁岩。

2015年

美軍太平洋司令部司令哈利・哈里斯上將表示，中共正在南海建造一座「沙土長城」[10]，快速地建造人工島，當作前進基地以便在該海域行使排他權。

2016年

哈里斯上將派出史坦尼斯號航艦打擊群[11]執行為期兩個月的南海巡邏任務，以確保航行自由權。國防部長卡特前去拜訪該艦，並表示美國會持續維持在此地區的軍力。

2017年

川普政府[12]表示會重新思考一個中國政策。中共以派遣航艦編隊通過臺灣海峽回應。美中雙方在西太平洋的「暖戰」仍然持續進行。

大事紀

1979 年

美國與中共建交。美國承認「一個中國」[1] 原則，但仍與臺灣保持經濟與軍事關係。

1994 年

中共佔領美濟礁[2]，位於菲律賓外海僅有 135 哩處，並於該礁上建造碉堡。中共宣稱這些碉堡是供遇難漁民使用的避難所。

1995 至 1996 年

為影響臺灣總統大選，中共「試射」飛彈並舉行海軍演習，實質上等同於封鎖臺灣海峽[3]。柯林頓總統派出美國海軍的兩支航空母艦戰鬥群進入海峽作為回應，迫使中共讓步。中共高層發動優先計畫，擴大海軍規模並改善其現代化程度。

1999 年

美國軍事支出[4]跌至國內生產總值的 3.4%，創二戰以來新低。

2000 年

中國的國內生產總值[5]在 20 年內成長至五倍，從 1978 年的 2,180 億美元，成長至 2000 年的 1.2 兆美元。新千禧年伊始，其軍事開銷正以每年 10% 的速度成長。

2001 年

一名中共戰鬥機飛行員企圖威嚇[6]美國海軍一架飛越南海的 EP-3E 白

美中西太平洋海上事件圖

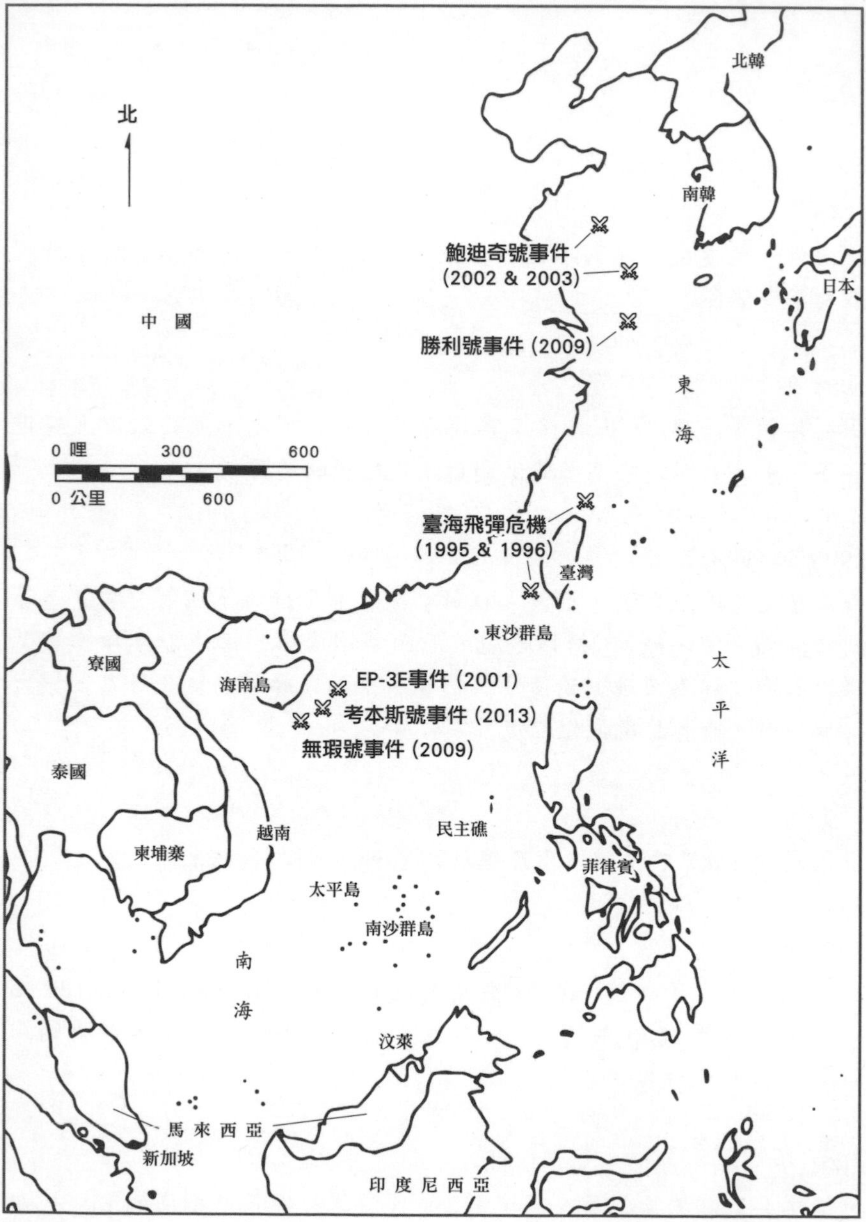
北韓
北
南韓
日本
鮑迪奇號事件
(2002 & 2003)
中 國
勝利號事件 (2009)
東
海
0 哩
300
600
0 公里
600
臺海飛彈危機
(1995 & 1996)
臺灣
東沙群島
太
平
洋
寮國
海南島
EP-3E事件 (2001)
考本斯號事件 (2013)
無瑕號事件 (2009)
泰國
越南
民主礁
柬埔寨
菲律賓
太平島
南沙群島
南
海
汶萊
馬 來 西 亞
新加坡
印 度 尼 西 亞

前言

美國與中國已經在西太平洋開戰了。

這點可能會讓許多讀者嚇一跳，所以必須再寫一次。美國和中華人民共和國已經在西太平洋開戰了。在各位讀到這裡的同時，數萬名美國的海軍、陸軍、空軍與陸戰隊官兵正在外面作戰，冒著生命危險在海面上、海中或空中執行任務。

這當然不是一場熱戰。美中雙方的軍隊並沒有對彼此發射飛彈、魚雷或是艦砲，雖然只要有一點點計算或判斷錯誤，就很容易演變成這樣的局面。這也不是像美蘇那種冷戰。中共的領導人並沒有拿起鞋子在桌上敲、威脅著要埋葬我們；而美國的領袖也沒有把中國稱作是「邪惡帝國」。相反地，在美中外交、軍事關係最緊張的時刻，雙方還在公開場合微笑相待、互相鞠躬、握手言歡，同時還公開保證會互相合作。

雖然這場戰爭不冷也不熱，中國與美國——尤其是美國海軍，卻正在西太平洋地區進行一場暖戰[1]。戰爭的目標[2]是爭奪彈丸小地和大片的海洋與天空，這是一場充滿危險對峙與小型緊張情勢的暖戰、一場爭奪軍事霸權與伴隨而來的經濟、外交影響力的戰爭。這場戰爭由衰退但稱霸太平洋幾十年的美國海軍，對上以驚人的速度，從海防部隊進化成能在這個地區投射強大力量的藍海艦隊、正在蓬勃發展的解放軍海軍[3]。在這場暖戰中，中共企圖擁有並以軍事手段控制世界上就經濟價值而言最重要的水域之一。

這是一場美國正在輸掉的戰爭。

當然，這裡的「輸」、「贏」與傳統戰爭並不相同。對美國而言，勝利並不代表要摧毀中共政權或使其屈服，也不代表要在天安門廣場的人民大會堂簽署投降書。就算美國能造成這樣的結果——實際上做不到，它又為什麼要這樣做呢？中共花了四十年時間，從一個孤立而貧窮的第三世界國家，搖身一變成了一個繁榮的市場與貿易導向經濟強權[4]，這點對全世界整體而言是好事，對美國而言也是好事。這讓幾億的人民得以脫離貧窮，不只是在中國，而是在整個亞太地區，還刺激了全球的貿易往來。這就是為什麼美國人能用兩百美元買到一台筆記型電腦。若是美中發生戰爭，即使是有限的戰爭，對雙方而言都是人命與經濟上的災難。美國並不能透過讓中共滅亡而取得勝利。

相對地，美國要贏得這場暖戰，只需要逼中共和平地照規矩來[5]，遵循它自己經濟崛起的同一套系統就行了。換句話說，美國必須要求中共尊重並維持現狀。這聽起來可能不像什麼很能激勵他人的口號——「前進吧！保護現狀！」——但對美國和世界各國而言，這就是最好的結果。在此個案中，現狀指的是世界各國，包括中國都遵行的一套國際規則；指的是透過國際法和平解決爭端，而不使用暴力威脅等方法；還有最重要的，保持西太平洋及其周邊海域給所有國家船隻的安全、自由與無限制航行權。自第二次世界大戰以來，美國海軍很成功地保持西太平洋與全世界海域的通行安全與自由。如果它能持續做到、阻止中國在公海建立新秩序的話，美國就贏了。如果它做不到或不願意做，那麼美國——以及全世界就輸了。

美國若輸掉這場與中國之間的非傳統衝突，並不需要因為有艦艇沉沒、飛機遭到擊落或是年輕男女官兵在戰鬥中陣亡所導致。美國可以在沒有任何武器開火的狀況下輸掉鬥爭，只要減少或撤出西太平洋地區的軍力[6]、尤其是海上軍力即會發生。這樣的撤退可能是出於經濟考量、孤立主義的盛行，甚至是國內軍事與政府領袖對於衝突的恐懼。

美國的政治領袖與某些軍事領袖如此奉行已經太久了，他們一直都沒有打算要贏。過去，他們甚至未能承認與中國之間存在著這樣的暖戰，卻比較喜歡將中國視為潛在的軍事夥伴，而不是軍事對手。他們拒絕接受中共目前的領導高層不會回應西方的道德勸說[7]，而只會回應展示力量的行為，包括經濟、外交與軍事力量。這是一種和解——有些人可能會稱之為綏靖政策，面對的中共高層卻一直全力利用美國的自滿在擴張自己在西太平洋的侵略性武力，同時侵害著它的鄰國。直到最近，美國的國防相關單位才開始認識到必須擁有贏得與中國暖戰的意志力，才能確保美國的經濟與國家安全。

這又是怎麼發生的呢？面對一個越來越堅定、強大的中國，美國能繼續保持海域的開放與自由嗎？這些便是本書要回答的問題。

本書並不是一本寫給國防單位內部人士看的政策書籍；也不是一本檢驗各種互相衝突的智庫立場或國會研究報告的出版品。本書採用的觀點，是實際站在美國軍艦甲板上、駕駛美國飛機執行危險偵察任務的人，以及其他對美中暖戰有第一手經驗人士的觀點。這些人大多是美國海軍的水兵與飛官。雖然空軍、陸軍和陸戰隊（同樣屬於海軍部）在保護美國於西太平洋的利益中都扮演很重要的角色，但美國海軍的男女官兵才是最常直接在海上與空中面對中國軍隊的人。因此，本書會以他們的故事為主。

讀者應該很快就會發現，本書明顯是以美國的觀點寫作而成。簡單來說，我們美國人是白臉，而中共的軍政高層是黑臉，或者至少是深灰色臉。這樣的理由也很簡單：即使美國有許許多多的缺點，過去也犯過不少錯，但整體而言它仍是世上追求自由、尋求和平、支持民主、支持人權、支持貿易自由的實體之一。而直到目前為止，中國共產黨的高層——不是中國百姓而是其領導階級——並非如此。雖然近幾十年來中共當局採行開放經濟自由的政策，但本質上仍是威權、寡頭、壓迫人民自由且不尊重其他小國權利的政權。中方的立場在本書中會出現應有的篇幅，包括一些與美國水兵擁有相同勇氣、忠誠、為國服務的中國水兵觀點，但沒有人能指望美國與目前的中共高層具備相當的道德正義觀，因為事實上並不相等。

最後，本書的主題是最近、相對而言較短期的美中關係史。雖然很短，但也可能相當重要，因為這段歷史會影響接下來數十年甚至數百年的歷史。

沒有人能確實預測美國與中國今後的關係會怎麼發展，但不論雙方在十年、二十年、三十年後會變成如何，本書的故事或許都有助於解釋雙方是怎麼發展到那一個地步的。

考本斯號於 2010 年 7 月在母港橫須賀 6 號乾塢艦員留影留念，此時的考本斯號已經是一艘問題纏身的巡洋艦。（US Navy）

第一章
這一天的任務

在一個安穩而幾乎可稱之為寧靜[1]的十二月天裡，考本斯號（USS Cowpens, CG-63）單艦航行，穿過南海的藍綠色危險水域。桅桿上的美國國旗迎風飄揚，本艦與艦上的四百名官兵都十分緊張、專注，時時做好準備——他們也正在快速接近目標。

今天的目標是一艘航空母艦，這艘航艦打的是中華人民共和國的旗號。對考本斯號的船員而言，這可不是演習。

考本斯號是一艘飛彈巡洋艦[2]，屬於美軍的提康德羅加級（Ticonderoga Class），自然是一艘既美又富有力量的艦艇。本艦全長近六百呎、低舷外型且線條優美，能以最高三十七哩的航速劃過海面航行——在海上，這樣的速度比在陸上顯得更為激烈、急迫。站在甲板上，感受著艦體內那八萬匹馬力的動力單元在腳下低鳴，同時看著白浪流過艦艏、紅白藍三色的國旗在風中傲然飄揚——這一切的感受，就像騎著一頭重達九千噸的生物一樣。對美軍水面作戰艦艇的水兵而言，在海上看到這樣的一艘船，確實是美不勝收的景象。

但美是其次，考本斯號的主要用途是摧毀目標。

為了做到這一點，艦上備有飛彈。從主甲板下的飛彈艙，到固定在甲板上發射箱內的飛彈，前前後後總共有超過一百枚飛彈，每個都是專門為了各種暴力的任務[3]設計，包括防禦與攻擊在內。艦上備有防空飛彈、反艦飛彈、反彈道飛彈等。有造價超過一百萬美元的戰斧巡弋飛彈，能摧毀一千哩外的目標；也有貼海飛行的魚叉飛彈，能將四分之一噸的炸藥送到海平面另一頭的敵艦上。理想中的巡洋艦武裝，還包括ASROC反潛火箭與魚雷，可以找到並擊沉躲藏的敵方潛艦，還有長達二十二呎的防空飛彈，能將超過五十哩外的敵機從空中擊落。

艦上的武裝還不只這些。如果是距離比較近的目標，比方說支援一場爭議島嶼的兩棲登陸行動好了，艦艏和艦艉各有一門五吋艦砲，能將七十磅重的高爆彈射到十五哩外。如果目標又更近一點，例如有一艘敵軍高速雙體砲艇突然開始快速接近，船上還有幾門二十五公釐巨蝮式（Bushmaster）鍊砲和幾門五零機槍。若是戰況十分緊急，敵方飛彈找到漏洞、鑽過重重防禦火力，以兩馬赫的高速朝考本斯號衝來，二十公釐的方陣快砲，能以每秒七十五發的速率射出大量砲彈，組成一堵摧毀飛彈的彈幕牆。

這確實是相當驚人的火力。事實上，提康德羅加級巡洋艦的設計，就是要成為海上任何國家、任何時代最強大的水面軍艦。此型軍艦與其武裝的用意就在於令人佩服、忌憚、威嚇，必要的話，還要使人感受到無法東山再起的震憾。這就是為什麼今天考本斯號會出現在南海。

至少理論上是如此。但在這艘船上，一切並不一定正如表象。有一個人遊走於看得見陽光的艦橋與陰暗、充滿綠光的戰情中心之間，此人肩負重任，要總管考本斯號上搭載的強大火力，還要負責艦上官兵的生命與福祉。葛雷・宮伯特上校（CAPT Greg Gombert[4]）身材又高又瘦（身高六呎六吋），有著藍色的雙眼與濃密的棕髮，身穿海軍新的連身式藍色工作制服。他的作風強硬、有動力，並且有十足的自信，對自己的艦艇與艦上官兵——以及他自己——都很嚴格。宮伯特是美國中西部嚴格天主教家庭的背景與責任感、努力打拼的綜合體，這一年四十四歲的他，從來沒有失敗過，也不打算讓這次的任務失敗。

宮伯特以低沉、平穩的聲音向他的年輕上尉值更官說了幾句話，過了一秒之後，這些話便透過擴音器響遍全艦。

「設定為改Z狀態*。設定為改Z狀態。[5]」

這個命令馬上讓全艦的水兵開始四處奔跑，他們關上並抓緊防水門，並將一些閥門關閉。損害管制與消防人員進入待命狀態，聲納、雷達與電子作戰人員也更專注地盯著自己的螢幕看，軍官反覆檢查各個系統。Z狀態是海軍次高的備戰狀態，只比戰鬥部署（General Quarters）低一級而已。戰鬥部署指的是本身已經受到威脅，隨時可能遭到攻擊，而Z狀態則是可能很快就會如此的狀態。

---

* 譯註：美國軍艦有三種基本狀態，X、Y和Z，並依舊制音標字母稱為X-Ray，Yoke和Zebra。依序為最小威脅航行、戰時航行或戰時入港，以及面對立即威脅的狀態。「改Zebra」是以Zebra為基礎，加上允許因特定特殊理由而在船上走動。

這個過程只需要幾分鐘就能完成。宮伯特在艦橋上看著這一切，同時也聽著各部門主管傳來各種備戰報告，但不能說是完全滿意。他知道艦上官兵已經盡力了，但真的沒有時間……

宮伯特服役了二十年，現在正是海軍裡的明日之星。他是從聖母大學的「海軍預備軍官訓練團」（ROTC）開始他的職業生涯，而不是安納波利斯的海軍官校。換言之，他並不是「科班」出身的。但他仍擁有傲人的服役紀錄，手中握有升到更高位所需的每一張門票：多次指揮巡防艦與驅逐艦出海，其中包括一次頗受好評、以新服役驅逐艦格利德里號（USS Gridley, DDG-101）艦長的身份執行的任務；除了這些資歷之外，他還擁有碩士學位，也在五角大廈做過四年的必要內勤工作。他接任考本斯號艦長一職只有六個月時間。

像這樣的指揮勤務是海軍水面作戰軍官的生涯顛峰。畢竟在美國海軍現役的五萬五千名軍官[6]當中，不論何時都只有不到三百人能享有指揮艦艇的殊榮。但這樣的榮譽卻不會反映在薪俸上。依軍階與服役年資而定，海軍艦艇指揮官每年的本俸大約介於八萬到十二萬美元之間，和沃爾瑪的經理差不多。但沒有人是為了賺錢加入海軍的。

在這不到三百名艦艇指揮官裡頭，包括宮伯特在內，總共只有二十二個人指揮的是像考本斯號這種飛彈巡洋艦。現在那些老舊的二戰型戰艦都已經消失很久了，它們若不是船體被回收再製成刀片，就是改建成水上博物館；巡洋艦才是海軍的新支柱。而已經算是海軍少數精英的艦長當中，巡洋艦艦長又更是與眾不同一點。

確實，潛艦的指揮官也是一群精英，但潛艦的職責[7]是要躲起來、不要被發現，並靜靜地收集情報或等待發射飛彈的命令到來。潛艦不會用來顯示軍力、宣揚國威。航空母艦確實也更大、艦長的位階也更高，但航空母艦絕不會單獨行動[8]。航艦出動時身邊一定還有其他軍艦組成打擊群。雖然航艦艦長可以指揮自己的軍艦，但他頭上永遠都會有一位將軍指揮整個打擊群。航艦艦長的自由度是有限的。

但巡洋艦艦長不一樣。雖然常常會與航艦打擊群一起行動，但它們也可以單獨執行任務，單艦從一處活動熱點移動到另一處，過程中完全獨立，並且有幾千哩的海洋將它們與海軍高層以及把從屬關係隔開。它們身處前線，是進攻的矛頭所在。能指揮這樣一艘船，是海軍裡所有年輕而有企圖心的水面艦艇軍官的夢想，葛雷．宮伯特也不例外。

然而今天——正確來說是二〇一三年十二月五日，[9]在他和他的軍艦前往南海與解放軍海軍的航空母艦碰頭時，宮伯特上校只是個大量問題纏身的人而已。

當然，對任何負責指揮美國海軍軍艦的人來說，問題——海軍軍官比較喜歡稱之為「挑戰」——只是家常便飯而已。裝備會故障、電腦系統會異常、人員也會有出包的時候。而艦長卻擁有了這一切，包括每一枚拆除的螺絲與螺帽、每一組燒毀的微晶片，以及每一位十八歲、剛結訓、無法好好完成工作的水兵。對海軍而言，掛著美國海軍軍旗的船艦要是出了什麼問題，那就不只是艦長的責任而已，而是他的「過錯」。

一個不專心的年輕值更官，在艦長睡覺時不知怎的，把船撞上了一處航海圖上沒有標註的沙洲？這是艦長的錯。當艦長在下層甲板檢查輪機室的時候，有個經驗不足的雷達操作員或艦橋瞭望

美國海軍提康德羅加級飛彈巡洋艦武器裝備

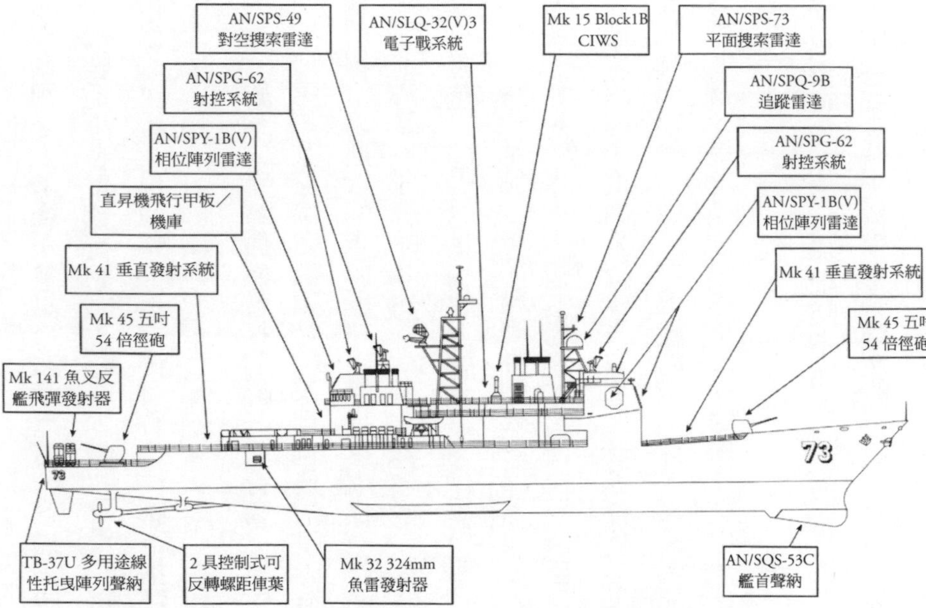

長度：567 英尺
寬度：55 英尺
吃水：32.2 英尺
排水量：9,695 噸

航速：30 ＋節
動力：4 座 LM-2500 燃氣渦輪主機（80,000 軸馬力）
人數：軍官 37、士官兵 372

武裝：標準系列飛彈
BGM-109 戰斧飛彈
RIM-162A ESSM 短程防空飛彈
RUM-139A 垂直發射反潛火箭
Mk 46 魚雷
2 座 Mk 45 五吋 54 倍徑砲
2 座 Mk 15 Block1B 方陣近迫武器系統
艦載機：MH-60R 海鷹直昇機

來源：US Navy

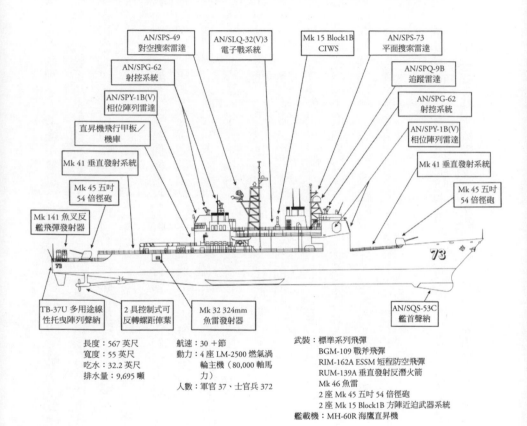

員，沒能看到一艘小小的漁船在本艦的正前方？這也是艦長的錯，因為他沒有讓這艘艦艇與艦上官兵保持在適當的戰備與訓練狀態。要是最後造成了嚴重的生命財產損失，那麼艦長的餘生就只能去指揮辦公桌了。

這是一個相當嚴苛、不留情面的體制。但這是美國海軍每一位指揮官都必須接受的。這些指揮官都知道，不論看似多小的問題，最後都可能會毀了自己的軍旅生涯。

在考本斯號上，宮伯特艦長的問題——挑戰——遠遠超出一般的範圍。

首先，先來談談艦上的官兵[10]吧。艦上的三百四十名官兵，有些是二十歲出頭的年輕人，有著幾年的海軍服役經驗，但也有些是不到二十歲、半年前才剛參加過高中畢業舞會的水兵。這些人當然都很認真投入，也都十分盡力，但他們在考本斯號上最多也才待了十個月，而且其中大部分的時間都在港內，而不是出海執行任務。即使是曾在其他提康德羅加級巡洋艦上服役的人，也都沒有時間學會本艦與其他同級艦的不同之處，他們就是還沒有時間抓到整個感覺。

艦上的二十七名資深士官也是一樣，這些士官乃是軍事組織的骨幹。他們擁有貨真價實的實力與經驗，甚至有些人過去的十年時間都跟著驅逐艦和巡洋艦在西太平洋——他們稱之為「西太」——上打轉。但他們沒有在考本斯號上服役的經驗。這些人就像是剛來到一座陌生的城市，就得在此生活、工作。

艦上的三十二名初級軍官也有類似狀況。宮伯特已經解除，或者說開除了副長[11]的職務，說他「是艦上領導團隊的一大弱點」。艦長很少會這樣做，尤其在海上部署的過程中更是罕見。這也說明了宮伯特是多麼嚴格的指揮官。因此本艦現在是在沒有副艦長的狀況下航行，這會增加艦長的負擔。至於其他的初級男女軍官，從二十五歲到三十出頭不等，在宮伯特眼裡，許多都顯得有點不確定、對自己沒信心，不太願意接下更大、此前不曾碰過的責任。宮伯特以他那種或許有點老派的取名方式，將這種人稱為「緊張的內莉」。

接下來還有這艘船本身[12]。它就像是在等待著要發生危機一樣。

考本斯號（舷號 CG-63）和其他提康德羅加級巡洋艦一樣，以歷史上的戰役命名。本艦的艦名取自一七八一年在南卡羅萊納州小鎮考本斯附近、由美軍擊敗英軍的關鍵戰役。本艦的外號是「威武哞聲」（Mighty Moo）[*]，而全體官兵的統稱也沿用與牛相關的主題，取名為「雷霆牛群」。本艦於一九九一年開始，已服役超過二十年，其中很長一段時間甚至是密集操練。直到六個月前為止，考本斯號都還處於「降低強度服役」狀態，也就是先保留著、處於接近封存的狀態，直到海軍決定到底要翻新還是除役為止。但接著美國政府就發表了所謂的重返亞太政策，也就是將經濟、外交與軍事重心移出中東，移回亞洲與西太平洋地區。海軍認定[13]自己需要考本斯號前往此地區展現軍力與宣示美國的立場，因此在花了七百萬美元、在聖地牙哥急急忙忙地翻修——大多是外觀部分之後，考本斯號與艦上官兵便在九月向西出發[†]。

船體的外觀確實「看起來」很不錯。甲板和高聳的上部結構閃閃發光，炯炯有神的官兵個個穿著深藍色的制服與航行帽[‡]，本艦也依然能乘風破浪，高掛國旗、高速前進。但艦內的狀況就不一樣了。內部的機械系統[14]已經舊了，船上也需要數哩長的新電線與光纖纜線。更糟的是，考本斯號配備的是舊版的神盾武器系統，這是一套複雜的雷達、聲納、電腦與飛彈發射器系統，用來辨識、追蹤並摧毀目標。考本斯號的官兵[15]大多習慣使用較新、能力更強的新一代系統，所以對他們而言，操作考本斯艦上的過時系統，就像從Windows 10回過頭去使用Windows 2.5一樣。他們還沒學會如何有效地使用它們。

若有充分的時間，考本斯號的官兵與艦上的過時戰鬥系統能不能發射飛彈？沒問題。本艦能否抵禦一兩枚敵方反艦飛彈來襲？幾乎確定沒問題。但考本斯號能不能有效率地辨識、追蹤並摧毀「數十枚」敵艦與陸基飛彈基地同時發射的飛彈——海軍軍官相當不得體地稱敵方這種戰術為「輪姦」？答案是，不可能。如果出了狀況，考本斯號遭到敵方飛彈的輪番攻擊，那這條船麻煩可就大了。宮伯特上校明白這一點，整個海軍也都知道這一點。

考本斯號還有一些與眾不同之處。在公開場合，大多數的海軍軍官會將這種說法稱之為迷信，但許多阿兵哥都認為考本斯號是艘不吉祥的船。事實上，至少以其艦長後來的命運而言，許多人確實相信本艦是艘受到詛咒的船艦[16]。

就在前一年的二〇一二年，考本斯號當時的艦長才因為與另一位海軍軍官的妻子有不正當關

* 譯註：考本斯的字面意思是「乳牛的牛棚」。

† 編註：考本斯號原本排定要在二〇一三財政年度退役，後因任務與作戰需求，於二〇一五年決定要排入現代化升級名單，並將在二〇二〇年完成改裝。

‡ 編註：與一般民眾所戴的棒球帽雷同。

係而遭到解職。海軍的官方說法是如此的行為「有失軍官身份」；而在私底下，許多軍官把這件事稱作「褲襠拉鍊故障」。而在此事的兩年前，另一位考本斯號的艦長荷莉．格拉夫上校（Holly Graf），也是史上第一位指揮美國海軍巡洋艦的女性，也遭到了解職，理由是對部下使用肢體與言語暴力。當時的官兵仍會流傳可怕的故事，說他們被這位艦長推來撞去、被用各種粗話問候，還被要求像個犯錯的小孩一樣站在牆角。新聞報導充斥著「恐怖荷莉」和「海上巫婆」等詞語，無一不使考本斯號之名蒙塵；而非官方海軍部落格網站上也有各種說詞，將考本斯號說成是艘倒楣的船、生涯殺手。

但在宮伯特帶領考本斯號穿過南海時，他並不擔心噩運與詛咒等事，雖然從他後來的遭遇來看，或許他應該要擔心一下才對。此時的他只專注在眼前的任務上。

這次的任務有著許多不確定因素，還伴隨著人身與專業上的風險。

從表面上看來，這次的任務再簡單也不過了。解放軍海軍的航空母艦遼寧號正準備從海南島的母港出發[17]，並首次在南海的公海上執行航艦打擊群的訓練。在夏威夷的美軍太平洋艦隊與在日本的第七艦隊高層都希望考本斯號去跟蹤這艘中國航艦及其護衛艦艇，以便收集情報、瞭解該航艦的運作情形、艦載機起降的狀況，並記錄其性能。

考本斯號當然能完成這樣的任務，太簡單了。雖然艦上的電子系統已經過時，但還是能接收遼寧號發射出的電磁波，並竊聽其無線通訊系統。考本斯號還有兩架海鷹直升機，可以從艦上的飛行甲板起飛，然後停懸在中國航艦艦隊附近，同時拍下影片與照片，監視整個狀況。

世界各國的海軍都常常會對其他國家的軍艦實施這樣的行動，只是名字不太一樣而已。基本的規則如下：如果是我們在做，那就叫收集情報；如果是對方在做，那就叫間諜行為。但在公海，這一切都是完全合乎國際法，也一直都廣為各國接受的海事行為。

但考本斯號的任務不只是收集——刺探——中國航艦的情報而已。本次的任務還有政治上的目的。遼寧號進入南海是解放軍海軍持續提升在此地區影響力的又一次行為，這點已使美國在太平洋的友邦與盟友非常緊張[18]。菲律賓、印尼、澳洲、日本、南韓、泰國、臺灣、馬來西亞、甚至是越南社會主義共和國，無不對解放軍海軍在南海乃至整個遙遠的西太平洋地區持續成長的軍力十分忌憚。他們都想知道美國打算怎麼處理此事。因此考本斯號的次要任務，便是展示軍力，使此地區的盟國與其他國家得以安心。考本斯號會緊跟著中國的航艦，讓大家明白老大——美國海軍——依然在這裡。

同樣地，對考本斯號而言，這似乎是完全沒有問題的任務。然而，這次還是有幾個潛在、嚴重連鎖效應。

首先，遼寧號不只是「一艘」中國的航艦而已。它是解放軍「唯一」的航空母艦，也是中華人民共和國與中國人民解放軍海軍史上的第一艘航空母艦。在過去的十年內，若是以軍艦噸數計算，解放軍海軍已成為世界上第二大的海上軍事勢力，僅次於美國。同時除了航空母艦之外，中共在西太平洋的海上軍力，也已堪稱是美國海軍的對手了。有了這個新的航空母艦計畫[19]，中國成為此地區最大海上勢力的長期計畫也已開始執行。

因此對中共當局而言，遼寧號不只是一艘船而已，它還是一個象徵。這麼想的還不是只有政府而已。要說美國只有少數人能舉出任何一艘航空母艦的名字，恐怕也不過分，更遑論要說出其指揮官的姓名。但中國有十億人都知道遼寧號與其帥氣、有禮的指揮官張崢海軍大校[20]的事。而且張崢的妻子還在上海一家電視台的晨間談話節目擔任主持人，相當有人氣。在中國的電視台播出本艦的飛行甲板組員指揮噴射機起降的畫面——單膝跪地、揮舞雙手——之後，「航母 Style」的舞步甚至超越了「江南 Style」，成為中國青少年社群媒體上最熱門的主題。

重點在於，對中國人而言，遼寧號是個國寶，遼寧號的指揮官便是軍事版的搖滾明星。任何真實或被認定為侮辱這個國寶的行為——例如有一艘美國海軍的軍艦在公海上跟在後面，絕不會有什麼好的回應。

考本斯號的任務還必須考慮另一個副作用。為了保護這艘航空母艦和護衛艦艇不讓西方國家窺探，中共當局已經宣布遼寧艦出海後，方圓四十五公里內就是它的「內防區」[21]。根據中方的說法，不論軍用或民用，任何的船隻與航空器除非得到遼寧號艦長的許可，否則一律不得進入這個內防區內，而這位指揮官大概不太可能給一艘美國海軍的軍艦這種許可。

嗯，這真是太誇張了。

沒錯，美國的航艦打擊群在出海執行任務的時候，也會實施內防區；畢竟沒有人希望有一艘商業漁船在一條航空母艦前面撒下底拖網。因此美國的指揮官會——很有禮貌地——建議其他船隻與打擊群保持數哩的距離。

但中共打算做的，是將內防區的概念提升到全新的境界。四十五公里？差不多相當於二十八英里，這已經超過水平線了。中共這樣的宣言相當於打算將一塊面積超過兩千平方哩的公海，包括海面上與海面下的空間，全數宣告成為自己的移動領土。這違反了國際海事法的每一條原則，也侵犯了海洋的自由。即使是傲慢的大英帝國，在它統治大海的年代，也不敢在承平時期做出這種舉動。要是允許這種行為，還有什麼能阻止解放軍在日本海、在臺灣海峽，或是在金門大橋的十二海里*外宣告同樣兩千平方哩的主權？

事實上，遼寧號的內防區只是中共禁止他國進入具高度商業價值的南海海域的一系列敵意行為當中最新的一個而已。美國也包括在這些「他國」之中。他們想要將南海變成中國的湖泊。透過將考本斯號派到南海挑戰遼寧號，美國海軍便能向中國展示美國絕不會接受這種作法的決心。

至少海軍在表面上的態度是這樣的。但在幕後[22]，在夏威夷的美國太平洋司令部，以及在五角大廈裡，海軍的高層卻沒有這麼有把握。畢竟美方沒有人確定中共在看到一艘美國海軍的軍艦無視內防區、出現在水平線上的時候，到底會作出什麼樣的反應。沒錯，他們確實希望中共能退讓、然後尊重海洋的自由航行權；他們也確實想讓西太平洋那些緊張的盟友安心、讓他們知道美國依然願意起身對抗中國。可是美國為了展示這樣的決心，到底該做到怎樣的地步呢？

在海軍的最高層以及美國政務官的國防體系內，這個問題一直都是尖銳、有著濃厚火藥味爭議

* 編註：相當於二十二．二公里。

的核心。這個論戰非常激烈，甚至兩邊都給對方取了相當羞辱人的外號。想要以低調、沒有敵意的方式回應中國的人，被對方蔑稱為「擁抱熊貓派」（Panda Huggers）；想要積極回應、展示美國海軍軍力的人，則被另一方諷為「屠龍派」（Dragon Slayers）。在考本斯號開進南海的時候，海軍內部的這種衝突依然沒有結果。

因此，宮伯特艦長收到的命令真可說是模稜兩可的集大成之作；這些命令有一部分屬於擁抱熊貓派、一部分屬於屠龍派。宮伯特受命忽視對方主張的二十八哩內防區，並前去攔截遼寧號，但同時他也必須保持「使事態降溫的姿態」。他要靠近這艘航艦——進入三哩以內——但又不能太近，也就是不能低於一哩。如果與解放軍軍艦的指揮官有任何無線電通訊，他必須保持堅定與決心，但也要保持「真誠與尊重」；他必須小心不要惹惱對方。

簡單來說，宮伯特艦長的命令是要大膽地將他的軍艦與艦上官兵開入危險地區，但是拜託，不要發生任何不好的事情。

格雷·宮伯特上校在二〇一三年十二月的這一天，將考本斯號帶進南海時，他所面對的就是這樣的狀況。他帶的是一艘有問題的船、一組處境困難的艦上官兵，而他們要獨自航行、進入危險的水域、聽從不確定的命令，去和一個高傲而難以預料的對手碰面。

而且這次任務的結果可能會影響太平洋還能不能繼續是屬於「美國的海洋」的這個事實。

美國海軍大兵力集結，自二戰以來，沒有人能在西太平洋挑戰美國海軍的存在，這裡宛如是「屬於美國的海洋」。（US Navy）

第二章
屬於美國的海洋

畢加菲塔對這片海洋的說法，有正確的時候，也有錯誤的部分。他在其龐大的規模和似乎沒有盡頭的廣闊這兩件事上是對的，但對於這片海洋的特性卻描述得大錯特錯。

安東尼歐・畢加菲塔（Antonio Pigafetta）[1]是一五一九到一五二二年間環繞地球一周的西班牙艦隊中，與麥哲倫及其他兩百六十九名水手一同踏上旅程的一名年輕威尼斯學者兼記錄士。他也是最後在這段旅程中存活下來的僅僅十八人（麥哲倫本人不在其中）之一。畢加菲塔是第一個親眼見證橫跨這片海洋是什麼樣子的人。或許還有其他航海家在更早以前便跨越了這片海洋——或許是中國人、玻里尼西亞人，甚至是某些被暴風雨吹走的日本漁夫，但即使如此，他們也沒有留下可信的文字紀錄。即使有穩定的順風相助，麥哲倫的小小艦隊還是花了將近四個月才從南美洲的邊緣航行到關島，中間還必須承受數個月的飢餓、壞血病和死亡。畢加菲塔是這麼描述這段旅程的：

「我們在沒有補給糧食的狀況下撐了三個月又二十天，只能吃變成粉的餅乾，上面還長滿了蟲、發出陣陣惡臭……還有老鼠，有些人已經沒有足夠的東西吃了……我們已經在這片（海洋）上前進了超過四千里格*……如果上帝和聖母沒有幫我們的話……我們早就死在這片非常廣闊的海洋上了。」

麥哲倫和畢加菲塔都只看到「這片非常廣闊的海洋」的一小部分而已。這片海洋的面積至少有六千四百萬平方哩，如果算入主要的附屬海域，還會大上許多——例如南海、東海、黃海、日本海等等。就算不看附屬海域，光是這片海洋本身，就比整個地球所有大陸加起來的陸地面積還要大。若是從南美洲沿著赤道往西，一路航行到這片海洋位於馬六甲海峽的盡頭，就要走上一萬兩千英里，相當於繞地球半圈；若是從北極海的交界航向南極，距離也差不多。雖然這片海上有超過兩萬五千個島嶼[2]，麥哲倫仍然只發現了其中兩個，兩者都是無人居住的環礁，他手下疲累的船員甚至連靠岸都做不到。這片海洋就是這麼龐大，大到能將兩萬五千個島嶼藏起來。

麥哲倫將這兩座無人島稱為不幸群島†（las Islas Infortunatos），這樣的稱呼或許算是滿貼切的。但他對這片海洋的命名就差得遠了。在麥哲倫離開大西洋、通過以他命名的那處危險又難以通過的海峽之後，他相當善意地將這片海洋與兇險的大西洋相比，並命名為祥和之海（el Mar Pacifico）。畢加菲塔也同意他的看法。

「於是我們就將此地命名為太平洋，」他寫道，「因為（在我們跨越的過程中）都沒有遇到風暴。」

但他們只是運氣好而已。因為從許多方面來看，太平洋可是地球上最殘暴、最不祥和的海洋。

就先從熱帶氣旋講起吧。在國際換日線以東，這種東西叫作颶風，在西邊則叫作颱風。平均而言[3]，大西洋、加勒比海和東太平洋每年會有十到十五個颶風，但西太平洋卻有著兩倍數量的颱風。而且太平洋的氣旋通常更強；這些氣旋的能量來自溫暖的海水，而太平洋正不缺乏這種東西。以持續風速而言，紀錄史上最強的熱帶氣旋是二〇一五年東太平洋的派翠西亞颶風，最強時擁有每小時兩百一十五哩的風速。二〇一三年，太平洋有另一個破紀錄的氣旋，叫海燕颱風，它以每小時一百九十五哩的風速與最高二十呎的風暴潮襲擊菲律賓，造成超過六千人溺死。千年以來，這片祥和的海洋已經奪走了上百萬條人命。

船隻也會在這種風暴中沉沒。因強風大浪而沉沒的現代船隻清單實在太長，無法一一列舉，但可以舉出幾個例子來說明。一九四四年[4]，一個挾帶時速一百哩強風與最高七十呎大浪的颱風襲擊了美國海軍在菲律賓東方的一支艦隊，造成三艘驅逐艦翻覆，有七百九十名美國海軍官兵溺斃[‡]。一九八〇年，英國一艘長達一千呎、重達九萬噸、體型相當於航空母艦的礦石運輸船德比夏號（MV Derbyshire）在沖繩外海兩百哩處遇到歐凱特颱風[5]，船上四十四人無一倖免。二〇一三年，一艘六百呎長的中國籍散裝貨船在香港外海被尤特颱風[6]掀起的五十呎大浪掃沉。重點很簡單：船隻沒

* 譯註：這段期間的西班牙里格相當於四千一百七十九・四公尺，因此四千里格大約是一萬六千七百多公里。

† 譯註：應是指現在屬於智利的德斯溫特德群島（Desventuradas Islands），但史學者無法確認麥哲倫是否確實發現過此島。

‡ 編註：一九四四年十二月十八日，在西太平洋形成的颱風「眼鏡蛇」，重創了海爾賽帶領的第三艦隊第三八特遣艦隊。美國海軍後來為此設立了聯合颱風預報中心，避免類似事件再度發生。

有設計成可以視太平洋颱風於無物。

這片號稱太平的海洋，在海面上和海面下都還有更多危險：航圖上沒有標示或標示錯誤的礁石與海中山脈、海床上的地震或土石流造成的海嘯、海底火山等等。同樣再舉幾個例子說明。一九八七年，兩百四十五呎長的美國海軍研究船梅維爾號（USNS Melville）[7]在大溪地西南方一千哩處遭到海底火山爆發的爆炸氣泡擊中，造成船體搖晃。二〇〇五年，核動力攻擊潛艦舊金山號（USS San Francisco）[8]在關島外海五百呎深處巡航時，撞上了航圖上沒有標記的海底山脈，造成一名美軍官兵死亡、近一百人受傷。二〇一一年，至少有二十艘貨船與漁船在襲擊日本東北部的海嘯中受損或被沖上岸；一艘無人在船上的一百六十四呎漁船（被稱作「幽靈船」）[9]漂流了上千英里，直到一年後才在在阿拉斯加外海由軍艦擊沉。

上述這些都只是自然災害。太平洋過去、現在和未來都還有許多人禍。

在亞太地區的海岸線周邊，有三十多個大大小小的國家[10]，人口加起來大約三十五億人，大約相當於地球總人口的一半。而光是每年行經南海的海上貿易額，就佔了全世界的將近三分之一，其中包括價值一兆兩千萬美元、要運往美國的船運貨物。每年有大約九萬四千艘油輪、貨櫃船、散裝貨船和其他商用船舶會通過狹窄而長達五百哩的馬六甲海峽[11]，這裡是從印度洋前往南海與西太平洋的門戶。從印度洋往東進入南海與東海的貨物包括中東的石油、非洲的原物料、歐洲的汽車和印度的農業機具；從同一條路線往西運送的貨物則包括電腦、智慧型手機、咖啡和便宜的T恤。若是有什麼狀況造成這樣的海上交通中斷，有許多的經濟體將會徹底窒息而死。

因此為了保護這樣的貿易以及自己的安全，各國才會培養海軍。確實，海軍的建置與營運成本貴得嚇人。光是一艘小型現代巡防艦[12]就要至少三億美元才能完工，每年的運作還要再花上兩億美元，而光是一艘小型航空母艦，就會吃掉一個國家數十億美元的建造成本——這也就是為什麼世上只有少數國家擁有航艦。但即使成本驚人，在二十一世紀的第二個十年內，西太平洋及附近地區大多數的主要國家仍然努力建立、更新自己的海軍與海上打擊兵力。

攤開一份地圖——地球儀更好——很快地在這個區域內選幾個國家，來看看它們的海軍陣容吧。先從俄國[13]與其位於日本海的軍港海參威說起吧。俄國在十九世紀時曾是太平洋的一大帝國，但它強大的艦隊在二十世紀初遭到新生的日本海軍在一次羞辱性的海戰中擊垮，還溺死了數千名水手。冷戰時期，蘇聯重建了自己的太平洋艦隊，但在蘇聯解體後，這支艦隊大部分的艦艇都只能丟在船塢裡生鏽。現在俄羅斯的海軍水面艦隊規模仍然很小，主要由少數幾艘巡洋艦、六艘驅逐艦，以及數艘巡防艦和海岸巡邏艦組成。但俄羅斯太平洋艦隊卻有二十多艘潛艦，包括幾艘新型的第四代核動力彈道飛彈潛艦，並且正如普丁政權下的俄國所有的事物一樣，這支正在成長的艦隊確實值得觀察。

接下來沿著海岸往南[14]，來到北韓。這個與外界隔絕的隱士王國由看似瘋狂的繼承人金正恩統治，他的核子武器開發計畫嚇壞了射程內幾乎每一個人，而這個預估的射程現在已涵蓋到美國西半部了。北韓國小、常有饑荒肆虐，其總人口只有兩千五百萬人，但卻擁有超過一百萬人的軍隊，使其成為世上最大的軍隊之一。該國每二十五個人就有一個人是現役軍人，在美國則大約每三百人才有一人。該國的海軍大多由近岸潛艇、小型巡防艦與大量非常小的砲艇與攻擊小艇組成，但這些海軍部隊仍可能相當致命。舉例來說，二〇一〇年，一艘北韓潛艦據稱對一艘南韓海岸巡邏艦發射魚雷，並殺死艦上四十六名南韓官兵，而這還只是幾十年來這類事件最新的一起而已。北韓還有大量陸基飛彈陣地組成的網絡，其射程可以涵蓋到海上。

假設有人能成功離開北韓——前去拜訪的外國人不是每個都回得來，小心翼翼地穿過寬二哩半的非軍事區，就能進入另一個世界：南韓。都市化、經濟活絡、民選政府，還有著五千萬人口和比它那好戰的北方鄰國多出四十倍的人均國內生產毛額（GDP），這樣的南韓在韓戰結束後的六十年間脫胎換骨，遠離那場造成一百萬南韓平民死傷或失蹤、三萬三千名美軍陣亡的戰事。由於北韓的關係，南韓也擁有龐大的軍隊隨時待命，包括大約五十萬名軍人，加上大約兩萬八千名駐韓美軍。南韓的海軍是此地區內最大的海軍之一，擁有一百六十艘現役艦艇，包括潛艦、兩棲登陸艦、驅逐艦，以及比驅逐艦小一點的巡防艦；未來的計畫採購更多配有神盾系統的驅逐艦與升級的飛彈防禦系統。

從南韓向東跨過日本海，在那裡有著一支不叫海軍、但仍是世上排名前幾名的海上部隊。由於日本在第二次世界大戰後的憲法禁止政府利用戰爭或甚至是威脅發動戰爭來執行其國家政策，日本因此沒有海軍，只有海上自衛隊。這支部隊擁有大約五十艘主要的水面戰鬥艦艇——包括配有神盾電子追蹤與標定系統的飛彈驅逐艦與巡防艦，還有十艘搭載先進科技的柴電潛艦、數艘大型兩棲登陸艦，還有超過一百艘其他艦艇。日本還有陸基的海軍航空部隊，以及其他操作F-15鷹式戰鬥機、F-4幽靈II式戰鬥機*、V-22魚鷹式傾轉旋翼機，還有電子情報偵搜用的E-2鷹眼預警機與P-3獵戶座反潛機的友軍部隊。有些人預估日本海上自衛隊擁有世界上第五強的海軍（或是海上自衛隊）水面與航空戰力。身為與美國簽有雙邊國防協定的盟友，日本還有數萬名美國海軍、陸戰隊、空軍與陸軍人員進駐，大部分都以日本南方的沖繩為基地。

從日本往西南，飛過超過一千哩的東海之後，就會來到臺灣，也就是中華民國，有時也被稱為「亞洲的柏林」。這座從中國分裂出來的島嶼採行民主政治、經濟也很發達，人均國內生產毛額也在亞洲名列前矛。但自一九四九年以來，這座島便持續受到威脅，中華人民共和國明天、明年或是十年後都可能決定要以武力奪回此地，或是封鎖到它投降為止。若是沒有美國對臺的支援，中國大陸幾乎可以確定一定做得到這一點。臺灣的海軍艦隊以驅逐艦、巡防艦和高速攻擊艇為主，但只配有兩艘老舊的潛艦†。然而臺灣政府公開表示要投入一百四十億美元，發展一個野心十足的計畫，以便更新其海軍陣容。這件事到底能不能成功，只能後續再觀察了。

從臺灣往南兩百哩，就是菲律賓，這裡曾是美國最早的西太平洋屬地，也是在二戰時美日之間許多最血腥的陸戰、海戰發生之地。許多菲律賓人永遠不會忘記這場戰爭，在某種程度上也不願

* 編註：隸屬航空自衛隊的F-4戰鬥機正逐步由F-35取代，並在二〇二一年全數退役。

† 編註：作者所指的應該是美軍在一九七四年轉移的兩艘茄比級潛艦，海獅及海豹。但其實台灣在一九八〇年代末期，就有從荷蘭購入兩艘劍龍級潛艦，海龍及海虎。

意原諒。菲律賓人口眾多（一億人，全世界第十二名），但相當貧窮、開發程度不足。菲律賓人與前宗主國曾有段不太順遂的歷史。在與美國一同於二戰中對抗日本人後，菲律賓政府在一九九〇年初期將美國趕出蘇比克灣與克拉克空軍基地沒有多久，幾乎馬上就後悔了。因為這樣一來，這個有七千座島嶼的國家就幾乎完全失去了海上保護。菲律賓仍是與美國簽定雙邊國防協定的夥伴，並且仍會收到美軍提供的裝備與訓練。但菲律賓海軍仍然相當脆弱，有著大約十艘巡防艦與海岸巡邏艦、幾艘海防與巡邏艦艇，卻完全沒有潛艦。菲律賓政府打算建立一支更強大的海軍，包括新的潛艦、更強大的雷達、海洋感測器、新型巡防艦、現代噴射戰鬥機、偵察機與飛彈系統等等。但菲律賓的政經系統很容易陷入混亂，因此要完成一件事可不容易。不論用哪種標準衡量，菲律賓都稱不上是個像樣的海上勢力，但它確實很想做到這一點。

從菲律賓再往南兩千哩，那裡就有個海上強權了，至少在當地算是。澳洲的國土面積相當於一塊大陸，卻只有一個小國家的人口。兩千五百萬人的人口，大約只有地理小國南韓的一半。但這樣的人口卻投資不少經費給本國的海軍。以數量而言，澳洲皇家海軍的規模相對較小，只有五十艘現役艦艇，但澳洲艦隊卻擁有現代化的雷達與飛彈，未來還打算下重本取得新一代的潛艦、水面艦與兩棲攻擊艦[*]。澳洲的海權採行的是重質不重量的準則。澳洲北海岸的城市達爾文也有一批美軍陸戰隊與美國海軍的兩棲攻擊艦輪調進駐[†]，其中陸戰隊的數量預計會在接下來幾年內達到兩千五百人。此地的戰略位置比較靠近南海。

在澳洲的西北方有著以前是荷蘭殖民地的印度尼西亞，也是世界上人口第四多的國家（兩億五千萬）。人口大多信奉伊斯蘭教，有著一觸即發的種族與政治對立問題，還有嚴重的貪腐問題，一路滲透到軍方內部，影響了該國政府企圖達成的海軍擴張計畫。但就像此地區其他所有國家一樣，它也已經在努力了。印尼還擁有數艘現代化的潛艦與少數小型海岸巡邏艦與海防艦艇。

在印尼的北方就是馬來西亞，一個相對年輕、正蓬勃發展的工業化市場經濟國家。這裡曾經由英國統治，但現在是以穆斯林為主、並有相當多華裔與印度裔少數族群的間接民主國家。本國人口不多（兩千九百萬），並且因為地理因素還得分成兩半——國土有一半在馬來半島，另一半在婆羅洲，與馬來半島隔著南海相望。馬來西亞傳統上比較專注在陸地上的國內安全，而不是在海上。但就像大多數經濟正蓬勃發展的太平洋國家一樣，馬來西亞有錢之後，便希望能擁有一支現代化的海軍。馬來西亞海軍目前擁有數艘現代化柴電潛艦，每艘造價約四億五千萬美元，並且也以新型艦汰換掉許多老舊的巡防艦與海岸巡邏艦。他們也已訂購六艘全新的「匿蹤巡防艦」以便充實艦隊，同時還擁有數艘兩棲作戰艦艇，可以在公海上作業；這幾艘兩棲艦艇曾參與索馬利亞外海的國際反海盜行動數年。馬來西亞最重要的戰略因素，就是它擁有馬六甲海峽東岸大部分的海岸線（印尼的蘇門答臘則佔據西岸）。

接下來還有新加坡，這個小巧的島嶼城市國家（佔地兩百八十平方哩，有五百萬人口）座落在

* 編註：坎培拉級兩棲攻擊艦計畫兩艘，均已經服役。霍巴特級驅逐艦計畫三艘，兩艘已經服役，第三艘預計將在二〇二〇年內成軍。

† 編註：全稱美國海軍陸戰隊輪駐達爾文部隊（Marine Rotational Force-Darwin，簡稱 MRF-D），是在澳洲北領地所在區域輪駐半年時間，在當地與澳軍進行聯合訓練。

馬六甲海峽寬度只有六哩的狹窄端點。新加坡曾是英國的要塞，後來又曾經是新成立的馬來西亞領土的一部分。在不到四十年前，新加坡還是個鬧著瘟疫的第三世界地獄。但現在，這裡是最先進的國家，在健保、預期壽命、教育、企業效率等評量上高居亞洲第一（有些甚至是世界第一）；同時還有著最低的貪腐、嬰兒死亡率甚至是成人肥胖率。一九六五年，新加坡海軍總共只有兩艘船，而且都是木造船隻。但現在新加坡有錢了，便打造出此區域內擁有最先進科技的海軍之一，包括四艘極為安靜的現代化潛艦，以及配有先進飛彈的新型巡防艦。新加坡也是美國海軍新型的濱海戰鬥艦（Littoral Combat Ship，LCS）的重要前進作戰基地之一，也是P－8海神式反潛巡邏機的輪調基地。新加坡海軍和馬來西亞海軍一樣，也有參加索馬利亞外海的國際公海反海盜行動，同時也在離本國比較近的麻六甲海峽執行過反海盜任務。

在這條重要海峽的西北方，將近一萬六千哩遠處，印度就在孟加拉灣的對面。技術上，印度並不算是西太平洋國家，但它仍是一個有時稱為「印太」地區的重要角色。身為人口上的世界第二大國，它也擁有配得上這個地位的海軍陣容，擁有兩艘航空母艦（少數擁有航空母艦的國家之一）、數十艘驅逐艦與巡防艦、十四艘潛艦（包括一艘彈道飛彈潛艦，能發射核子飛彈）、數百架海軍戰機，還有許多其他艦艇。不論是由誰來排名，印度海軍幾乎都能登上全世界前十大海軍之列，而他們還打算部署六艘新的核動力彈道飛彈潛艦，因此它還會再變得更強。印度海軍也是世上少數有著遠海作戰經驗的海軍。在一九七一年與巴基斯坦的戰爭中，印度海軍擊沉了不少巴基斯坦的艦艇，包括一艘潛艦。海軍在一面倒地擊敗巴基斯坦的戰事上貢獻了不少力量。

我們的旅程快結束了。回到孟加拉灣這一頭，就是泰國。這裡的海灘、文化景點和曼谷的性產業使該國成為東南亞最有人氣的觀光景點。泰國的人口相對較少（六千八百萬），在人均國內生產毛額上，排名東南亞第四。泰國擁有這個地區內資金最雄厚的軍隊，考慮到自二〇一四年以來，它就是軍政府統治，這或許不太意外，但這樣的發展也使泰國一直以來與美國相當友好的關係有著降溫的趨勢（泰國早在一八三七年就已成為美國的條約夥伴）。泰國皇家海軍有一艘小型（全長只有六百呎）的九〇年代設計的航空母艦，但主要是供直昇機使用，而非戰鬥機。但泰國的水面艦隊卻有著先進的飛彈巡防艦、近岸巡邏艦，以及數艘新型船塢登陸艦。該國政府計畫購置三艘新型柴電潛艦，雖然此計畫暫時處於擱置狀態，但這樣的意圖並未消失*。

從泰國往東跨過內陸國家寮國，就會到達越南。對某個世代的美國人來說，越南比較不像是一個國家，而是一場戰爭的名字。但對越南人而言，與美國的戰爭僅僅只是千年來充滿衝突的歷史中，一個小小的附註而已。越南現在的九千兩百萬人口中，有將近三分之二在美國最後一架直昇機離開西貢時根本還沒出生。由於越南的社會主義—共產主義—資本主義經濟模式非常仰賴國際貿易，同時該國又有八百哩的南海海岸線，因此它是本區域非常重要的戰略角色。越南的水面艦隊大多由舊型的巡防艦和小型近岸巡邏艦組成，但最近又取得了六艘升級完成的基洛級柴電潛艦。更重要的是，它還有陸基反艦飛彈陣地，以及長程Su-30多功能戰鬥機，可以將火力投射至外海遠處的

* 編註：泰國海軍絕大部分的作戰艦艇都是準備採購中國製造的產品。

地區。越南與美國的軍事關係相當謹慎，但已越走越近；越南與美國海軍會定期進行聯合「海軍交流」——就是「海上演習」比較不正式的稱呼，美國海軍的船艦也會在越南停靠。

南韓、日本、臺灣、澳洲、泰國、越南……在西太平洋地區，各國都正在努力加入現代海軍的行列，並採取各自前所未有的行動。然後還有中國，其海軍擴張計畫正是這本書的重點之一，也是區域內其他國家此刻正在建設自己的海軍的主要原因之一。

除了少數例外，這些海軍作夢也不可能完全稱霸西太平洋，更不要說整個從美洲一路延伸到馬六甲海峽的太平洋了。太平洋實在太大、太寬，牽涉到的行為人太多，任何一個國家或海軍都不可能完全控制。

事實上，在整個歷史上，只有一支海軍曾經強大到可以將太平洋說成是自己的海洋。

隨著自由號（USS Freedom, LCS-1）[15]緩緩進入珍珠港的水道，艦上的水兵開始在甲板上整隊，在船艏附近的主砲下排排站好。珍珠港——阿兵哥通常只稱之為「珍珠」——是自由號結束在西太平洋為期十個月的前線部署後第一個停靠的美國港口。在海上經過漫長艱辛的數週之後，艦上官兵都很期待放假。但此時集合的官兵表情都很嚴肅，因為他們還得先向一個對象致敬才行。

就在自由號左舷方向的遠處、福特島的東岸外，有一個低矮、流線形、長約兩百呎的結構物突出水面。此結構純白的外觀在太陽下發光，中間還插著一支美國國旗，它既是一處祠堂，也是一座巨大的墓碑。那是亞利桑那號紀念館，在紀念館底下就是一具生鏽、如同鬼魅一般的殘骸。一九四一年十二月七日那一天，被日軍炸彈擊沉的那艘戰艦，艦上還留有超過一千一百名在此長眠的美國海軍與陸戰隊官兵遺骸。

要誇大偷襲珍珠港對美軍過去和現在造成的衝擊幾乎是不可能的。超過七十年來，海軍乃至於整個美國的軍事戰略就是圍繞著防範另一次這種攻擊而擬定的。即使到了九一一恐怖攻擊的記憶猶新、而親眼目睹珍珠港的人開始凋零的今天，美國海軍仍然記得珍珠港，並且仍會紀念那天陣亡的兩千四百七十一名美國人[16]。

這正是自由號的官兵正在做的事。在本艦通過紀念館的同時，所有不需要負責操作本艦航行的官兵都保持校閱稍息的姿勢站在甲板上，並且低頭向那一天與那之後的幾年間陣亡的官兵致敬。注意，自由號舉行這樣的儀式並不是因為今天是珍珠港事件紀念日，或是有什麼其他的特殊活動。只要美國海軍的船隻通過亞利桑那號紀念館，不論是在一年中的哪一天，船上的官兵都要舉行類似的儀式。海軍是不會忘記這件事的。

但這並不表示美國海軍在太平洋的歷史是從一九四一年開始的。事實上，海軍在太平洋的歷史，甚至比美國擁有太平洋海岸的歷史還要早。早在一八二一年，美國取得加利福尼亞與俄勒岡領地之前，海軍就已經設立太平洋戰隊[17]，來促進美國的國家利益並保護來往於中國、夏威夷與南美洲的美國商船與捕鯨船了。像這樣利用海軍艦艇來展示美國在遠洋「存在」的作法，至今仍然影響著美國的政策。

當然，僅僅只是「存在」、僅僅只是展示軍力，這樣是不夠的；如果只是要展示國旗，派一艘手划艇就可以了。如果要有真正的效果，海軍還是必須擁有可以投射至遠方的力量——現代的海軍戰略家稱之為「態勢」。海軍最早在太平洋展示美國「態勢」的行動發生在一八三一年，就在蘇門答臘的馬來海盜攻擊一艘美國商船、殺死三名水手之後。安德魯．傑克森總統（Andrew Jackson）派出帆式巡防艦波多馬克號（USS Potomac）[18]去「懲戒」這些海盜。波多馬克號也照辦了，該艦派出水手與陸戰隊，在瓜拉巴提村（Kuala Batee，一作 Quallah Battoo）附近登陸，殺死了一百五十名馬來戰士*。事後一切風平浪靜了一陣子，直到一八三八年，馬來人又屠殺[19]另一艘美國商船的船員，海軍便派出兩艘巡防艦砲擊兩處馬來村莊。此次行動加上英荷兩國共同在此地區內打擊海盜，使馬六甲海峽猖獗的海盜行為終於獲得控制。

還有一件事在歷史上比打擊海盜重要得多，就是美國海軍戲劇性「打開」日本國門的事件。一八五三年，美國認為日本拒絕與西方國家通商和殘忍對待遇難水手的行為，實在令人難以坐視。因此就在那一年，馬修．派里代將（Commodore Matthew Perry）[20]不請自來，指揮他著名的「黑船」進入江戶灣（現在的東京灣），他的艦隊由三艘輪帆軍艦與一艘風帆快速砲船組成，全部配有先進的艦砲。在一連串的威脅恫嚇——但沒有實際動武之後，派里逼迫日本簽下協定，開放兩處港口允許美國船隻停靠。日本發現自己在面對西方海權如此無力之後十分震驚，便開始現代化、擁抱軍國主義並擴張領土，直到一九四五年為止。

當喬治・杜威代將（Commodore Geroge Dewey）[21]在一八九八年帶領著海軍「亞洲戰隊」的艦艇進入馬尼拉灣的時候，他們輕鬆擊敗了過時的西班牙艦隊，擊沉八艘軍艦並殲滅眾多水手。在從西班牙手中搶下菲律賓時，美軍只折損了一名水手——死因是中暑。這場勝利讓美國第一次在西太平洋取得大片領土，並為一場慘烈的游擊戰揭開序幕，因為菲律賓人想要追求完全的獨立。這便是美國與菲律賓延續至今的複雜恩怨情仇的開端。

海軍在第一次世界大戰期間，在太平洋沒有太多事情要做，但在二十世紀初期，海軍的「砲艦外交」政策在中國倒是有加強的趨勢。自十九世紀中期以來，長江巡邏隊（Yangtze Patrol）[22]就在中國的主要河流中高掛著美國國旗，保護美國的商業利益與傳教士，不受盜匪與軍閥的威脅。海軍的砲艇體型雖小、武裝也只有幾挺機關槍，卻能一路深入內陸一千兩百哩處，相當於中國的砲艇從紐奧良進入密西西比河，然後一路開到明尼亞波利這麼遠。正如史提夫麥昆（Steve McQueen）的電影《聖保羅炮艇》（The Sand Pebbles）所描述的那樣†，美國與其他國家的武裝船隻如此深入內陸水域，使中國的國家主義者十分不悅，而且這樣的記憶並沒有褪色太多。

接著就發生了珍珠港事件。

* 編註：美國海軍在一八三二年二月六日登陸位於今日蘇門答臘亞齊省、面對印度洋的西南面的瓜拉巴提，並同時與荷蘭聯手完成作戰目的。美軍稱之為「瓜拉巴提戰役」（Battle of Quallah Battoo），同時也稱為「第一次蘇門答臘遠征行動」（First Sumatran Expedition）。

† 編註：本片絕大部分場景是在台灣北部拍攝，包括基隆港、淡水河、艋舺龍山寺等地。

本書並不打算重述在二戰期間，太平洋所發生的諸多重大海戰：例如珊瑚海、中途島、雷伊泰、沖繩等等。本書只說明當戰爭結束、日本在一九四五年九月來到密蘇里號（USS Missouri, BB-63）的甲板上簽下降書的時候，美國海軍與它在太平洋戰場的敵國、盟國海軍之間的關係是這樣的：

一九四五年九月，日本海軍[23]已經徹底遭到消滅。二十五艘航空母艦[*]、十一艘大型戰艦和數百艘其他軍艦都已沉入海底，還包括超過四十萬名日本水兵與海軍航空兵的遺骸，相當於美國海軍戰死人數的十倍。英國皇家海軍[24]在開戰時是世上最大的海軍，但它的重心都放在大西洋，在對抗日本的戰爭中扮演的角色不大；在一九四五年時，它有大約六百艘第一線戰鬥艦艇，包括航空母艦、戰艦、巡洋艦、驅逐艦和潛艦，但由於不列顛百廢待舉、大英帝國很快就要分崩離析，皇家海軍再也不能奪回戰前的地位了。澳洲海軍在一九四五年時是世上第四大的海軍，擁有超過三百艘艦艇，但和英國一樣，它也沒辦法再派大批艦隊出海了。曾經偉大的荷蘭海軍在十七世紀期間曾經統治整個東南亞，但在戰爭開始的前幾個月就已被日軍幾乎完全殲滅。採取半合作態度的法國海軍規模也只剩下原本的一半。菲律賓、印尼、馬來亞、越南和韓國此時根本沒有海軍，而中國海軍這時也只有幾艘河川砲艦而已。

若是將美國海軍與上述陣容相比，一九四五年的美國海軍擁有將近「七千艘」艦艇，其中大約一千五百艘是第一線戰鬥艦艇。全世界的大型軍艦中，有百分之七十掛著美國國旗。從一九四一年的三十萬人開始，此時的海軍已成長至三百四十萬名男性官兵與數萬名女性官兵之譜。這支海軍可以前往世界任何一個地方，執行國家元首命令的任何事，而不會受到任何人有實質意義的挑戰。在人類歷史上，從來沒有一支海軍能在全球規模上做到這一點，以後恐怕也不會再有了。

當然，戰爭結束後，海軍的規模大幅縮減，有數百艘航艦、戰艦、巡洋艦、驅逐艦和其他艦艇遭到拆解、封存，或是有部分較小型的艦艇被贈送或轉賣給美國的盟友，例如中華民國。即使如此，在一九四七年冷戰開始時，海軍仍然擁有[25]超過八百艘各式艦艇，包括十幾艘航空母艦。世界上沒有任何海軍能挑戰美國海軍的地位。

但有一支海軍卻是躍躍欲試。

蘇聯直到日本快要投降時才加入對日本的戰爭，因此其規模相對較小的海軍在這場戰爭中並沒有什麼發揮。冷戰時期[26]，蘇聯企圖利用大量的潛艦對抗美國海軍的優勢，先是用來當反艦載台，後來在核彈頭潛射彈道飛彈問世後，也用作戰略武器使用。雖然蘇聯建造了幾艘航空母艦，但其水面艦隊大多都設計成以支援潛艦艦隊和對抗美國海軍潛艦的功能為主。

冷戰是一個超過四十年、充滿海上對峙與邊緣政策的時代，其範圍包括全世界，當然也包括太平洋。蘇聯的彈道飛彈潛艦躲在加州外海、米格機從美國海軍的艦艇旁飛過、蘇聯裝滿電子竊聽裝置的「拖網漁船」也跟蹤在美軍艦艇附近。這種拖網漁船叫作「情報拖網漁船」（Auxiliary general intelligence，AGI），格外令人頭痛，它們會停在美國海軍基地外，有時還會干擾美國航艦的行動。有時候，美軍的驅逐艦還得將拖網漁船「頂」出去，讓出一條路讓航空母艦通過。對海軍而言不幸

---

* 譯註：日本海軍總共建造了二十五艘航艦，可是其中鳳翔號、隼鷹、龍鳳和葛城號並未因戰損而擊沉，投降後這四艘都尚存。

的是，雖然這些拖網船看起來像漁船，但其實船上都是職業的蘇聯海軍軍官，要讓他們放棄可不容易。

還有一些偶發事件，例如偵察機被擊落、蘇聯艦艇與拖網漁船故意衝撞美國艦艇、或是相反的狀況，還有潛艦相撞等等。舉例來說[27]，一九五七年，白楊魚號（USS Gudgeon, SS-567）柴電潛艦在海參威港外逗留時，就被蘇聯驅逐艦圍困。在不斷地以深水炸彈攻擊後，美艦浮上水面，而蘇聯艦隊則允許其離開。一九六八年，核動力攻擊潛艦天蠍號（USS Scorpion, SSN-589）[28]與艦上九十九名官兵一起消失在一次大西洋巡邏的歸途上。據信這艘美國潛艦是因為電池爆炸而沉沒的。一九七〇年，核動力攻擊潛艦遍羅魚號（USS Tautog, SSN-639）在北太平洋跟蹤一艘蘇聯核子飛彈潛艦，結果蘇聯潛艦突然迴轉——這個動作稱為「瘋狂伊凡」，一頭撞上遍羅魚號的帆罩（民眾有時會誤稱之為「瞭望塔[*]」）。據報蘇聯潛艦在碰撞中解體並沉沒，遍羅魚號勉強回到港內；直到幾十年後，美國才知道當時的蘇聯潛艦其實並沒有沉沒[†]。

冷戰時期致命或接近致命意外的清單還很長。雖然這聽起來很怪，但許多現役與退役美國海軍官兵回想起冷戰[29]，竟還帶有幾分懷念。確實，海軍在韓戰、越戰當中都有出動，航空母艦曾前往戰區執行轟炸、岸轟與兩棲登陸行動。但這些戰爭主要都是在陸地上發生，海軍只是從海上將火力投射到陸地上而已。

以下是一位曾於一九八〇年代在驅逐艦上服役的退役初級軍官對於冷戰時期驚險歲月的回憶，那是海軍在海上國防扮演著重要全球性角色的年代。

那是一段很驚險刺激的歲月。我們當面面對蘇聯，他們會把我們追來趕去，我們也一來一往，基本上就是在比誰比較帶種。每次都會讓人腎上腺素飆升。我們會在艦隊演習時進入他們的作戰區，放下聲納浮標，然後再跳上一艘求生艇去把浮標收回來。我們還真以為這是個好主意呢！我們搭乘一艘小小的DDG（驅逐艦），身邊有一艘巡洋艦，同時海上卻有三十艘蘇俄軍艦，還有掛著實彈的米格機從我們的桅桿上面飛過。但沒有人想退縮。我們這麼做都是為了我們的國家，我相信他們（蘇聯）差不多也是這樣。現在回過頭來看，還真是愚蠢，我們可都是遊走在殺人邊緣。沒有發生更多不好的事情純屬幸運。但整體而言，這真的是很棒的經驗。

很棒的經驗耶！對平民而言這可能很難理解，但與蘇聯海軍正面對峙讓美國的水兵認真看待與急迫感，這是任何訓練操演都不可能做到的。有好幾個世代的美國水兵，他們整個海軍生涯都非常清楚敵人是誰。

然後幾乎在一夕之間，一切都結束了。蘇聯在一九九一年解體，新生的俄羅斯無法負擔艦艇出海的費用，更別提建造更多的軍艦了。蘇聯的海上威脅解除了——雖然這個威脅原本到底有沒有看

* 譯註：此為英文的情形，中華民國海軍官方上仍稱潛艦的此構造為「指揮塔」（Conning tower）。此構造在美式英文中稱為 sail，在英式英文中稱為 fin，皆為魚類背鰭之意。中華民國海軍可能係因為早年與德軍的合作往來，而採用德軍的稱呼（Turm，塔）。

† 編註：蘇聯海軍的是一艘「回音II級」，編號 K-108 的潛艦。

起來那麼嚴重這點還有爭議。蘇聯海軍的產品就像諸如汽車、洗衣機等蘇聯製品一樣，它們也有品管問題。在冷戰早期的大部分時間裡，蘇聯潛艦的噪音都非常大聲，因此十分容易追蹤。至於水面艦隊，當年那位覺得被蘇聯艦隊包圍很可怕的年輕海軍軍官，現在也記得在冷戰結束後不久，他去看了當時參加包圍的其中一艘巡洋艦。艦上仍然裝滿了武裝，但這位年輕的美國軍官也發現了一些關不起來的艙門，以及幾十年來多層油漆下掩蓋的生鏽鋼鐵。

冷戰的結束造成美國海軍大幅裁撤規模。在一九九〇年[30]，海軍擁有將近六百艘各式艦艇，二十多年後這個數字便減少了一半，只剩不到三百艘。只看艦艇的數量並不能看出一支海軍的軍力與能力。舉例來說，一艘配有最新電子標定系統與反艦飛彈的現代化飛彈驅逐艦，就能輕易消滅一整支由冷戰早期驅逐艦組成的艦隊。但毫無疑問，自冷戰結束以來，海軍在太平洋乃至世界各地彰顯自己「存在」與「態勢」的能力已經下降了。

然而與其他國家相比，美國海軍仍然以壓倒性的優勢穩佔世界最強海軍之位。它也是世上最昂貴的海軍，每年的基本預算[31]大約有一千五百五十四億美元，還計劃在二〇一七年到二〇二一年之間斥資八千兩百六十四億美元。這樣的價目可能會讓美國的納稅人合理懷疑：這到底是怎樣的一支海軍呢？既然美國現在並未參加一場正式宣戰、正在交火的戰爭，美國海軍到底在太平洋做什麼？

如果一個為戰爭而生的地方可以稱得上宜人，那麼H．M．史密斯營[32]肯定是世上最宜人的軍事基地之一。這裡在第二次世界大戰期間曾是海軍軍醫院複合體，以陸戰隊將領「呼嘯狂人」荷蘭．M．史密斯（Holland M. "Howlin' Mad" Smith）命名，就坐落在俯瞰珍珠港的一片茂密山坡地上，低矮的建築白得令人目眩，地面種滿棕櫚樹，在熱帶的微風中搖曳。這裡也是美軍在太平洋地區的神經中樞，一處「聯合作戰司令部」，名叫太平洋司令部，簡稱PACOM*。

美軍將世界分成六個地區作戰司令部[33]，直接隸屬於美國國防部長管轄，並且透過這位國防部長聽命於總統。北方司令部（NORTHCOM）負責北美洲、中央司令部（CENTCOM）負責中東、歐洲司令部（EUCOM）負責歐洲。還有三個負責涵蓋全球的作戰任務的司令部，他們負責特種作戰、核子武器暨太空科技，以及軍事運輸。每個作戰司令部由一位四星上將指揮，上將控制該區域內的所有美國軍方單位，不論是海軍、陸戰隊、陸軍還是空軍都一樣。這麼做的用意，就是讓不同軍種的單位全都在同一條指揮體系下運作，這樣才能合作得更好，不會陷入歷史上困擾著美軍的軍種情節。軍方將這種做法稱為「統合戰力」，至少在某種程度上這麼做也確實有效。

目前，太平洋司令部是地理上最大的司令部[34]，其範圍包括超過一億平方哩，從美國西海岸一直延伸到印度西海岸、並從南極延伸到北極——也有人這樣形容：「從好萊塢到寶來塢，從企鵝到北極熊」。與其他司令部不同，由於太平洋司令部轄區內海洋面積廣大，其司令官幾乎一直都是由

* 譯註：已於二〇一八年五月三十日更名為印度—太平洋司令部（United States Indo-Pacific Command），簡稱USINDOPACOM。

海軍上將擔任。太平洋司令部擁有約十四萬名海軍官兵、八萬六千名陸戰隊員、十萬零六千名陸軍官兵、四萬六千名空軍人員、兩千五百架各式航空器，以及約兩百艘艦艇，包括潛艦與支援艦艇，佔了美國海軍在全球部署將近一半的數量。

這樣的數目聽起來可能很多，但請記得，這裡可是太平洋。還有，不論何時，海軍的戰鬥艦艇都只有三分之一左右是完全可以出海執勤的狀態。每有一艘艦艇在外執勤[35]，就會有一艘同級艦正在接受大規模維修與改裝，以及另外一艘正在操練，以便訓練並考核艦上官兵與艦艇本身，進而作好出海執勤的準備。換句話說，要討論海軍的艦艇數量與在太平洋保持存在與態勢的能力時，這個數量必須除以三。

太平洋艦隊的艦艇有著許多各種大小，以及各自不同的任務。艦隊中有十一艘小型（約兩百呎長）木造船體的獵雷艦，還有五艘大型（超過八百呎長）兩棲攻擊艦，能載運一整個營的陸戰隊員登陸敵岸。還有三十五艘飛彈驅逐艦，以及將近一打和考本斯號一樣的巡洋艦。有大約三十艘核動力高速攻擊潛艦屬於太平洋司令部管轄，它們可以擊沉其他潛艦與船隻，並發射攻陸飛彈，有兩艘俄亥俄級巡弋飛彈潛艦能從海面下發射戰斧巡弋飛彈，以及大約八艘配有核子彈道飛彈的俄亥俄級潛艦能嚇阻敵人，讓他們不敢對美國發動核武第一擊*。還有像自由號這樣的濱海戰鬥艦（之後會有更多）、海洋監視船，以及受海軍控制但艦上人員大多是平民的補給艦，以便將燃料與其他物資運送給海上的艦艇。但在海軍將戰術武力投射至太平洋另一端的能力中，真正的核心要角是核動力的「超級航空母艦」。

航艦非常有魅力，好萊塢要拍電影都會選擇它們。當世界的遠處出了問題、美國必須趕快出現在當地並展現態勢時，美國總統也會第一個想到航艦。目前美國擁有十一艘航艦，其中五艘屬於太平洋地區的海軍基地。我們挑其中一艘來講吧，例如雷根號（USS Ronald Reagan, CVN-76）[36]，於二〇〇三年服役，母港設於日本的橫須賀海軍基地，或者說橫須賀美國艦隊基地（U.S. Fleet Activities Yokosuka）。以二〇一六年的狀況而言，雷根號是唯一將母港設於美國以外前進基地的航艦。其他所有航艦的母港都設於美國。

雷根號第一個引人注目的特點，就是它的龐大體積。全長將進一千一百呎——相當於四個美式足球場，其上層結構物從吃水線一路往上延伸達二十層樓高；排水量達九萬噸，比二戰時期的航空母艦要大得多。它並不是世上最大的船——有許多觀光郵輪、油輪與貨櫃船都比它大上許多，但已經很大了。

艦上官兵的人數也很驚人，有大約三千兩百名官兵屬於本艦，另外還有兩千五百名空勤組員——飛行員、飛機機械士等，他們會在航艦出海部署時登艦。由於航艦與艦上官兵的規模龐大，

* 編註：美國海軍原本擁有十八艘專門做為發射三叉戟II型核子飛彈的彈道飛彈潛艦，艦型代號 SSBN。後在二〇〇二年，把其中的四艘同級艦改裝成專門發射戰斧巡弋飛彈的 SSGN，但是在名稱上依然維持用俄亥俄級稱呼。

常常有人會形容這種船就像是個小城鎮，而雷根號也確實有一些類似於城市的特徵。

舉例來說，艦上有個類似社區中心的艙間（來訪賓客的「迎賓室」），其裝飾是由南西夫人本人親自設計，室內配有紅色絨毛地毯、紅色絨毛椅子，基本上什麼都是紅色絨毛做的，這是因為雷根夫人喜歡紅色。艦上還有許多餐廳（或官廳），從高階軍官與來訪貴賓使用的「天空牧場」（Rancho del Cielo）飯廳，到供水兵使用、比較類似自助餐廳的用餐區都有。艦上還有星巴克咖啡店，以及一家網咖，上面的警語寫著：「亂發推文，會害船沉！」艦上有一間醫院（醫務室）與牙醫診所，裡頭的醫護人員都是海軍的醫師與牙醫師；有一間教堂（禮拜堂），裡面配有染色玻璃窗，還有牧師與不同信仰的「宗教輔助人員」進駐。艦上還設有圖書館、健身中心、電視台與廣播電台，還有一間小型監獄（禁閉室）。同時艦上還配了律師助理（稱作「法律士」）、會計師（財務官）和警察（警衛長）。連本艦專屬的心理師都有。

所以像雷根號這樣的航艦確實有點像一座城市。但反過來說，哪個人口將近六千人的小鎮，平均年齡會只有十九歲？什麼樣的小鎮會有八成五的人口是男性、一成五是女性，而且還有嚴格的戀愛禁令，讓這八成五與一成五比例的人口連在電影院裡牽個手都不行？有哪個小鎮大多數的人口都得共用狹窄的寢間，或是睡在俗稱「架子」的三層床鋪上、每個寢室有六十個這種架子，大家還得共用廁所和浴室？又有哪個小鎮的機場塞滿了九十幾架飛機與其他航空器，每架都裝滿炸彈與飛彈？

不，像雷根號這樣的航艦並不是一座小城；它是一艘巨大的戰鬥艦艇，關鍵字就在「戰鬥」。

根據雷根號的排水量，有些海軍軍官與造船廠主管諷刺它為「九萬噸的外交工具」。雖然這樣說算是正確，但像雷根號這樣的船所帶來的外交，只能是硬外交，不會是軟外交。

事實上，雷根號和所有的美國海軍艦艇之所以需要這麼多官兵，正是因為這些艦艇肩負著作戰任務。世上最大的民用貨櫃船[37]比雷根號還大，但只需要十幾名船員就能出海，剩下大半的工作都由自動化系統完成。這是因為民用貨櫃船只需要從甲地航向乙地，中間不要沉沒就好了。像雷根號這樣的航艦，當然也必須從甲地移動至乙地、中間不能沉沒，但它還必須在路上隨時保持可以發動戰爭的能力，而這樣的能力便需要人力。

與老舊的戰艦不一樣，雷根號等航艦並沒有大量的攻擊性武裝——大口徑艦砲、戰斧飛彈等。雷根號唯一的攻擊性武器就是它的艦載機，包括 F/A-18 大黃蜂與超級大黃蜂戰機、EA-18G 咆哮者電戰機，以及海鷹直昇機。

雖然雷根號裝備有幾樣自衛武裝，充當最後一道防線使用，包括一些海麻雀飛彈、一挺猛噴砲彈的近迫防禦砲塔，還有幾挺機槍，但要是沒有艦載機，雷根號乃至於任何一艘航艦都只是一艘體積過大的砲艇而已。它的設計是要將航空戰力投射至數百哩之外，而不是保護自己不受攻擊，那是那些「小傢伙」們的工作。

前面也曾提過，航空母艦絕不會單獨前往任何地方。航艦會成為一個「航艦打擊群」[38]的中心。雖然打擊群的組成有很多種形式，但通常都會有一到兩艘像考本斯號這樣的飛彈巡洋艦，以及兩到三艘比較小的柏克級（Arleigh Burke Class）飛彈驅逐艦，在海上將航艦團團圍住。這些驅逐艦與巡洋艦的任務可能是攻擊性質——如發射巡弋飛彈——或是防禦性質，如保護航艦、擋住來襲的飛彈，或是尋找並摧毀敵方潛艦。航艦打擊群還可能包括一至兩艘洛杉磯級（Los Angeles Class）攻擊潛艦，能發射巡弋飛彈或找出潛藏的敵方潛艦。由於航艦採用核動力，即使繞行地球好幾圈都不需要補充燃料，但它仍然需要艦載機的燃料、艦隊裡的小傢伙也需要自己的燃料，每個小時可能就要上千加侖。海軍每年光是花在油料上的經費，將近四十億美元之譜[39]。為了滿足打擊群的需求，可能還需要一艘高速戰鬥支援艦，上面塞滿數百萬加侖的柴油與航空燃油，還有好幾噸的食物與彈藥。

想要說明海軍航艦打擊群出海作戰的複雜程度與作戰強度，幾乎是不可能的事情。雷達、導航、聲納、電戰、武器、燃油、滅火與損害管制等系統……艦上到處都是這些東西，其中許多都是冗餘的系統，當作備用系統的備用的備用，以免發生故障或是原有系統因人員在戰鬥中傷亡而無法使用。在一天二十四小時、每週七天、一次持續數週的期間內，數千名大多都還很年輕的男女官兵若不是在操作這些系統，就是在檢查或修理，亦或是在練習如果出了狀況，他們應該怎麼辦。

打擊群裡的每一艘船上，每一位官兵[40]都有自己的職責，這些職責大多都需要大量的訓練。在一艘巡洋艦上，損害管制人員會穿上防火衣帽和頭盔，並與其團隊一起衝向演習中模擬發生火災的地方，或是前往直昇機甲板在那裡待命，預備發生墜機的狀況。在驅逐艦艦內深處，一位聲納技術員會盯著螢幕看，同時聽著耳機，想辦法區分漁船破浪發出的咕嚕聲與潛艦發出的微弱攪動與敲擊聲響。在甲板上，一位帆纜兵會依照檢查表——檢查團隊今天要維護或修理的東西，包括小艇吊柱、錨鍊、加油線等等。在航艦上，一位空勤人員求生裝備航空兵會檢查降落傘、救生衣、橡皮艇等飛行員若是掉入海中會需要的東西；而餐飲技術兵（現在已經不叫炊事兵了）則忙著準備航艦每天需要的一萬八千份餐點。

這些專業分工的清單幾乎沒有盡頭。巡洋艦上有一名基層士兵，負責確保艦上福利社的存貨無虞、自動販賣機都裝滿了，並且洗衣房裡的洗衣機也運作正常。在溫度可達華氏一百一十五度的輪機艙內，一位燃氣渦輪機系統技術兵正在超過十五萬匹馬力的輪機組上滿頭大汗。在航艦的機庫甲板上，一位基本年薪大約兩萬七千美元的航空機械兵正在將一架造價上百萬美元的噴射發動機拆開，諸如此類的可以說個不停。雖然不同職務的輪班方式不同，但這些水兵幾乎每天都過著整天工作、為了檢定考試而念書、準備應付常見的檢查，或是單純清掃艦內的生活。在海上，一天工作十八個小時一點都不奇怪。

雖然工時很長，但如果有人問一群年輕官兵在海軍的工作如何，通常都會得到像是「很刺激」、「很精彩」、「很有趣」之類的答案。或許這也很正常，在完全志願制的軍隊裡，不滿或懶散的人是待不久的。那位損害控管人員是怎麼說的？她堅稱自己的工作是整條船上最重要的工作。那位水面艦聲納技術兵又怎麼說？他向自己的朋友吹噓說自己能「看到」——其實是聽到——潛艦。那位在華氏一百一十五度的巡洋艦輪機艙裡工作的燃氣渦輪機系統技術兵呢？他講起輪機系統的馬力，就像在講自己的摩托車一樣。

年輕官兵也會討論艦上水手之間那種親近的友誼和革命情感。若是時間允許，機庫甲板偶爾會舉行排球比賽，後甲板則有時會舉辦「鋼鐵海灘野餐會」，提供烤肉和軟性飲料。海軍官方已經禁酒超過一個世紀了，但如果一艘軍艦連續出海超過四十五天，便可能有權舉辦「啤酒日」慶祝活動，每名官兵都會分到剛剛好兩瓶的啤酒。

水手之間當然也會討論造訪外國港口的事情，這可是每個海軍募兵人員手上最大的王牌之一，即使現在新海軍的港口參訪已經大不如前了。雖然偶爾會有「啤酒日」，但海軍仍然強烈不鼓勵在上岸期間攝取過多酒精，尤其是在國外的港口，這有一部分是為了水手本身著想，另一部分則是為了避免惹出不愉快的國際事件。這就是為什麼當軍艦在香港、新加坡或蘇比克灣停靠時，海軍會鼓勵官兵參加健康而有組織的活動，例如登山單車行程、博物館參訪、當地學校與文化景點參訪等等。大多數官兵會把握這些機會，但也有人會選擇比較傳統的做法，直接前往當地的酒吧，或是其他比較沒有文化水準的文化景點。

有這麼多人在海上操作這麼多裝備與機械，不難想像為什麼即使是在承平時期，在軍艦上工作依然可能很危險，其中又以航艦為最。

海軍史上，承平時期最嚴重的航艦事故發生在一九八一年，一架EA-6B徘徊者式電戰機[41]準備降落在尼米茲號航艦（USS Nimitz, CVN-68）上，卻錯過了每一條用來擋住飛機的攔截索。這架徘徊者式接著就撞上甲板上的其他飛機，然後爆成一團火球。艦上有十四名官兵罹難，四十七人受傷。在其中六位罹難官兵於解剖後發現有抽過大麻的跡象之後，雷根政府便實行全軍的「零容忍」政策，以及定期的強制性藥檢。實際上這個政策的做法是，一個有過嚴重吸毒前科的人便無法加入海軍，而要是海軍官兵驗尿沒過，大概就會被踢出去。

像尼米茲號這種造成大量傷亡的事件並不常見，但不論是在哪一艘航艦上，一瞬間的疏忽仍可能造成意外發生[42]。水手沒看到一個訊號，可能就會被飛機撞倒在地，或是站得離噴氣偏向器或發動機進氣口太近。有一段影片拍到一位航艦人員從頭被吸入發動機進氣口內[43]，雖然他活下來了，但他的「頭蓋骨」（頭盔）卻被從他頭上硬生生扯掉，並破壞了那具發動機。然而要在航艦上受傷，甚至不一定得跑到飛行甲板上去。二〇一〇年，雷根號航艦就有一名電機上士在維修時慘遭電死[44]。而在這之前五年，還有一名機工兵在雷根號的蒸汽室處理汽閥時被活活燙死[45]。這種意外的清單還很長。

錯誤的維修又是另一種造成意外的原因。舉例來說，二〇一六年三月，一架E－2C鷹眼式預警機正在艾森豪號航艦（USS Eisenhower, CVN-69）上降落[46]，它勾到了攔截索，但當攔截索伸長時卻像吉他弦一樣應聲斷裂，結果斷掉的攔截索像鞭子一樣掃過飛行甲板，造成八名水手受傷，傷勢從瘀血、骨折到顱骨骨折都有。海軍將此事歸咎於攔截器具的維修不當所引起。

對航艦的飛行員來說，風險太明顯了。海軍有個專門用語，叫「第一級航空事故」，意指造成人員死亡或嚴重損傷飛機或船隻的意外。在最近某段二十個月的期間內，海軍發生了一千四百次意外，造成超過四十億美元的損失[47]。更糟的是，在同樣這段期間內，有三十一名海軍與陸戰隊官兵死亡，包括一名二十六歲的大黃蜂式的飛行員，他的座機在從卡爾文森號航艦（USS Carl Vinson, CV-70）彈射起飛後與另一架飛機相撞。搜救人員最後只找到他的飛行頭盔。

就算是在那些小型艦艇上，也還是要面臨潛在的危險。二〇〇七年，法蘭卡博號潛艦支援艦（USS Frank Cable, AS-40）[48]上一條蒸汽管發生爆炸，造成兩名水手燙死，八人受傷。更早以前，薩奇號巡防艦（USS Thach, FFG-43）上一架直昇機的旋翼發生傾斜，擊中了一位上士的頭部，造成他當場死亡。二〇一三年，威廉・P・勞倫斯號驅逐艦（USS William P. Laurence, DDG-110）[49]的MH-60S海鷹型直昇機被海浪捲入海中，造成機上兩名飛行員身亡。至於比較不致命的意外，像是艙門夾到腳、手被機器捲進去、水手在大浪中摔出床外撞到頭……出海的船隻有得是讓人受傷的機會。

官兵還會落海，雖然有時並不清楚到底是摔下去的，還是自己跳下去的。舉例來說，二〇一六年一名卡特莊號船塢登陸艦（USS Carter Hall, LSD-50）[50]女性水兵失蹤，從此下落不明。後來在艦艉甲板的欄杆旁找到一雙靴子，裡頭留有紙條。在本書寫作期間，此案仍在調查中。有時即使是精心規劃的救援程序，也無法救回一名意外落海的水手。二〇一〇年，一名水兵在夏洛號巡洋艦（USS Shiloh, CG-67）[51]行經日本外海時，在該艦欄杆附近工作，結果跌入海中。雖然其他官兵馬上丟給他救生圈，並在幾分鐘內派出救生艇，卻一直沒有找到落海者。這樣的事也發生在一個正從伊拉克戰場返國、在兩棲突擊艦[52]甲板上追著一顆足球的水兵身上。他從船邊落海，從此再也沒有人看見過他。

現代的導航與氣象系統使海軍艦艇得以避開颱風最猛烈的地區，但有時惡劣海象在所難免。在航艦上這個問題不大——它們和郵輪差不多穩，但對比較小的艦艇[53]而言就可能很嚇人了。想像一下在艦艇正爬上浪頭、掉入浪谷時爬上階梯（海軍管垂直的梯子叫階梯），而這些階梯正在往兩側來回翻滾，劃出一個四十五度的弧度；光是從船上的A點前往B點就很累人了，要是不小心一點，甚至還很危險。有時指揮官會關閉露天甲板——不讓步行者進入——並下令所有非值更人員待在床鋪，這也是為什麼有些水兵很喜歡強烈風暴的原因，因為這樣他們就可以補眠了。

有時也會發生在整條軍艦身上的意外，這種意外很可能既昂貴又丟臉。舉例來說，二〇〇九年，皇家港號巡洋艦（USS Port Royal, CG-73）[54]就在離開珍珠港時擱淺在一處礁岩上，造成四千萬美元的損失。這艘擱淺的巡洋艦就這樣在原地待了四天，每個搭機降落在檀香山國際機場的旅客都能看得一清二楚。二〇一三年，守衛者號獵雷艦（USS Guardian, MCM-5）[55]在菲律賓外面的蘇祿海觸礁擱淺，造成嚴重的環境破壞，艦上無人受傷，但船艦得廢棄。在這兩次事件中，艦長都遭到解職，各自的海軍生涯也都毀於一旦。

基於明顯的理由，潛艦在潛航中是以聲音導航，而不是目視，因此特別容易發生碰撞，就像舊金山號潛艦在二〇〇五年撞上海底山脈的死亡意外[56]一樣。二〇〇九年，哈特福號攻擊潛艦（USS Hartford, SSN-768）[57]在荷莫茲海峽撞上紐奧良號船塢登陸艦（USS New Orleans, LPD-18），造成超過一億美元的損失。海軍將此次意外歸咎於潛艦官兵未盡注意義務。二〇一二年間，蒙皮利爾號攻擊潛艦（USS Montpelier, SSN-765）[58]在一次反潛作戰演習中，在聖哈辛托號巡洋艦（USS San Jacinto, CG-56）前方上浮，結果遭到巡洋艦衝撞，造成估計約七千萬美元的損失。近年來最嚴重的潛艦衝撞事故則要數二〇〇一年格林維爾號攻擊潛艦（USS Greeneville, SSN-772）[59]載著一群民眾在夏威夷外海做一日體驗航行時的意外了。當時艦長下令示範「緊急壓艙櫃排水」，這個動作會造成潛艦像衝出海面的鯨魚一樣快速浮出水面。不幸的是，潛艦直接從一艘日本水產實習船底下衝出海面，造成船上九人死亡，包括四名日本高中生。七個月後，在另一名艦長指揮下，格林維爾號在塞班島入港時擱淺。又過了五個月，在第三名接替的艦長指揮下，格林維爾號又與另一艘海軍艦艇相撞。

筆者希望讀者不要誤會。美國海軍的艦艇並不是在海上像碰碰車一樣互相撞來撞去。其實以海軍艦艇每年一共航行達數萬哩來看，碰撞事故其實很少發生。但只要片刻不小心，就可能會發生意外。

那麼這些海軍艦艇在航行這一百多萬哩的路途時，都在做些什麼呢[60]？以下是太平洋地區部分水面艦艇在某六個月期間內的路徑。海軍通常不會提供詳細的潛艦路徑，特別是戰略型潛艦，也就是那些搭載核子飛彈的潛艦。他們最多只會說某艘戰略型潛艦在某年某月某日完成了「戰略嚇阻巡邏」任務，然後回到了母港。

先從雷根號的六個月行程說起吧。在完成為期四個月的維修後，它離開橫須賀進行四天的海試，然後和打擊群其餘船艦一起出發執行「夏季巡邏」，航行八百哩到沖繩與約翰史坦尼斯號（USS John C. Stennis, CVN-74）航艦打擊群一起進行「雙航艦飛行作業」。然後它再航行幾千哩前往菲律賓，往西通過巴士海峽，進入南海，然後再航行兩千哩回到橫須賀，總共在海上待了七週。過了三週後，它必須「緊急出港」前往外海，避開來襲的颱風，因為航艦比起在港內承受颱風侵襲，還不如跑給它追比較安全。在這之後又過了兩週，它便又要出港執行「秋季巡邏」，航行一千五百哩到馬里亞納群島，去和陸戰隊與空軍一起參加一場為期兩週的聯合演習。本次演習還包括一場「擊沉操演」（簡稱就叫 SINKEX），參加的艦載機與直昇機必須對一艘除役、經過完全清除外在物品的美國海軍巡防艦艦體發射實彈，將目標送入深達三萬呎的海底。在這之後，艦上的官兵才總算能在關島休息五天。

再挑另一艘船來看看吧，迪凱特號飛彈驅逐艦（USS Decatur, DDG-73）怎麼樣？在同樣的六個月期間內，它從母港聖地牙哥與一支由三艘驅逐艦組成的「水面作戰支隊」一起出發，在航行兩千七百哩後來到夏威夷。兩天後，它出發航行四千哩，前往橫須賀，然後又進入日本海，與韓國海軍驅逐艦舉行聯合演習。演習結束後，它在美國位於日本南部九州佐世保的海軍基地停留了幾天，然後又往南航行一千哩，通過臺灣海峽，再航行一千八百哩左右，返回佐世保。四天後，迪凱特號與艦上官兵又出海了，這次要航行兩千五百哩，去新加坡的樟宜海軍基地拜訪三天，之後又一路開回佐世保，以便參加為期一週、與日本海上自衛隊一起舉行的反潛作戰演習。

或者也可以再來看看先前提過的潛艦支援艦法蘭卡博號在同樣的六個月期間內，整個行動的路徑。這艘又長（八百五十呎）又慢（極速二十五哩）、只有簡單武裝（二十公釐機砲與幾門大口徑機槍）的支援艦離開了位於關島的母港阿普拉港，航行大約一千四百哩，到菲律賓拜訪幾處港口。結束拜訪行程後，它又航行超過四千哩，穿過巽他海峽和半個印度洋，來到印度洋小島迪哥加西亞的海軍支援設施。接下來它又往北航行兩千哩，前往印度次大陸西岸的果亞邦。在這裡的六天參訪行程結束後，航行一千三百哩，跨過阿拉伯海、穿過荷莫茲海峽，來到阿拉伯聯合大公國，並提供物資與支援服務給一艘美國海軍的攻擊潛艦。兩週後啟程返回關島，中途停靠斯里蘭卡與菲律賓，最後在馬侃號驅逐艦（USS John S. McCain, DDG-56）的陪同下拜訪越南金蘭灣的舊美國海軍基地（後為蘇聯海軍使用）。兩艦是越戰結束後第一艘拜訪此地的美國軍艦。

另外還要提醒一點，上述行程所代表的僅僅只是海軍的三艘船、為期只有六個月的行程。在任何一個時間點，太平洋上都有數萬名年輕美國官兵和許多海軍艦艇正在執勤，它們會四處航行幾十萬哩、在拜訪的港口展示國旗，並展現出「存在」和「態勢」。這就是自冷戰結束後超過二十年來，美國海軍在太平洋所做的事。

然而，在這超過二十年間、在航行了這幾百萬哩、花了幾千億美元之後，海軍仍未在西太平洋面對過什麼真正像樣的敵人。

海軍確實會在菲律賓等地進行反恐行動、訓練與支援。它也會在颱風等天然災害來臨時提供人道救援。舉例來說，在海燕颱風[61]襲擊菲律賓、造成六千人死亡後，海軍便派出了航艦打擊群（考本斯號也在其中）與上千名陸戰隊隊員前去提供災害救援物資、醫療服務並執行搜救行動。

即使如此，在這一整個世代之間，西太平洋所有的艦艇與官兵都未曾面對過像樣的傳統意義上的敵人，甚至連可能像樣的敵人都沒有。

直到現在為止。現在中國與其海軍與武裝部隊正在挑戰美國海軍對這片美國海洋的控制。雖然華府的海軍將領與智庫分析師對於這樣的挑戰到底有什麼意義、乃至中共海軍到底是不是敵人甚或潛在敵人有著不同的見解，對於實地（或者實「水」）站在第一線的人來講，現在的情況似乎已經夠清楚了。以下是一位一等士官長[62]的看法，他在海軍服役超過二十年，其中超過十年在巡防艦、驅逐艦和巡洋艦上四處奔波，這是他對於二十世紀第二個十年的美國軍艦在西太平洋出現的觀點。

「每次離開橫須賀的時候都一定要記得，接下來自己是要進入敵方的海域，」士官長表示，「一定要這樣想、一舉一動都要考慮到這一點。心裡一定要明白，任何時間都可能發生任何事。中國現在比十或十五年前要兇猛多了。他們的艦艇逼我們逼得近多了，他們聽得更多、想要瞭解我們的更多、從我們取走的科技更多、從我們的科技中想學的也更多。他們建造更多的艦艇、戰機也變得更先進，而且潛艦也開得（離基地）越來越遠了。他們一直在對我們施壓，看看自己能做到什麼地步、事態會升高到什麼地步。

「唯一的問題就是，在這場瞪眼比賽裡，誰會先眨眼？」

2000 年代初期的解放軍海軍門面軍艦——海口號驅逐艦。它在夏威夷環太平洋演習的出現，是解放軍想要露一手給美國瞧瞧的舉動。（US Navy）

第三章
吳上尉的新海軍

吳超煌（音譯）[1]上尉站在解放軍飛彈驅逐艦海口艦（DDG-171）搖晃不定的甲板上，正在向兩位美國記者說明。吳上尉將雙手靠在背後、雙腿輕鬆地抵消艦體的搖晃，他是一名年輕、外表俊秀、有自信且沒有缺點的年輕人，身穿藍綠色迷彩服，領子上掛著三顆金色星星。吳上尉此時正以近乎完美的英語描述著海口艦的精密程度與性能。突然，他的臉色一沉。

就在附近，上層甲板的船艉舷側，有三名年輕的水兵正在將紅黃兩色的信號旗掛到旗繩上。他們也有著銳利的目光、穿著迷彩服、戴著相配的航行帽，但有一個人和其他人不太一樣。他的制服袖子捲了起來，而這正是引起吳上尉注意的地方。

吳上尉轉過身背對外國來賓，並大聲喊出一句命令。那個水兵好像被電到了一樣。他來到吳上尉面前立正站好，上尉向前彎腰，指向水兵裸露的前臂，然後再指指自己平整、完全放下的袖子。吳上尉開始以中文說話，聲音不大，但仍是一種森嚴而命令式的口吻。美國記者跟不上他說的話，但顯然吳上尉正從頭到尾斥責這倒楣的年輕水兵。

「水手，你的服儀不整！」他似乎是這麼說的，「這太不守紀律了！這是海軍的恥辱，而且偏偏還是在外國人的面前！馬上處理好，現在動作！」

在被長官教訓的壓力下，水兵很快地放下袖子、把扣子扣好，然後將皺摺拍平。吳上尉轉頭回到來賓這邊，他的表情又回到沉著而有自信的樣子。他發現了問題、然後解決了問題，那個年輕水兵不會再犯這種錯了。

三人將紅黃兩色的信號旗一路升到主桅頂部，讓那面旗幟在風中飄揚，就在紅底金星的五星旗旁邊。吳上尉指著桅頂，向外國來賓說道：「那面旗幟的意思，就是我們是領隊。」

他這句話有不只一種意思。

二〇一四年七月的這一天，海口艦是解放軍海軍三艦特遣部隊的旗艦，要去參加兩年一度的環太平洋聯合演習（RimPac），地點是在夏威夷和聖地牙哥（環太平洋聯合演習的詳細情形後述）。

這是解放軍第一次受邀參加這場海上演習，也是第一次有美國的記者獲准登上解放軍海軍正在出海執行任務的軍艦。而顯然海口號驅逐艦和吳超煌上尉便是解放軍海軍最適合拿出來展示的東西。

今天，海口艦正在夏威夷外海約一百哩處航行，身邊還有巡防艦岳陽號與補給艦千島湖號為伴，熟練地組成編隊。另一艘名為和平方舟號*的中共海軍醫院船也參加了RimPac，但沒有參加今天的演習。共軍編隊正在和美國的巡洋艦皇家港號一同進行反恐暨反海盜聯合演習與航空作戰。隨著中國與美國的艦艇一起轉向、行動，硬殼充氣艇上的武裝突擊隊也正在各艦之間穿梭，練習海上登艦戰技。幾架美國海軍的海鷹直昇機和一架比較小的共軍直9直昇機也在空中盤旋。

即使是在美國的巡洋艦旁航行，仍不減海口艦的威風。海口艦於二〇〇九年服役，屬於中國新一代的旅洋II級[†]飛彈驅逐艦[2]，全長五百餘呎，幾乎和美軍的巡洋艦一樣長，航速也幾乎一樣快。海口艦的甲板一塵不染、上部結構沒有任何鏽斑、每一道舷梯的扶手也都擦得光亮無比。這正是一艘展示用的船，一艘經常獲選前去參加與外國海軍合作進行高規格任務的船。舉例來說，二〇〇八年時海口艦便是中共所派出三艦特遣艦隊的旗艦，該部隊前往亞丁灣，去參加國際聯合反海盜行動。此事件如後述，是中國近「六百年」來第一次海外作業部署。

身為展示船，海口艦的官兵自然也是展示品等級的。

解放軍的軍艦不再是[3]由才剛有了勉強充足的訓練後，就要回到平民生活、由新兵取代的兩年義務役官兵操作了。現在大多數的水兵都是長期志願兵。這套新體制讓解放軍海軍能夠擁有更多有經驗的年輕水手作儲備，以便補充其初階與高階士官。以前，解放軍海軍的艦艇上只有軍官和初階水手，沒有軍事組織中堅所需的中階、強韌又有知識的士官。這點現在已經改變了，未來中共會有受到更優質訓練、更有動力且更為專業的海軍。

---

* 譯註：正式名稱為岱山島號（舷號 866）。

† 譯註：此為北約代號，共軍稱為 052C 型導彈驅逐艦。

雖然有那位捲起袖子的水手，但海口艦上還是可以明顯看見全新的專業素養。艦上特別挑選過的值勤官兵，有著一種迅捷且富軍事素養的風格，任何美國海軍軍官看了應該都會大為折服。水手們不值勤時的儀態也無可挑剔。在艦上長得像小型醫院餐廳的水兵餐廳內，年輕水手都很有禮貌、很尊重他人，只有偶爾會因為有兩個美國記者在場而發出像小男生一樣的傻笑。放假時，中共的水手也受到嚴密監督；中共海軍高層不想看到任何意外，因此也沒有意外發生。

海口艦的初階軍官也是一時之選，其中包括吳上尉。

吳上尉今年二十八歲，畢業於大連艦艇學院，也就是中共版的安那波里斯海軍官校（United States Naval Academy，又叫 Annapolis），而像安那波里斯這樣的軍事院校可是非常難考的。就像任何美國海軍中大多數年輕[4]而有著職涯企圖心的水面作戰軍官一樣，吳上尉也希望有一天能指揮類似海口艦同類型或是更大的軍艦。但目前，他是海口艦的情報暨電子作戰官。雖然他沒有說，但吳上尉似乎也是海口艦的「政治官」，或者叫「政委」，也就是共產黨檯面下的耳目。與他軍階相同甚至更高的軍官似乎都很聽他的話。

「我從小就想加入海軍，」吳上尉對來訪的記者說，「那是我的夢想。我喜歡軍艦。我喜歡制服。我想成為真正的男人！」

海軍生涯或許是吳上尉年幼的夢想，但對他和其他初階海軍軍官而言，這也是個嚴苛而相當斯巴達的生活。像吳上尉這樣的初階軍官月俸大約相當於八百美元，比北京學歷相當的民間專業人員還少，更遠遠比不上美國海軍的同級軍官。他們花很多時間在海上、要面對很高的期待，同時還要遵守非常嚴格的紀律。艦內到處都貼著標語，提醒著軍官和士兵要「保持堅強正確政治立場」和「努力建立強大現代化的革命軍」。在初階軍官一塵不染且井然有序的四層床寢室內，每個鋪位都有一張年輕軍官的大頭照，旁邊還配著各種標語，像是「天生我才必有用」或是「低調為人，積極做事」等等。

在名字裡有「人民」兩個字的國家裡，往往會有一種「群體優先於個人」的教條存在。但吳上尉和海口艦上其他初階軍官卻不是以前西方反共宣傳文宣中那種沒有自主心智的機器人。差得遠了。

由於中共當局在都市地區實行一胎化計劃生育政策，加上中國文化上偏好男孩，許多這些年輕男性都是在中國被稱作「小皇帝」[5]的男性世代成員。身為獨生子，他們成長的過程中一直都是父母與祖父母生活的絕對核心所在，肩負著他們所有的希望與抱負，當然還有同等的期許。要看出所謂的小皇帝症候群對於年輕男性的自我造成什麼樣的影響，並不需要擁有兒童心理學家的專業。這些年輕男子一點也不謙虛。海口艦上的年輕軍官幾乎每個都擁有接近跋扈的決心，以及直逼自大的自信。想像一下《悍衛戰士》裡的獨行俠和冰人吧。他們是一群極度驕傲的年輕男性——對自己驕傲、對這艘船驕傲、對他們的海軍驕傲，也對他們的國家驕傲。而且他們對自己國家的命運沒有半分懷疑。

這樣的命運在二〇一〇年一本名為《中國夢：後美國時代的大國思維與戰略定位》，十分暢銷且影響深遠的書中表露無遺。本書是退役解放軍大校劉明福的著作，他是中共最受人景仰的軍事作家與國際戰略家。就算海口艦上的年輕軍官並未全部人讀過這本書，他們顯然都很熟悉這本書的主題。

劉大校在書中論斷，說美國在歷史上短暫的世界霸權已經過去了，而中共的命運就是要接下世界各國領袖的地位，就從西太平洋開始。這位大校表示，美國一定會抵抗，美中一開始會進行一場「溫戰」——他確實使用這個詞——爭奪此地區內的軍事與地緣政治上的霸權。雙方會對峙、展示武力、偶爾會發生一些危機。但到了最後，這位大校認為中共會獲勝。獲勝的理由是這樣的：雖然中共想要和平，但它並不害怕戰爭。美國會怕。

《中國夢》不只是一本書，它還是一種態度，一種中共國家主席習近平在公開演講中[6]反覆呼籲的態度。事實上，就在海口艦的迎賓區內，有一句中文標語，寫著「夢想由此開始」。海口艦上的年輕軍官就正擁抱著這樣的夢想。

他們對美國或美國人並沒有敵意；他們不像自己祖父那輩，把美國視為是「資本主義的走狗」。但對他們而言，美國是過去，中國才是未來。在官廳一次與來訪記者的非正式會面中，他們也不怯於用勉強過關的英語表達這一點。

年輕的軍官們說，沒有錯，當他們在九〇年代後期與千禧年代前期還是小男生的時候，他們確實都受到美國的啟發，包括音樂、電影和經濟機會。一切看起來都是那麼地美好！但現在看看新的中國，看看它在這麼短的時間內達成的成就。看看這裡的大樓、產業，還有裝滿想像得到所有奢侈品和最新高科技產品的商場。看看中國的經濟，是世界第二大，很快就會變成第一大了！看看新的中國海軍[7]。以戰鬥、巡邏與支援艦艇的數量而言，解放軍海軍現在是世界最大的海軍，擁有超過四百五十艘船艦，包括最新的遼寧號航空母艦。雖然解放軍海軍的總噸位，特別是航空母艦這方面落後於美國海軍，但年輕的軍官認為，中國在西太平洋的海上第二強權地位很快就會改變了。

他們說當然不想和美國開戰，希望能和平共處！但如果事情發展到那樣，嗯，那就一人戰一人、一船戰一船吧。美國最好小心點。

這樣的態度在吳上尉稍後帶美國記者參觀海口艦上各項武器系統時，同樣能在每一句對話中感覺出來[8]。

海口艦主甲板上的一百公釐艦砲，長得像《星際大戰》裡的產品，能將直徑四吋的砲彈射向敵艦與來襲的飛彈和飛機，其性能如何呢？根據吳上尉的說法，它與美國的反艦與反飛彈艦砲性能相當，甚至更為優秀。至於那些在甲板上看起來像幾排巨大人孔蓋的垂直發射系統裡所藏著的飛彈呢？雖然吳上尉不能說得太詳細，但他表示海口艦的垂直發射系統優於美國的同類裝備，該艦的飛彈射程、速度與威力也都勝過美國海軍使用過的任何型號。那海口艦複雜的追蹤雷達與射控系統呢？同樣地，吳上尉不能說得太細——還有請不要拍照——但他說這套系統的性能至少與美國海軍的神盾戰鬥系統相當。

「美國海軍有的，我們都有，」吳上尉表示。他的表情顯示解放軍海軍擁有的可能還更好。

這一切都是真的嗎？還是只是吹牛式的宣傳？美國的分析家同意海口艦的防空與反艦飛彈射程可能比美國軍艦所裝配的類似飛彈要遠。他們也同意海口艦的掠海飛行式「艦艇殺手」飛彈可能是從舊型飛彈上做了升級更新的超音速版*。但海口艦複雜的追蹤與火控系統能有效運用這些武器嗎？解放軍海軍越來越專業，但依然相對缺乏有經驗的官兵能在海上戰鬥中操作這些先進科技嗎？以上問題就無法有答案了。

但重點並不是吳上尉宣稱的海口艦性能到底準不準確，中共到底是不是命中註定要成為下一個稱霸區域的海上強權也不是重點。

重點是吳上尉和解放軍海軍的諸多軍官「相信」這是真的。他們相信本國海軍會在大約十年之內，在科技與作戰能力上超越美國海軍。他們相信中共會結束美國幾十年來在西太平洋的海上霸權。

有人說任何國家只要真的相信自己的宣傳說法，那就很危險，而這樣的觀察也可能適用於一個國家未來的資深軍事指揮官。

照這樣的標準，吳上尉的新海軍確實可能是個危險的對手。

「中國海軍」這個詞在過去的幾個世紀以來[9]，都被西方海軍認為是個矛盾詞、是個矛盾的概念、是水手間的玩笑話。對西方人而言，中國海軍就是海軍最佳的負面教材。好幾個世代以來，堅強的海軍老士官長回應手下任何實力不足、懶散，或缺乏航海人精神的行為，都是大聲這麼吼的：

「你們以為這裡是什麼地方，該死的中國海軍嗎？」

這樣的態度如此深植在西方人的心中，而且持續時間之久，以致於至今都還留有這種想法的足跡，那怕面對的早已經不是如此的現實。舉例來說，在環太平洋演習期間，有一名美國記者碰巧在一艘非美國的西方軍艦的艦長面前提到他最近曾參訪過中共的驅逐艦，這時這位艦長便翻了個白眼，然後鄙視地說：「喔，『中國』海軍啊。」

美國海軍的軍官比較謹慎一點。官方上、檯面上，他們會承認中共在打造現代化海軍上的進步。但在私底下的非官方場合，許多初階與中階軍官都會採取更居高臨下的態度。他們會說，沒錯，中共能建造現代化軍艦，或許也能開發出精密的高科技武器系統，可是我們要面對現實，論水手、論戰士，他們永遠比不上我們。

這和一九五〇年秋天在韓國鴨綠江畔第一次遇到解放軍部隊後的那位美國陸軍將領不一樣。他是這麼訓戒部下的：「不要讓一群中國洗衣工[10]阻止你們」。接著幾週後，他就看著這群「洗衣工」把他滿身血污的部隊一路推回三十八度線以南。然而，在美國軍事史上，低估敵人其實是相當常見的情勢誤判。今天的美國海軍軍官最好不要在新的解放軍海軍身上犯一樣的錯誤。

當然，在傳統上，西方對中國與其海軍能力的觀點，一直受到強烈的種族主義影響。比起日本

＊編註：鷹擊62反艦飛彈（YJ62），出口型號為C602，空射型可裝備於共軍的轟6H、轟6K型轟炸機上。岸基型則是可以裝在飛彈發射車上。

於十九世紀末加入現代世界後，也同樣鄙視這個亞洲鄰國的海軍軍力，西方在此議題上的種族主義便顯得無足輕重了。

但種族主義並不能解釋一切，而還必須考慮歷史因素。在中國海軍史上當然有過武勇的故事，但事實上，以團結有效率的戰鬥力而言，在過去六個世紀間的大半時間裡，中國海軍都和內陸國家巴拉圭的海軍差不多水準。

但並非一直都如此。

在中國江蘇省的港都太倉市內[11]、長江的南岸上，有著一座巨大的銅像。他身穿傳統漢服，看著遠方的海上。雕像高約五十呎、重約五十噸，是一處佔地一百二十公頃公園的中心。其目的在於紀念中國最偉大的航海家：十五世紀的太監鄭和。除了雕像之外，公園內還有一間巨大的展覽廳，以及一艘兩百呎長的鄭和寶船複製品。

單純以尺寸而言，鄭和公園遠遠超過任何西方國家替海上英雄立的紀念碑。若是與鄭和的雕像相比，納爾遜子爵[*]在倫敦特拉法加廣場的雕像就只是柱子上的裝飾而已。但鄭和的雕像和紀念園區最有趣的一點，是這裡並不是用來紀念當代國家英雄的。雕像和公園建立於二〇〇八年，也就是鄭和最後一次航海的將近六個世紀後。事實上，太倉的鄭和公園只是近年來紀念這位偉大航海家的眾多龐大紀念碑之一而已。

很難想像二十一世紀的美國人會花幾百萬美元建造五十呎高的青銅像，好來紀念「公牛」海爾賽[†]、約翰．保羅．瓊斯[‡]，或是哥倫布[§]。其中以哥倫布來講，許多二十一世紀的美國人可能還想把他的雕像拆掉。中國人投入這麼多資金，在現代紀念一位古代航海家，足以說明中國以前是怎麼樣的國家、今後想要成為怎麼樣的國家。

鄭和出身於中國的穆斯林族群回族[12]，他在十一歲時被明朝抓去宮裡，加入服侍皇帝的太監大軍。鄭和在軍事與外交上的地位日漸提升，到了一四〇三年，他開始以指揮官的身份，帶領明朝皇帝所謂的寶船隊，出發進行一系列的航海。他的任務就是跨越南洋與西洋，讓當地的「蠻夷之邦」對皇帝俯首稱臣。

鄭和寶船艦隊的規模和性質都超乎想像。在第一次下西洋時，鄭和據稱手下有兩萬七千名水手與軍人，分別搭乘約兩百五十艘船隻，包括客船、戰船、補給船、運兵船和運馬船。這支大艦隊的旗艦據稱是一艘九桅、採用中式船帆的怪物，長達六百呎，能載最多一千名乘客與船員，船上還配有水密艙和海水淡化系統等現代設施。

即使考慮誇大的成分——六百呎長的木造船從海洋工程的角度而言似乎有點難以置信——這仍然肯定是一大奇觀。鄭和的船肯定足以讓哥倫布九十呎長的聖瑪莉亞號（Santa Maria）與達伽瑪，

---

* 譯註：霍倫肖・納爾遜（Horatio Nelson，一七五八年至一八〇五年），英國海軍將領，帶領英軍於特拉法加海戰中擊敗法西聯軍。

† 譯註：小威廉・海爾賽（William "Bull" Halsey Jr.，一八八二年至一九五九年），二次大戰美國海軍第三艦隊司令。

‡ 譯註：約翰・保羅・瓊斯（John Paul Jones，一七四七年至一七九二年），美國獨立戰爭時的海軍軍人，被譽為美國海軍之父。

§ 譯註：克里斯多福・哥倫布（Christopher Columbus，一四五一年以前至一五〇六年），於一四九二年「發現」新大陸，惟近年來「發現新大陸」的史觀被認為以白人為中心、未顧慮美洲原住民的立場，故而有後文所述拆除雕像的運動。

¶ 譯註：瓦斯科・達伽瑪（Vasco Da Gama，一四六〇或一四六九年至一五二四年），葡萄牙航海家，第一位從海路到達印度的歐洲人。

八十八呎長的聖加百列號（São Gabriel）看起來都像手划艇。在那個時代，中國的海軍是世界史上最強的海上勢力，而寶船艦隊就是十五世紀版的美國航艦打擊群。

在接下來的三十年間，鄭和一共遠航七次，到達東南亞、印度、錫蘭、非洲和荷莫茲海峽。有些作家甚至在僅有極少或沒有證據的狀況下，認為鄭和的艦隊曾有一部分到過美洲。在這一路上，他讓幾十個海外的國王或地方強權對中國的天子俯首稱臣。他還帶了許多東西回中國，包括蠻夷之邦的使者、加入皇帝後宮的嬪妃，還有許多異國的奇獸：獅子、豹、斑馬、駝鳥，還有最轟動一時的長頸鹿。

「如果中國持續海外探索會怎麼樣」，現在已成了熱門的歷史猜謎主題。中國會稱霸十九世紀的歐洲，而不是反過來嗎？今天的北美洲會講中文嗎？

也許吧，但歷史並沒有這樣發展。中國第一個海上強權的地位，在歷史上一下就消失了。一四三三年，在第七次航海的途中，鄭和在海上病逝。在中國，有一位新的皇帝即位，而他對蠻夷之邦與昂貴的對外探索沒有興趣。之後的航海都遭到了禁止，過往航海的紀錄也遭到焚燬，而寶船則留在碼頭任其腐爛。接下來將近六個世紀之間，中國都只關心自己內部的事。

一直到最近之前，鄭和及寶船艦隊的故事在中國境內可以說是遭人遺忘，因為歌頌革命之前的英雄通常不會受到當局的支持。但隨著中共漸漸發展成海上強權，今天每個中國學生都知道鄭和的故事了。鄭和也是二〇〇九年央視一齣熱門迷你影集的主題，央視即是中共政府控制的國家電視台。[13] 在現在的中國，鄭和既是國家英雄，也是心靈上的導師。中國的民眾認為：我們曾經是偉大的海上及世界強權，我們可以再度變成這樣。

鄭和的航海也是一大話題。中共當局很喜歡在官方立場上把這件事塑造成和平的行為，就像他們官方宣稱中共現在的海上擴張是和平的一樣。如一位中共官員所說：「在七次下西洋的過程中[14]，鄭和沒有佔領一塊地[15]、沒有建立一座堡壘，也沒有從外國奪取任何財富。在商貿事務上，他給的比他拿走的還多，因此受到路上各國人民的熱烈歡迎。」

嗯，不完全是這樣。雖然鄭和的艦隊太過嚇人，大多數外國領袖一看到就屈服了，但這位太監在必要的時候，使用致命武力也是毫不遲疑的。舉例來說，當錫蘭的統治者不願向中國磕頭時，鄭和的部隊便殺了上千名錫蘭人，至今還有不少斯里蘭卡人對此事不能忘懷。綜觀歷史，中國一直傾向於將侵略行為宣傳成只是追求儒家式的和諧。

若是宣稱中國在寶船的時代過去之後就沒有海軍史，這樣就不對了。他們後來仍然偶爾會和南海等地的海盜發生衝突[16]，中國的皇帝偶爾也會派出艦隊，從海上攻擊叛變的省份或獨立的鄰國。但有四個世紀的時間，當西方國家與其海軍開始建立世界帝國時，中國還是沒有統一的海軍。

因此，中國完全沒有準備好迎接第一次與西方發生的嚴重軍事衝突——也就是十九世紀中期所謂的鴉片戰爭[17]，在中國企圖限制英國商人、查禁從東南亞進口的鴉片後，英國軍艦便砲擊中國的城市。從道德面上來說，這實在是很難堪，相當於美德因的毒梟為了保護布朗克斯的藥頭，而派艦隊入侵紐約市的東河。但以海戰行動的角度來看，這是英國的重大勝利，他們用西方的鐵甲蒸汽戰艦對上中國以風帆與船櫓為動力的木頭戎克船。英國人直接把這些船送進了海底。

鴉片戰爭和之後的「不平等條約」，就是今天在中國稱之為——並且痛苦地記著——被西方「羞辱的世紀」的開端。英國、俄國、法國、美國、德國、甚至是日本，全都在中國奪取自己的利益，而不考慮中國的法律或公眾意見。不可能再多的誇大形容這種多數西方人早已遺忘的羞辱，對現代中國民間與戰略思想的影響有多大，尤其是加上偏執與獲得受害者身份之後。

即使是在當時，中國的戰略家也發現，雖然中國以單純的兵力數量，可以在陸地上對抗西方勢力，但若是沒有可用的海軍，它仍然無法完全保護自己。在十九世紀後半葉，清廷曾企圖更新其海軍，就像日本一樣，他們向英國、法國與德國採買戰艦、巡洋艦等現代艦艇。但中國的水兵[18]只是訓練不足的徵集兵，其社會地位低落；海軍軍官則往往貪腐、能力不足；船隻也沒有受到良好的維護。在十九世紀接下來與法國和日本的海戰中，中國的水師經常在沒有對敵人造成什麼傷害的狀況下，就被送到了海底。

這樣的狀況一直持續到第二次世界大戰。中華民國海軍最強盛的時期，也只擁有幾艘舊型驅逐艦和河川砲艇；在對日抗戰中，這些艦艇也沒有發揮多大的功能。在那之後，國民政府軍擁有幾艘虜獲的日本驅逐艦和汰換掉的美軍軍艦。然而在對抗毛澤東的共產黨部隊的內戰期間，這些艦艇仍然沒有什麼影響力，除了在一九四九年被共產黨擊敗時，幫忙將蔣介石與一百萬名國民政府的追隨者運往臺灣以外。

至於中華人民共和國，其海上部隊的名字本身就反映了它附屬於地面部隊的性質：中國人民解放軍海軍*[19]。它的指揮官與高階軍官都不是海軍將領，而是陸軍的；一直到一九八〇年代晚期，中共海軍才由一位海軍出身的人指揮。海軍一開始的裝備只有少數舊型捕獲的國民政府驅逐艦和魚雷艇。到了一九五〇年代，海軍取得了一些蘇聯的驅逐艦，還有幾千位蘇聯海軍顧問；之後它又開始發展出一整支柴電潛艦與飛彈艇艦隊，替日後建立核動力潛艦艦隊打下基礎。

但一直到最近為止，中共海軍主要都仍是河川與海岸防衛性質，也就是所謂的近岸與內河海軍，它能與航程有限的陸基飛機與飛彈陣地合作，但無法投射火力到遠離海岸的地方。若是發生衝突，中共海軍的教範是發動「海上游擊戰」。簡單來說，就是派出數波的小型艦艇，包括砲艇、魚雷艇和小型飛彈艇，在靠近海岸的地方對大型敵艦發動幾乎是自殺式的大規模攻擊。

但海上游擊戰不能解決新中國的基本戰略問題。

國共內戰後，中共逾兩百萬人的陸軍要應付四方勢力綽綽有餘，在一九六〇年代初期與蘇聯分裂後，要應付他們也不成問題。而以封閉且大多以農業為主的國家而言，中共也不太需要強大的海軍來保護海上貿易路線。但當中共開始在一九七〇年代後期踏出歷史性的一步、走向市場經濟的時候，保護海上貿易就變得越來越重要了。諷刺的是，在地緣政治的複雜三度空間棋局裡，中共這時其實靠的是「美國」海軍來保護它不受蘇聯的進犯與干擾。

一九九一年蘇聯解體後，這個關係就變了。現在中共日益成長的國際貿易只有一個潛在威脅，那就是美國。而這時的美國海軍凌駕中共海軍的程度，就像英國海軍在鴉片戰爭時一樣地徹底而完

* 譯註：在英語中這個關係比較明顯，因為解放軍的英文 People's Liberation Army 的 Army 既可以指軍隊也可以指陸軍。

全。而這樣的差距震驚——以及羞辱——中共當局，就發生在後來所說的一九九五與九六年臺海飛彈危機[20]當中。

這場一九九〇年代中期的危機只是中共與臺灣之間的冷熱衝突當中最新的一章而已。一九九五年，中共當局警覺到臺灣走向永久獨立的企圖，由解放軍發動一系列的彈道飛彈「試射」，就在臺灣海峽離中國大陸一百哩遠處，將陸基飛彈射至極為接近臺灣西部港口的地方。這些飛彈與海軍實彈演習等於是關閉了海峽的商業船運與航空交通，等於是封鎖了臺灣西部的港口。

美國為了回應此舉，便將壓倒性的海上軍力全部投入這個地區。柯林頓政府派出兩支航艦戰鬥群通過及接近海峽，包括航艦、飛彈巡洋艦、驅逐艦與潛艦，並要求中共停止這樣的行為。這簡直就像美國海軍在挑戰中共，看他敢不敢繼續發射飛彈。當時的美國國防部長裴利（William Perry，[21]）還在傷口上灑鹽，公開宣稱：「雖然中共是強大的軍事勢力，但西太平洋最主要、最強大的軍事勢力仍然是美國。」

裴利的言詞只是簡單陳述事實而已：自蘇聯解體以來，美國無可否認地就是西太平洋最強大的軍事勢力。對上美國海軍與其他美國軍隊，中共一點機會都沒有。

因此到了最後，中共退讓了。飛彈測試停止了、海峽也重新開放了。背後有許多外交來往與討論，還有美國政府調停式的公開宣言等等。但大家都知道真相是什麼。這件事是由軍力而不是外交決定的。

對中共而言，這件事非常丟臉，幾乎到了無法容忍的地步。他們是一個強大的陸上軍事強權、全球經濟上的新秀。但卻有一個西方國家，羞辱式地將一支具威脅性且戰力極為強大的海軍部隊幾乎放在他們的海岸線範圍內，而且自己一點辦法都沒有。就好像羞辱的世紀從沒結束過一樣。

中共當局沒有發表任何公開聲明，也沒有承認它在臺灣海峽遭遇了挫敗。但在中共戰略的頂峰，有一個共識越來越清楚，就是中共必須趕快讓它的軍隊現代化，特別是海軍。

事實上就算是在臺海飛彈危機之前，中共軍方就已經有一部分開始努力延伸他們的海上武力了，最重要的要數一位當時已經七十幾歲的解放軍將領劉華清[22]。劉華清十四歲就從軍、是長征的老兵，他在一九八〇年代初期被指派為海軍司令員，後來還成為中央軍事委員會的副主席，將中國所有的軍隊控制在共產黨的手中。雖然劉華清實際的海軍經驗有限，但他有兩個必要的特質，使他最後能得到「中共現代海軍之父」的稱號。首先，據說他與共產黨領袖鄧小平走得很近，並且能在他面前堅持海軍必須在中共日漸成長的軍事預算中分到越來越多的比例，以便支應新艦艇、新武器與科技研發的開銷。

其次，劉華清很有遠見。他發展出一套戰略，捨棄了原本的岸防思想，主張將中共海軍武力投射至遠方，真的很遠的遠方。劉華清預見了中共海軍發展的三個階段。首先，到了二〇〇〇年，中共海軍必須有辦法將武力投射至所謂的第一島鏈，也就是日本、臺灣和菲律賓，如此才能在黃海、東海和南海成為有力的海上軍力。接著，到了二〇二〇年，中共海軍必須有辦法將武力投射至第二島鏈，從美國領土關島一直到新幾內亞。最後到了二〇四九年，也就是中共建政一百週年時，中共海軍就必須成為全球性的軍隊，擁有能勝過美國海軍的航空母艦，以便確立中共成為世界領袖的地位。

中共海軍並不算完全達到劉華清的時程，但已經很接近了。

趙曉剛大校[23]是一位精瘦、孔武有力、年近五十歲的男人。當海口艦在夏威夷外海航行時，他身穿乾淨無瑕的藍綠色迷彩服，坐在艦上的官廳。趙大校相扣的雙手放在閃閃發亮的會議桌上，他很放鬆、友善，而且講話很斯文。他常常笑，只是笑意不見得能深入他那黑暗深邃的眼睛中而已。

趙大校畢業於大連海軍艦艇學院和海軍指揮學院，是二〇一四年環太平洋演習中，中共海軍四艦編隊的指揮官。這天，他正在接受一位美國記者的訪問，這是中共海軍編隊第一次在出海時接受西方記者訪問。

趙大校沒有吳上尉或海口艦其他初階軍官所表現出的那種自大與跋扈。這點可能和年紀也有關係；趙大校並不屬於小皇帝世代。這也可能是實際經驗的結果。畢竟，吳上尉以及海軍中那些年輕軍官從未看過海軍不是充滿活力、蓬勃發展、充滿自信的日子。而在中共海軍服役三十年的趙大校卻記得那段時光。

當趙大校還是個年輕軍官時，中共海軍四十五艘驅逐艦與巡防艦的艦隊主要由低於標準的舊式蘇聯艦艇組成；海軍的水面艦隊有超過一半是砲艇與魚雷艇，只能在靠近海岸的地方攻擊敵人，而且還要天氣好到可以出海才行。海軍的潛艦部隊幾乎全是舊的威士忌級與羅密歐級*柴電潛艦，噪音非常大，在現代的音響偵測與目標標定系統面前只是個活靶。中共海軍這時只有一艘核動力彈道飛彈潛艦，而其推進系統經常發生輻射外洩，造成每次出海回來後，艦上官兵都得住院觀察三十天。中共這時沒有任何航艦與艦載機。雖然他沒有提及，但趙大校一定記得他們脆弱的海軍在臺灣海峽是怎麼敗給美國海軍的。

但從那之後，趙大校就一路看著他的海軍脫胎換骨。現在的解放軍海軍[24]擁有十幾艘核動力彈道飛彈與攻擊潛艦，而其中三十艘傳統動力潛艦大多也都是改良過的超安靜柴電潛艦，要贏過美國在西太平洋的潛艦戰力綽綽有餘。七十五艘飛彈驅逐艦與巡防艦也大多都是像海口艦這種現代化的設計，服役只不過十年左右。它最近還建造了將近七十艘兩棲作戰艦艇——包括比美軍巡洋艦還大的八艘船塢登陸艦——大幅提升其潛在的兩棲突擊能力。中共現在擁有一艘航空母艦與六十架艦載機，並且正在建造另外兩艘航艦†。中共的軍事預算，包括海軍，已經成長到二十一世紀初的四倍，從二〇〇一年調整通膨後美元的五百億，成長到二〇一三年的兩千億。當然，這還是比美國在二〇一三年的六千一百九十億美元少很多，但美軍擁有全球責任，中共可沒有。當中共的軍事預算持續上升時，美國的軍事預算卻自伊拉克戰爭結束以

---

* 譯註：此為北約代號，即北約音標字母的W與R。前蘇聯對此二型潛艦的名稱分別為613型與633型潛艦。後者在中共建造的版本則稱為033型。

† 編註：第二艘的002型山東艦已經在二〇一九年十二月服役，第三艘的003型預計將在二〇二一年服役。

來，每年大約減少百分之四。

值得一提的是，中共的商船隊也呈指數式的成長[25]。在一九八四年，中共約有六百艘從事國際貿易的商船；現在則有超過四千艘中國籍商船。相較之下，美國有八十艘從事國際貿易的商船，只有八十艘。中國進出口的貨物有九成由中國籍船隻載運，而美國則只有百分之二。這樣的不平衡若是在美中發生任何危機或衝突時，都可能成為重要的因素，使中共得以輕易地將這支商船隊的一部分轉移成軍事後勤用途。具官股色彩的中國公司還擁有世界各地商港的部分或全部設施，包括斯里蘭卡、吉布地、巴基斯坦、孟加拉，以及巴拿馬運河的兩端。

正如劉將軍的要求，今天的中共海軍已不再是專門或滿足於防守海岸的海軍了。一九九七年，一支兩艘軍艦組成的中共特遣艦隊[26]成為史上第一支繞地球一圈的解放軍海軍部隊。在那之後，解放軍海軍建立了一個永久且輪替的特遣艦隊，負責在亞丁灣保護中國與其他商船，抵禦索馬利亞海盜的威脅；它還派出艦隊前往菲律賓與非洲等地進行人道任務；同時它也與幾個國家在海上舉行共同操演。

這就是新的中國海軍，越來越現代化、訓練越來越精良，能到達整個區域乃至全世界。但就像鄭和在十五世紀面對蠻夷有力人士時的說法一樣，趙大校也堅稱他的海軍只有和平的意圖。「中國的參加（環太平洋軍演）[27]代表著中美關係的里程碑，以及兩大強權的新關係，」大校透過口譯表示。「這將會加強兩國關係、發展友好且務實的合作，進而帶來亞太地區和平與穩定的發展。透過這些演習、研討、接待與艦艇活動，現在我們對彼此都有更好的瞭解。這將能提升互信，並對未來的合作有重要意義。」

「友好合作」、「互信」、「和平與穩定」。這些是所有國家現在都會使用的標準外交辭令，包括美國。雖然他們的當局不敢公開說，但區域內的其他國家可不確定中共當局的心裡真的想著友善合作。

解放軍海軍已遠遠超出太平洋除了美國以外所有國家的海軍實力，包括日本、菲律賓、馬來西亞、澳洲和曾經強大的俄國太平洋艦隊殘存的部分。每年亞太地區的海域有大約五兆美元的國際貿易貨物通過，若是沒有美國海軍，中共便有足夠的軍力限制這樣的貿易。與中共發生領土糾紛的國家，特別是日本、菲律賓和越南，很可能會被迫做一個艱難的選擇：是要放棄，還是忍受貿易窒息的痛苦。

有能力做到這點是一回事，但中共有意願要利用軍事手段在西太平洋為所欲為嗎？答案很明顯是肯定的。如目前所見，在二十一世紀最早的十五年間，中共已多次利用其全新的海上兵力恫嚇西太平洋的其他小國，即使在美國面前也毫不遲疑。

當然，上到中共國家主席習近平、下到海口艦官廳裡的趙大校，所有的中共官員都否認這種意圖。任何影射中共具有敵意或侵略意圖的說法幾乎都被當成是一種侮蔑。怎麼會有人這麼想呢？

「中國追求的一直都是一條和平發展的道路，以及一種防禦性的國防政策，」趙大校說。「我們強調國防與經濟力的發展，以便保障我們的主權與安全。我們的軍隊與其強盛的軍力可以滿足我國的國家安全所需與廣泛的國家利益。這點對所有發展軍隊（的國家）都是類似的。中國的軍隊持續適度且均衡地升級武器與裝備。」

和先前一樣，他的用詞都很溫和、冷靜、給人安全感。但根據中共近年來的所作所為，美國要是相信這番說詞，就是軍事與戰略上的一大失誤了。

資深的美國海軍軍官與國防分析專家替這種用笑容和甜言蜜語向外國人保證中共只有和平意圖的文武官員，取了個諷刺的名字。他們把這種官員稱作「理番官」（barbarian handlers）[28]。但中共的軍方與國防官員處理所謂的番人，可不是只有言語和笑容這兩種工具而已。

中國有一種古老的計謀，屬於兵法三十六計之一，叫作「笑裡藏刀」。

中共在西太平洋快速擴張海軍的十五年間，美國大多數資深政治人物都只看到笑臉。但美國海軍卻看過那把刀。

機號 81192 的解放軍海軍航空兵的殲 8 II 型殲擊機，這天在南海島外海與美國海軍的 EP-3E 電子偵察機玩起了慣常的「鈍擊遊戲」，不幸的是，有人丟了性命。（US Navy）

第四章
這就是暖戰

美國海軍第一次實際感受到中共未來潛在的威脅，是在第二個千禧年結束之後不久。諷刺的是，這個威脅不是來自海上，而是來自空中。

時間是二〇〇一年愚人節[1]，週日，早上九時許，美國海軍的EP-3E白羊座II式飛機正獨自飛翔在南海上空。對機上的二十四名機組員（八名軍官和十六名士官兵）而言，這一天已經很漫長了，但還沒結束。他們起床的時間是軍隊裡稱為「凌晨時分」的清晨黑暗時刻，而在例行性的飛行前簡報與系統檢查後，他們便從沖繩的嘉手納基地起飛，出發執行長達兩千四百哩的來回飛行。在喝了好幾杯強烈黑咖啡、窺探了幾個小時之後，他們準備要打道回府了。

同樣地，「窺探」是個相對的詞語。這架ＥＰ－３Ｅ上的電戰操作員與技術員確實會開玩笑地自稱自己是「鬼魅」（spook），也就是對間諜的暱稱。但如果將窺探定義為偷偷進入對手的領土內，在對方不知情的狀況下收集秘密，嗯，那就不是ＥＰ－３Ｅ白羊座在做的事了。白羊座這個名字其實與星座無關，其英文ＡＲＩＥＳ是「空中偵察整合電子系統」（Airborne Reconnaissance Integrated Electronic System）的縮寫；這架飛機本身是改良版的老式Ｐ－３獵戶座反潛巡邏機。當ＥＰ－３Ｅ忙著當間諜的時候，每個人，包括被窺探的人，都知道它在這裡。

首先這架飛機很大，大概和波音七三七型客機差不多——全長約一百呎，翼展也差不多一百呎，機尾大約有三層樓高。這架飛機沒有武裝，動力由四具渦輪螺旋槳發動機提供，而且相對而言飛得又低又慢。這架飛機在執行任務時的空速只有時速兩百哩左右，而標準的任務高度則是兩萬兩千呎。如果這樣還不足於容易發現的話，ＥＰ－３Ｅ的機身外還有許多天線與電子莢艙，會產生明顯且不可能誤認的雷達回波。敵軍的雷達操作員必須面朝下趴在儀器上睡覺，才可能會沒發現這架飛機。這不是會有人故意派進敵方空域的飛機，至少當敵人有任何相當於空軍戰力的單位、或是任何可稱得上高高度地對空飛彈時就不可能。

所以技術上而言，ＥＰ－３Ｅ不是偵察機，而是「信號情報（SIGINT）」機。它在西太平洋的主要任務是在國境外海巡航——例如中國外海——小心地停留在國際空域，並使用高科技電子裝備接收對方的電子訊號。雷達波、加密的通訊連線、軍方指揮官之間的無線電語音通訊、艦艇與其他飛機發射的電磁波等等，只要是ＥＰ－３Ｅ能在電磁波頻譜上接收到的東西，都會由機上後艙裡許許多多控制台前的電戰專家與密碼專家處理、分析。這些情報資料接著便會傳回區域或戰區情報總部，讓美國將領得以一窺對手的能力與手段。其實不是只有對手；ＥＰ–３Ｅ的任務會接收所有人的電子情報，不分敵我。

地面監聽站當然也能做許多ＥＰ–３Ｅ能做的電子情報蒐集工作。但像ＥＰ–３Ｅ這樣的飛機（還有美國空軍的RC-135偵察機）可以靠近目標，來到對方的訊號更強、更容易接收的地方。「靠近」指的是任何還在國際空域、沒有進入他國海岸外十二海里傳統界線的地方。但就像接下來要說的事情一樣，不是每個人都同意這樣的十二海里界線。而ＥＰ–３Ｅ的情蒐任務通常也都會飛得比這個距離要遠很多。

當然，被窺探的國家通常都不太喜歡這個樣子，這也是空中信號情報任務優於地面被動信號情報任務的一點。當對方發現ＥＰ–３Ｅ或其他情報飛機接近自己的空域時，他們可能會啟動更多雷達、用無線電通知上級，甚至可能會啟動地對空飛彈，或是讓噴射戰鬥機緊急起飛攔截這架偵察機。而在這樣的過程中，對方就會製造更多電子情報資料，讓ＥＰ–３Ｅ後艙的間諜們接收。簡單來說，像這架ＥＰ–３Ｅ現在執行的這種任務，可以真的創造出有情報價值的東西。

五角大廈裡的人將這種「刺激」對手創造有用信號情報的行為稱作「診斷性刺激」。這樣的情報任務肯定會刺激中共，尤其是當任務是飛過頗有爭議性的南海時。

二〇〇一年四月一日這一天，就在ＥＰ–３Ｅ從海南島東南方約七十哩處飛過時，中共受到的刺激可大了。

坐在這架ＥＰ－３Ｅ的駕駛艙右座上的，是海軍飛行員兼任務指揮官沙恩．奧斯本上尉（Lieutenant Shane Osborn），他今年二十六歲，個子相當壯，是來自內布拉斯加州一個小鎮的孩子，出身於海軍大學儲備軍官訓練團。奧斯本和機上組員都屬於第一艦隊航空偵察中隊（VQ-1），外號又叫「世界觀察者中隊」，其母基地位於華盛頓州懷德貝島，當前在日本部署。他們和先前世世代代的前輩到現在為止，執行這種任務已超過五十年了。他們曾躲在中國、蘇聯、北韓和越南外海的天空中刺探當地的電波通訊。在這五十年間，有許許多多美國的飛行員在這些危險空域執勤時陣亡或失蹤，包括在表面上看起來的和平時期。

許多這些損失是因為天候惡劣、機械故障或人為失誤，但這些美國人也有些是死於飛機在國際空域遭到埋伏而擊落，其中包括ＶＱ－１中隊的四十七人在內。一九五六年，一架屬於該中隊的Ｐ４Ｍ－１Ｑ麥卡托式（Mercator）電子情報機被中共的米格機擊落於東海上空，機上載有十六名機組員；其中四人的遺體事後尋獲，並送回美國，其餘則至今下落不明。然後在一九六九年四月，北韓的米格機又在韓國外海九十哩遠的國際空域擊落了一架ＶＱ－１中隊的ＥＣ－121偵察機，造成機上三十一名美國機組員陣亡。雖然奧斯本和他的組員絕大多數在這些事件發生時根本還沒出生，但他們應該大多都聽過這些故事。

這架ＥＰ－３Ｅ機上沒有人真的認為自己會被中共的攔截機擊落。但他們也都知道空中的情勢正在越演越烈。自一九九五與九六年的臺海危機之後，中共就一直在壯大軍力，特別是海軍，而美國也相對地對監視中共的資源與能力更感興趣。現在美國海軍與空軍像奧斯本的ＥＰ－３Ｅ這種情報偵搜機，每週都要飛四到五趟前往中國外海的任務，且常常都會遭到中共戰鬥機的攔截。

美國的情報任務遭到攔截不是什麼大事；美國自己在可能有敵意的飛機靠近其空域時，也會派出戰機攔截。但這種事是有國際規則的。一般公認的作法，是攔截機要保持安全距離——至少五百呎以上，足以讓目標機的飛行員知道攔截機出現了，要是目標機想玩什麼花樣，攔截機是隨時做好準備了，但又不會近到足以干擾目標機的飛行。如果中國軍機這樣做、如果他們照規矩來，這樣就沒問題了。

但在過去的幾個月來，解放軍的戰機飛行員並沒有照規矩來。他們靠得很近，非常近。在一週前的另一次任務中，兩架解放軍的殲8II型戰鬥機才攔截過奧斯本的飛機，並待在飛機側面與後面只有五十呎遠的地方。在其他美國的偵察任務中，中共的飛行員甚至還靠得更近。過去四個月，中國外海由解放軍戰鬥機執行的近五十次攔截中，中共飛行員有六次接近到美機的三十呎內，更有兩次距離不到十呎。只有十呎耶！

而且他們也不會只是被動地待在美機的主翼外而已。中共飛行員使用的技巧之一，就是飛在慢速的美機底下，不被對方看見，然後突然在美機前方拉高，驚嚇美國飛行員並用噴射引擎的尾流干擾美機的飛行。美國飛行員把這種動作稱作「鈍擊」，就好像在對他們比中指一樣。

這當然非常危險，從中共的立場而言，這正是他們要的。他們的想法是要驚嚇美國人、讓他們動搖、向他們說明進行這樣的任務必須付出代價，甚至最好能讓美國不再進行此類任務。即使冒自己的生命危險，他們也要向美國人證明自己乃至於整個中國都不怕他們。雖然美國政府早已正式透過外交管道抗議中共飛行員這種「魯莽而又不專業」的行為，但這種攻擊性的攔截方式卻仍然繼續使用。對美國的機組員而言，原本是例行任務，現在卻變成例行危險了。

因此，當奧斯本上尉和EP－3E的機組員看到兩架掛著空對空飛彈的中共殲8II從海南島方向朝他們快速逼近時，實在不知道接下來應該期待會遇到什麼狀況。兩架戰鬥機從EP－3E的右邊通過，然後又折返回來，並在EP－3E的左邊就定位，這時距離還不算太近，一直保持在美機與海南島之間。EP－3E目前以自動駕駛儀飛行，以約略超過兩百哩的時速平直飛行。

殲8II在西方的代號是「長鬚鯨」，這是一種雙發動機的單座戰鬥機，設計於一九六〇年代，並在九〇年代中期接受過升級。其機翼小而後掠，看起來有點像越戰時期的美國F－4幽靈式戰鬥機。殲8II的極速有二點二馬赫，而失速速度只比EP－3E的巡航速度每小時兩百哩再低一點，這麼快的戰鬥機要待在緩慢的EP－3E旁邊並不容易。中共飛行員必須放下襟翼，稍微抬起機頭，以便製造些許阻力，但又不會多到造成失速。這樣的飛行方式對飛行員的技術要求很高，有點像騎著腳踏車與一個走路的人並肩前進；如果不持續調整，就會摔機。

在EP－3E上，奧斯本和其他機組員目前還不太擔心。這兩位中共飛行員沒有做出什麼瘋狂的舉動，至少目前還沒有。過了大概十分鐘後，任務航路已經飛完，奧斯本便設定自動駕駛儀，讓飛機平緩而保持水平地轉向東北，遠離海南島，準備回到基地。奧斯本認為戰鬥機這就會準備離開了。

但他們沒有。其中一架戰鬥機——機身號碼81192——開始靠得更近、然後又更近。有幾位機組員開始從機尾的舷窗看著這個人，並透過機上通訊報告。「喂，他就在我們主翼外面……他很近，我沒看過這麼近的……天啊，他又要靠更近了！」那架中共戰鬥機現在就在ＥＰ－３Ｅ左翼外十呎遠的地方，飛行員的手還做了一個動作，或許是諷刺式的敬禮，或許是揮手，很難分辨。

那架戰機往後退，但過了一陣子又回到ＥＰ－３Ｅ的主翼旁。這次他脫下了氧氣面罩，ＥＰ－３Ｅ的機組員可以看到他在對他們說話。機上沒有人會讀唇語，所以沒人知道這位飛行員在講什麼，但他們猜大概不會是讚美的話。ＥＰ－３Ｅ組員沒有回應。美國飛行員的標準作業程序是保持平直飛行，不要回應對方戰機飛行員的挑釁。但不是每個人都會遵守這樣的標準程序。一九九九年十二月，就有一架被近距離攔截的ＥＰ－３Ｅ機組員戴上了聖誕老人的帽子，然後對著戰鬥機飛行員比中指。但奧斯本的規矩比較嚴。兩機之間沒有無線電通訊。他們只是一直等著對方離開。

但這時，就在長鬚鯨式戰機第二次通過時，奧斯本開始擔心了。他正看著自動駕駛，確保ＥＰ－３Ｅ不會偏移路徑，但他看得出這位中共飛行員很難控制住自己的飛機。先前也提過，要在兩萬兩千呎的稀薄空氣中，以時速兩百哩飛一架長鬚鯨式是非常困難的，而這位中共飛行員就在外面橫衝直撞。當空中災難距離只有幾呎遠的時候，這樣的狀況是非常危險的。最後他終於再次後退。

雖然奧斯本和他的機組員不認識這個人，但這位中共飛行員已不是第一次做這種特技了。美國海軍知道這號人物，甚至包括他的名字。

這位中共飛行員叫王偉少校，當時三十二歲，是在中國人民解放軍海軍有十四年經驗的老兵，駐在海南島的陵水機場。就算以戰鬥機飛行員的標準而言，他也是個特技玩家、冒險家，總是在逼著操作包絡線的極限。舉例來說，在幾個月前一次攔截EP-3E的行動中，王少校將戰鬥機飛到了離美機不到十呎遠的地方，然後舉起一張寫有自己電子郵件地址的紙。這件事被一位美國機組員拍了下來；美國海軍就是這樣知道他的姓名的。

王少校的空中特技相當類似於電影《悍衛戰士》片中湯姆克魯斯將他的F-14A雄貓戰鬥機倒飛通過俄國米格機上方，然後向對方比中指的橋段[2]。但如果王少校是透過盜版的《悍衛戰士》得到這個靈感，他應該知道這一幕完全只是編劇想像的產物。或許海軍的藍天使表演飛行隊可以做到類似這樣的特技，但美國任何腦袋正常的飛行員都不會想對一架可能具有敵意的飛機做這種事。事實上，當《悍衛戰士》的製作人跑去找負責協助拍攝的海軍飛行員，請他們做這個兩機相疊的倒飛動作時，海軍直接一口拒絕，說太危險了。最後這一幕是用特效做出來的。

奧斯本和他的機組員如果不知道這架長鬚鯨戰機是王少校在飛或許也是件好事，現在的狀況已經夠嚇人了。他們一直希望這架殲8II的飛行員和他那架一直待在旁邊的僚機能趕快離開、返回基地。但他們不願意。王少校又駕著長鬚鯨式第三度靠近，這次就在EP-3E的左翼下方；他可能打算給美機一個鈍擊吧。

但他沒有成功。在他通過EP-3E主翼下方時，長鬚鯨突然爬升，EP-3E長十三呎的左翼外側螺旋槳便像電鋸一樣砍入戰鬥機的機身，將戰鬥機切成兩半。

對雙方而言，這樣的碰撞都造成災難性的後果。這一撞將EP-3E的左側外螺旋槳葉片尖端全部扯斷，長鬚鯨的機鼻則向右偏，撞掉了EP-3E機首的玻璃纖維雷達罩兼鼻錐。殲8

II的前半段直直衝向海中，後面還拖著火焰。奧斯本覺得他看到飛行員跳傘，可是殲8II的駕駛艙已經壓毀，王少校大概也已經死了；後來的搜救也找不到他的遺體。同時，飛散的碎片也損傷了EP-3E的左邊內側螺旋槳，並產生許多更小的破片噴入機內。EP-3E馬上向左滾轉，傾斜一百三十度——也就是幾乎上下顛倒，然後開始以陡峭的角度衝向下方的大海。失去鼻錐造成機艙失壓，強風以數百哩時速從破洞處灌入機內。奧斯本動用全身的力量保持操縱桿的水平，並將右方向舵踩到底，但飛機已經失控。

這時他心裡想的是：「這個王八蛋就這樣把我們都害死了。」

EP-3E的後艙此時陷入混亂。所有沒固定住的東西都在四處亂飛：咖啡杯、三環式裝訂器、原子筆、鉛筆、制服……G力也讓機組員緊緊貼在座位上，或是在幾乎上下顛倒的地板上。尖叫、禱告和咒罵的聲音幾乎一樣大聲。大家都覺得自己完蛋了。傑瑞米・克蘭道下士（Jeremy Crandall）來自伊利諾州的拉夫斯帕克，這時他心想：「嗯，我這輩子還真棒。」他今年只有二十歲，還在接受譯碼訓練，連飛行徽章都還沒拿到，現在看起來他是永遠拿不到了。

EP-3E頭下腳上地朝著大海墜落了三十秒，對機上的每個人而言，那都是他們生命中最漫長的半分鐘。終於，在掉落八千呎後，奧斯本總算靠著過人的努力讓飛機回正，只是這架EP-3E還得再往下掉六百呎，奧斯本才能勉強控制住飛機。他保持水平飛行，但已經失去機上的部分航電系統、受損的一號螺旋槳正像一台失去平衡的洗衣機一樣來回搖晃，而且沒有人知道機外還有什麼樣的損傷。

一架在海上、嚴重受損的飛機，其機組員只有三種選擇。他們可以跳傘、在海上迫降，或是想辦法飛到陸地上某個可以降落的地方。但對這架EP-3E的機組員而言，前兩個選項根本算不上什麼選項。

EP-3E只有一個地方可以跳傘，就是在左翼內側渦輪發動機後方的一扇小門。但要這麼做，而又不想被螺旋槳產生的風吹去撞尾翼，飛行員就得將那具引擎的動力降低。可是如果奧斯本降低動力，飛機就又會開始向左翻滾了。就算他們成功跳傘，那又怎麼樣呢？他們會四散降落在到處是鯊魚的南海上，穿著救生衣載浮載沉，附近沒有任何搜救飛機或艦艇。機組員為了預防飛機解體，還是穿上了降落傘，但沒有人真的想要跳傘。

至於水上迫降，這不算什麼選項，至少對這架飛機而言不是。機上的電子側錄系統包括俗稱「大眼睛」（Big Look）的雷達罩，就附掛在機腹下方。大眼睛罩寬約十二呎，形狀像巨大的M&M巧克力，若是進入水中，它就會像巨大的船錨一樣，將機鼻往下推、機尾往上抬。EP-3E大概會在觸水的瞬間就解體。如果逼不得已，他們會在海上迫降，但沒有人想要嘗試。

現在只剩下一個真正的選項，而這個選項實在稱不上有多好。這架受損的飛機不可能撐得到友方的機場；飛機隨時都可能會解體。因此奧斯本最後將路徑改變了二十度。

奧斯本和他的機組員在往海南島的陵水基地飛去。他們打算試著在中國境內降落。

海南島[3]位於中國南方海岸外，就像是加上去的一樣，與中國大陸之間隔著一條淺而窄的瓊州海峽。這座島面積一萬三千平方英里，跟比利時相比還要再大一點；島的北方像佛羅里達州一樣平坦，但往南岸走，便會開始出現茂密的亞熱帶山林和谷地。島的西邊是東京灣*，也就是越戰時許多美國海軍軍事行動的核心地帶。島的東方和南方則是南海。

幾個世紀以來，海南島一直都是充斥著罪犯、流亡者、海盜和早期逃竄的共產黨員之地，這裡的漢人移民與祖先幾千年前就在此地定居的黎族人相當不自在地一起生活。當夏恩・奧斯本上尉努力控制住他受損的飛機時，海南島仍是個政治與文化的化外之地。這裡充斥著稻田和叢林，首府海口市則由一座吵雜、漫天飛沙又充滿藍領階級的商港佔據。

然而，二〇〇一年的海南島卻是個在軍事上有重要意義的地方。這裡有幾個航空基地，包括東南岸的陵水軍用機場、榆林的傳統動力潛艦設施，以及海岸上許許多多的強力無線電通訊與導航設施。這裡有的東西足以讓中共對於有一架美國軍機進入領空一事十分敏感，即使這架軍機沒有武裝且嚴重受損也一樣。在這架美國軍機才剛剛與中共的一名飛行員發生致命性碰撞後更是如此。現在這架EP-3E上沒有人知道中共軍方到底會怎麼回應。

從過去的經驗來看，他們的反應通常都不太好。舉一九六五年為例，那時以海南島為基地的殲6戰鬥機擊落了一架結束越南任務後偏航至該島上空的美國空軍F-104戰機[4]。飛行員彈射逃生後

---

* 譯註：越南的東京灣（Gulf of Tonkin），非日本的東京灣。此地中國稱「北部灣」。

遭到俘虜，雖然美國與中共並未交戰，但他還是被中共當局拘留到一九七三年才釋放。在那之後又過了一年，另一架美國軍機，這次是一架海軍的四人座KA-3B天空戰士型（Skywarrior）[5]加油機，又在偏航至該島上空時遭到擊落。中共在一九七五年歸還了其中一位機組人員的骨灰，但從未完整交代其餘三人的下落。

當然，二〇〇一年與一九六〇年代中期不一樣。雖然雙方因為這種間諜任務而關係緊張，但中共大概不怎麼想殺死一架顯然沒有武裝又嚴重損傷的飛機所載著的二十四位美軍官兵。後來中共方面的來源指出，王偉的僚機趙宇曾請求許可擊落美機，但遭到上級拒絕。

但不論中共的意圖為何，此時都還沒表達出來。當奧斯本正努力讓飛機飛向海南島時[6]，他和其他機組員不斷以國際緊急頻道聯絡陵水軍用機場，同時宣告緊急狀況並請求迫降的許可。中共沒有回答。機上的一位通訊官也透過加密通訊網通知美國的指揮體系他們這邊的狀況。

同時，在EP-3E的後艙內，機組員正在執行緊急銷毀檢查表，以便將機上的機密材料處理掉。他們用消防斧破壞機上電腦的硬碟，並將機密手冊與文件夾放入拋棄箱內，然後再從打開的艙門丟入下方的海底。同時領航員雷吉娜．考夫曼上尉（Lieutenant Regina Kaufmann）也正在想辦法找前往機場的路。她身高五呎，是個嬌小但堅強的人，只不過幾年前，她還在迪士尼世界的颱風潟湖當救生員。可是機上沒有海南島的地圖或是進場資訊，他們只能用目視的方式找路。

終於在緊張得令人指節發白的二十分鐘後，EP-3E跨越了海南島的白沙灘與稻田，然後他們看到了機場。那是一條長而以混凝土塊建成的跑道，旁邊還有開放式的護岸，給停在跑道旁的殲

8II戰鬥機使用。奧斯本在飛機以兩百哩高速進場的同時努力維持控制，總算讓飛機降落，並安全地停了下來。這時後方爆出一陣歡呼與鬆一口氣的聲音，但奧斯本既是有好消息、也有壞消息。

他這時想著：「我們活下來了，可是我們現在中國境內。」

這架飛機馬上被拿著AK-47的解放軍士兵包圍，大部分都是十幾歲的徵召兵。二十四位機組員全都被帶下飛機、坐上巴士，然後被載到基地內一處空著的軍官營區內。他們並不算是戰俘，但顯然是被俘虜了。

接下來發生的就是長達十一天的僵持，也是自一九九九年北約對塞爾維亞發動空襲後，美國與中共關係的最低點。當時美國軍機誤炸了中共駐貝爾格勒大使館，造成三名中國公民死亡，並造成美國駐北京大使館及中國境內其他領事館外發生暴力（且有政府支持）的抗議行動。

反美勢力宣稱美國故意炸毀該棟建築，以便阻止中共的崛起並考驗北京領導當局。美國政府馬上為轟炸致歉，並賠償中共當局一千萬美元。

沒有人認為中共飛行員是故意撞擊EP-3E的，也不會認為中共當局故意要讓這次危機發生。可是中共的反應比較像是冷戰時期的作風，而不是一個想成為世界舞台上的和平新面孔的國家。事實上，這次海南島事件後來變成了中共危機管理的一大研究案例，其中充滿著假的憤怒、惡意的譴責、固執的要求與完全的謊言。

根據中共當局與中國媒體的說法——其實他們是同一回事——此次碰撞是美國的錯。首先，中共發言人表示，這架EP-3E——他們稱之為「涉案機」——非法入侵了中國空域，因為飛在中國的「經濟海域（exclusive economic zone，EEZ）」上空，也就是從中國海岸往外延伸兩百海里的區域（經濟海域詳如後述）。其次，在兩架殲8II於該機安全的四百公尺外就定位後——中方是這麼說的——美國偵察機「突然轉向」衝往王偉座機，「使王偉來不及躲避撞擊」，並造成中共飛行員死亡。第三，在EP-3E「衝撞」戰鬥機之後，美國機組員故意進入中國領空降落——這部分是事實——並且沒有事先請求許可——這一段就不是事實了。中共要求美國「對中國（政府及人民）道歉，並對此事件負起所有責任。」這番說詞很明顯暗示著他們打算繼續拘留奧斯本等機組人員，直到聽見道歉為止。

雖然當局出手控制類似於貝爾格勒誤炸事件後的暴力抗爭，但他們完全不打算冷處理。王偉的僚機飛行員趙宇[7]上了國家電視台，把官方對撞機事件的說法復誦了一遍，同時國營媒體也公開了一封給布希總統的信，號稱是王偉遺孀寫的[8]。信中寫道：「對這樣一起事實確鑿、責任完全在美國的嚴重事件，你們竟然對中國吝嗇得連句『道歉』都不說……我不明白您為什麼派他們（美機）千里迢迢到中國沿海來偵察？為什麼他們要把我丈夫的飛機撞毀？」

當然，中共版的事件始末非常荒唐。宣稱一架緩慢的EP-3E能從四百碼外「衝撞」一架靈活的殲8II型噴射戰鬥機，就像宣稱一輛校車能追撞一輛法拉利一樣。美國政府手上也有確切的證據，證明王偉過去就有危險飛行的紀錄。這個證據就是他展示自己電子郵件地址的影片，後來由美國政府放出來給媒體報導。新上台的小布希政府對飛行員之死表示「遺憾」，但拒絕致歉。

在美國，現在的狀況和一九七九至一九八〇年伊朗人質危機剛開始時很像。機組員的基地懷德貝島[9]和各自的家鄉（亞歷桑納州修洛市、紐約州史丹頓島、俄亥俄州岩溪鎮等地）都有幾千棵橡樹掛上了黃絲帶。美國人辦了祈禱會、寄信給各大報編輯要求美國對中共發動軍事行動、批評美國政府態度太硬或太軟，還有評論家說美國的機組員遭到拘留是「國恥」。

至於對奧斯本等機組人員而言，他們被俘的生活在身心上都很不舒服，但倒也稱不上殘忍。在軍用機場待了幾天之後，中共把他們移到海口市內一間公營的旅館裡去住。這裡不是檀香山希爾頓飯店，但至少也不是惡名昭彰的「河內希爾頓」越戰監獄。這裡的食物很糟糕，大多都是米飯、燙青菜和魚肉塊，還包括了魚頭和魚尾在內。他們過了三天才獲准見美國大使館派來的代表。

中共以「調查」此事件為由，審問了所有的機組員，其中又以奧斯本受到當局的關注最多。他有時要一口氣接受五個小時以上的審問。這些審問很奇怪，有點像一九五〇年代韓戰戰俘電影裡的伎倆，好像那些「資本主義走狗」和「愛好和平世界人民的帝國主義敵人」滿天飛的老日子又回來了一樣。中共的審訊官會大吼大叫、破口大罵，還會用拳頭捶桌子。他們告訴機組員，說他們會被控間諜罪與故意殺死中共飛行員的罪名，說他們是空中的海盜、罪犯和「大間諜」，還說他們永遠見不到家人。但另一方面，如果他們合作，並正式道歉——當然是在攝影機前——那麼出於「人道主義精神」，中華人民共和國和善的人民就會放他們回國。

所有的機組員都講一樣的話——說是殲8II來撞他們——並且沒有人同意開口道歉。

但這次危機最後總算還是結束了[10]。最後靠的是所謂的「兩個遺憾的信」。

在中文裡，「道歉」這個詞不只代表道歉者對發生的事表示遺憾，還代表他為此事負完整的責任；道歉是一個正式且有一定形式的過程，一種口頭上的低頭甚至是磕頭，會造成道歉者顏面盡失。但在美式英語中，「sorry」這個字可以代表道歉——「我很抱歉我把你的車弄壞了」——也可以代表對一件不是自己的錯的事情表達致哀之意——「我很遺憾你的丈夫過世了」。

所以在諸多談判之後，美國大使將一封英文信交給了中共當局，聲稱美國對中共飛行員之死「非常sorry」，對飛機被迫在沒有收到口頭許可的狀況下降落也「非常sorry」。這個英文字「sorry」的使用經過精心設計，使雙方都能各自解讀。中共當局與媒體說這是道歉，美國則說這只是對生命的損失表達哀悼與遺憾，完全沒有道歉的意思。

美國與中國的整個外交關係竟然都繞著一個字打轉，聽起來或許很蠢，但這說明了時至今日仍然使雙方外交關係更為複雜的諸多文化差異之一。對美國人而言不痛不癢的事情，對中國人而言卻可能是不得了的大事。中共深知自己的歷史，同時還有與西方不平等的關係、只要有一點風吹草動就覺得被冒犯、固執地不以邏輯看待事實，而且還急於避免因承認錯誤而失去面子。這在中國文化中有著強大而明顯的力量。所以他們能不停地把美國軍官與外交官員逼瘋。

不論如何，奧斯本和他的機組員[11]獲釋了，最後也搭機回到了懷德貝島，還在當地獲得了國家英雄式的歡迎。奧斯本後來獲頒飛行優異十字勳章（Distinguished Flying Cross），其餘機組員則獲頒航空獎章（Air Medal）。同時，王偉少校在中國也成了國家英雄。中共中央軍事委員會發出中共國家主席江澤民頒布的命令，追認王偉為「海空衛士[12]」，並稱讚他「不畏強敵的大無畏革命氣概」。請特別注意「敵」這個字。

至於那架受損的EP-3E[13]，它在陵水機場的跑道上待了兩個月，接受中共技師的仔細檢查，直到最後終於在部分拆解後，由一架雇來的俄國民用運輸機載回美國。

接下來幾個月，美國國防部的眾多中國專家都很努力，想找出中共攻擊性攔截與對海南島事件採取如此強硬態度的原因。他們是想激起愛國心、轉移對國內問題的注意力嗎？他們是想測試新上台的美國總統，或是想警告美國不要再賣武器給臺灣嗎？是奉行國際主義的文官與強硬派的愛國軍官的內部衝突嗎？美國這邊沒有人知道真正的答案。

然而，中共雖然姿態強硬，但他們顯然不希望這件事永遠影響自己與美國的關係。中共正努力想加入世界貿易組織（後來在二〇〇一年稍晚時達成了），同時還在想辦法主辦二〇〇八年的奧運。雖然美國在EP-3E機組員獲釋後就繼續執行偵察任務，但中共卻不再有激烈的回應了。美國飛機依舊受到跟蹤，但顯然就沒有再被鈍擊了。

等到海南島事件發生的第五個月，大家就忘得差不多了，至少除了那些還要繼續飛南海偵察任務的人以外是如此。在歷經了紐約市、五角大廈與賓州某塊田野的幾個小時震撼之後，美國戰略與軍力的重心就移往南亞與中東的陸地、天空和海洋了。

當然，美國和美國海軍並沒有在九一一事件及後來的阿富汗與伊拉克十年戰爭時從西太平洋消失。美國的飛機仍然會在南海執行偵察任務、美國的軍艦與潛艦仍會在西太平洋巡邏、美國的特種部隊還是會在菲律賓等地參加聯合反恐行動。幾萬名美國的水手與飛行員仍然在廣大的太平洋上，在遠離家鄉之地執行自己的任務。

可是美國的注意力已經不在這邊了。而當美國在看別的地方時，解放軍海軍就來了。

今天的海南島[14]已不再是個鄉下地方了。雖然海口仍然吵雜且漫天飛沙——只是變大了，現在有兩百萬人口，在十幾年之後，海南島南部的城市三亞與附近的地區已經成了重要的渡假勝地。這裡有相對乾淨的空氣（在中國境內許多人口眾多的地區，這可是稀有而珍貴的特點）和白沙灘，現在每年有大約三千萬名觀光客來到海南島，大部分都是中國人，但也有些來自南韓、日本和俄國的外國人。海南島還主辦了Swatch女子職業衝浪大賽、世界小姐選美大會等國際活動。在三亞，豪華的高爾夫球場和西式旅館——麗池卡爾頓、希爾頓、喜萊登等在海岸邊林立，而西式飲食——哈根達斯、肯德基、星巴克等，和價格高到簡直是搶錢的高級當地餐廳一起擠滿了高級購物中心。

這一切看起來都很現代、很先進，宛如新中國的代表。但這裡有件事不太對勁。雖然三亞最大的產業是觀光業，但今天它的另一大主要事業就是與戰爭相關——或者至少是對戰爭的發生有所預期。

對於一個看似對軍事機密近乎偏執的國家而言，三亞的戰爭相關建設就這樣出現在人人可見的地方或許顯得很奇怪。就在三亞南邊的港灣裡，有著榆林海軍基地[15]，這裡是解放軍南方艦隊所有傳統動力潛艦的母港，同時還有著許多水面艦，包括驅逐艦、巡防艦和小型攻擊艇等。榆林基地已經存在於海南島很久了。它最早是二戰日本海軍佔領此地時所建造的一處潛艦基地。

但在過去的十年間，解放軍大幅擴建了榆林基地，港灣入口處多了個新的防波堤，還建了新的船塢。往東走，在亞龍灣一個小半島的另一邊，就在亞龍海灘的觀光客可以輕易看到的地方，有著中共新蓋的全新設施，用來擴充榆林海軍基地的功能。這裡現在有一座兩千兩百呎長的船塢，能處理整整兩艘航空母艦——是世界最大的航空母艦船塢，還有好幾千呎的其他船塢，供水面戰鬥艦艇使用，包括龐大的新型071型兩棲船塢登陸艦，其規模足以和美國海軍最大的兩棲登陸艦相比。這裡有一座寬五十呎、建在海平面的隧道，一路通往一座山裡，讓潛艦能前往龐大的地下彈藥庫與裝卸設施，不會被觀光客或偵察衛星發現。這邊還有一處潛艦用的消磁站，讓潛艦比較不會被磁力偵測裝置與磁性水雷發現，以及給通稱晉級的094型核動力彈道飛彈潛艦用的船塢。共軍至少擁有四艘這種潛艦。

今天的榆林是全亞洲最大的海軍基地。而正是這些航空母艦、核動力彈道飛彈潛艦用的設施，甚至還有基地裡的兩棲登陸艦，讓美國與本地區的其他國家擔心未來的發展。

目前中共只有一艘航空母艦遼寧號，而且它主要是用作航空母艦作業的訓練用途。但中共正在建造至少另外兩艘航艦，可能還有更多。沒有一個國家是真的需要航空母艦來保護其海岸線安全的。這種事交給比較小噸位的艦艇、陸基飛機和飛彈就夠了。航空母艦的設計，是要將武力投射到遠離本國海岸的地方。中共若是有一兩艘航艦永久駐紮在海南島，就能稱霸南海地區，並問鼎印度洋霸權。雖然這個地區的其他國家——越南、菲律賓、泰國、澳洲等，都在建設自己的海軍，但沒有任何國家（印度除外）擁有或計畫要取得航空母艦。只有美國有能力將航艦打擊群派到南海，但前提是它想這麼做。美國目前願意這樣做，但未來就不知道了。

即使是榆林設施那裡看似普通的071型兩棲登陸艦，對於這個地區的其他國家而言也是潛在威脅。兩棲登陸艦可不是什麼沿岸防禦平台。這種登陸艦能載運直昇機、裝甲車輛、氣墊船，還有至多八百人的部隊。想當然耳，在作戰中這些部隊不會是要去登陸他們自己的灘頭，而是打算登陸其他國家的灘頭。解放軍海軍目前沒有足夠的後勤與支援能力，無法發動大規模兩棲登陸作戰，但它正在努力建立這樣的能力。就像許多國家一樣，它會用「人道支援任務」的名義舉行這類演習。這是南海地區的每個國家都必須深思的問題。

至於榆林的核動力彈道飛彈潛艦，那可是終極的火力投射平台。如果來自海南島的這類飛彈潛艦能在未被發現的狀況下溜過許多關口，並前往太平洋或印度洋的公海，它就能以射程達四千六百哩的巨浪-2型核子飛彈威脅西太平洋或印度次大陸的任何目標，甚至是北美洲的目標——這在任何國際危機中會是一大重要因素。這些潛艦會使中共初次擁有可靠的海上核武打擊能力，同時使其核武至少有一部分不會受到第一擊的威脅。

所以不論是在區域內或區域外，駐紮在海南島的軍艦都是可能改變局勢的重要角色。海南島已經成了中國南方海軍戰略的中心，北京打算利用此地來控制南海的重要海上運輸線。

事實上，中共不只打算控制南海，又或者是東海或黃海。他們打算「擁有」以上所有這些海域。

時間是二〇〇九年三月，無瑕號（USNS Impeccable, T-AGOS-23）[16]這時大約在海南島南方七十五哩處的南海上，以大約四哩的時速緩慢航行。它可不是只管好自己的事就好。

無瑕號是所謂的「海洋偵察船」，其實說穿了就是一艘間諜船。無瑕號全長大約兩百八十呎，雙船體，和美國另外四艘海洋偵察船一樣，也是由軍事海運司令部（Military Sealift Command）管轄，這是海軍一個主管油料補給船、貨船與車輛滾裝船的部門，它同時也負責管理像無瑕號這種「特殊任務」船隻。（USNS 的意思是「美國海事船隻」*）無瑕號上有大約二十名平民「船員」和二十名美國海軍官兵，並且完全沒有武裝。它的任務不是要殺死敵人——那是別人的工作，而是要找到並辨識一個敵人所擁有的潛艦。

為了做到這一點，無瑕號會使用主動與被動聲納陣列。被動的部分就是艦上裝備的偵察用拖式陣列感測系統（SURTASS），這是一條長達一哩的纜線，上面裝滿水中聽音器和電子感測器。這條纜線就拖在船的後面，因此船員稱它為「尾巴」，它會接收海中傳來的聲音，包括海底火山爆發或山崩、鯨魚求偶發出的敲擊與呻吟聲，以及水面艦和最重要的潛艦所發出的聲音。雖然無瑕號有著大約每小時十五英里的最高航速，但在纜線放出去後，它只能以緩慢的速度前進。

* 譯註：單從字面意義上看可能不容易理解，常見的美國軍艦艦名前面掛的是 USS，USNS 通常屬於「美國海軍的非戰鬥船隻」。

從軍事的觀點來看，被動聲納的問題就是現在的潛艦比以前安靜太多了。以電池動力前進時，有些現代的柴電潛艦——配有吸音的無回音板等減噪功能，會比美國艦隊中的核動力攻擊與彈道飛彈潛艦還要安靜得多。這些潛艦幾乎不可能用被動聲納探測得到。

為了處理這個問題，無瑕號也有低頻主動聲納陣列，這套系統就垂直掛在船底下，可以放出電子音響脈衝，這個聲音會從潛艦的艦體上反彈回來，曝露出它的位置。這就是二戰潛艦電影裡常會聽到的那種乒乒作響的回音定位系統。據說低頻主動聲納陣列對海洋哺乳類動物有不良的影響，雖然海軍否定這樣的說法，但這套系統幾十年來仍然一直是對環境破壞相關指控的來源。

無瑕號有了這些主、被動聲納系統，不只能找出敵人的潛艦，還能記錄這種潛艦的「聲紋」。不同型號的潛艦會發出不一樣的聲音——包括推進系統的噪音、螺旋槳產生真空的聲音等等，而且同型的不同艘潛艦也會有獨一無二的聲紋。根據一艘潛艦已知的聲紋，美國負責反潛作戰的單位——水面艦艇、航空器、其他潛艦、海底音響感測系統等，就能分辨躲在那邊的潛艦是配有反艦飛彈的元級潛艦*或是配有彈道飛彈的晉級†核動力潛艦。不論在戰時還是平時，追蹤與辨識對手潛艦的能力都非常重要。

無瑕號的任務細節是機密，但猜測它在二〇〇九年三月五日這一天是在尋找中共潛艦，應該是很合理的推測。

當然，就像美國的空中偵察任務一樣，中共可不喜歡無瑕號在這麼靠近海南島的地方作業。而且他們一定會讓大家知道自己的不滿。

首先是解放軍海軍的巡防艦出現，並從無瑕號前方大約一百碼處攔路而過，這有點像是對空鳴槍示警一樣。兩個小時後，又有一架中共的運12運輸機出現，並從船上大約六百呎處低空通過了十一次。同時那艘巡防艦也再一次從緩慢的無瑕號船艏前方通過。無瑕號的船員無視於這些威嚇。兩天後，又有另一艘中共軍艦出現，並以無線電通知無瑕號，說它正在中共的領海內作業，說它違反了國際法，必須立刻離開，「否則就要面臨後果」。

領海？國際法？無瑕號這時離最近的中共領土整整有七十五哩遠，並且大家都知道，一個國家的領土只會從海岸向外延伸十二海里。

但中共的觀點不同。

一直到很最近為止，「誰擁有海洋」這個問題的答案都還滿簡單的，至少對西方人而言很簡單：沒有一個國家可以擁有海洋。幾個世紀以來，大多數歐洲海上強權大致上都接受同一套標準，認為一個國家的領土最多只會從海岸線延伸三海里，差不多是大砲的射程極限[17]。後來包括美國在內的大多數國家都將這個距離延伸到十二海里。至少在理論上，只要超過這個範圍，就沒有國家有權在非戰時阻止或限制海上的航行自由。若是這麼做，就會被視為是戰爭行為。但到了二十世紀中期，這樣的領海定義就開始出現了變化。

* 譯註：共軍稱為 039A/B 型潛艦。
† 譯註：共軍稱為 09IV 型潛艦。

美國首先在一九四五年[18]主張它有專屬的權利，可以在美國的大陸棚範圍內開發石油、天燃氣和礦產資源，而大陸棚斜坡可以從海岸向外延伸好幾百哩。其他國家也群起跟進，主張自己有權在離海岸幾百哩的地方管制例如商業捕魚等特定活動。終於在一九八二年，聯合國海洋法公約（UNCLOS）正式採用了「經濟海域」這個概念，也就是前面提到的EEZ。

經濟海域能讓靠海國家在從海岸出發最多兩百海里的範圍內擁有專屬的權利，可以利用並規範此海域海面上與海面下的所有資源。其他國家仍然有權航行通過這樣的海域，但若是沒有獲得許可，就不能在這裡捕魚或鑽油，或是進行其他商業活動。聯合國海洋法公約在一九九四年正式通過，中國則在一九九六年簽署。基於一些原因，美國參議院一直沒有批准這個條約的簽署，但美國實際上承認這個條約的效力，並且也建立了自己的經濟海域，範圍不限於美國本土，還有夏威夷附近與關島等其他太平洋島嶼。

問題在於，通過有關海洋的法律是一回事，讓大家對這部海洋法律的意義有著共同的見解，則是完全不同的另一回事。中國認為[19]在這個協議之下，其他國家的商業船隻可以航行通過中國的經濟海域，但其他國家的軍艦與航空器則不能在這裡進行軍事行動——對中共而言，「軍事行動」包括收集電子信號與偵察。中國甚至將這條所謂的軍事行動禁令延伸到經濟海域上的空域。

美國與其他大多數國家都反對這樣的解釋。美國認為，只要超出十二海里範圍，任何國家的軍艦與軍機就能依國際法，飛去自己想要的地方、做自己想做的事。正如我們已經觀察到的一樣，近年來美國一直定期派飛機、軍艦與像無瑕號這樣的間諜船進入中國的經濟海域，而且不限於南海，還有黃海和東海。在這些船上的美國船員都已經習慣遭到中國船隻跟蹤，但在二〇〇一的EP－3E事件後，中共並未積極挑戰美國海軍進入經濟海域的行為。中國雖然常常循外交管道抗議，但除了少數例外，並沒有什麼實際的行為。

但現在，就在無瑕號仍然在海南島外海緩慢航行時，中國開始有動作了，而且非常危險。就在收到警告要離開「否則就要面臨後果」的一天後，無瑕號船員[20]發現自己被包圍了。這艘美國船四周有著五艘打著中國國旗的船隻近距離包圍，距離之近，只有幾百碼而已。這五艘船包括一艘中共海軍情報收集船、兩艘海事局與國家海洋局的武裝巡邏船，以及兩艘中國籍拖網漁船。

中國有龐大的合法商用漁船隊[21]，包括有大約三十萬艘機動船，是目前全球最大的此類船隊。這些漁船大部分都只是一般的漁船，但有一些數量不明的拖網漁船與其他商船其實是受到中共海軍的指揮，用來當作偵察船、電子信號情報收集船等。這些船的船員都受過特別訓練，常常也穿著海軍制服。蘇聯在冷戰時期也曾經大量利用這種「拖網漁船」來跟蹤美國海軍的艦艇，尤其是在加州外海。其他中國的民用拖網漁船與船員則是某種形式的海上民兵。他們的主要工作是捕魚，但也可能會受解放軍海軍命令執行特殊任務，例如跟蹤或騷擾位於公海的美國船隻。利用民間漁船做這樣的工作，使解放軍海軍在拖網漁船船員做出危險或愚蠢的行為時，可以在某種程度上切割自己與這些船員的關係。

而這正是8389號拖網漁船當下在做的事。這艘船登記在海南島一家商業漁業公司名下，它逼近至無瑕號的五十呎內，同時船員還對著美國船叫囂，其中一人則揮著五星旗。無瑕號船員啟動了一具消防水管，想將中共船員趕走，他們噴濕了對方，但沒有成功讓他們離開。漁民脫到只剩內衣褲，漁船則靠近至離無瑕號船艉只剩二十五呎處。有一名中國水手似乎想用船上的鉤子抓住無瑕號的拖曳式聲納陣列纜繩，這樣的行為非常不智，因為拖曳陣列重達幾千磅。在這次事件的一支影片中，可以聽見無瑕號船員議論著那個中國水手，說他如果不小心的話，「就要準備喝海水了」。

那個使用船鉤的人沒有鉤到纜繩，但這時無瑕號船長已經受夠了。指揮官以無線電通知中共船隻，說他要離開這裡，並請求對方讓他安全離開。但中方並不願意合作。兩艘拖網漁船在無瑕號前方徘徊，並在它的路徑上投下大塊的木材，然後將自己的船隻停在這艘大船前方只有幾百碼遠的地方。為了避免碰撞，無瑕號必須緊急停船，對一艘航速只有四英哩的船來講，這並不困難。現在正如無瑕號一名船員的說法：「我們停船了」，而且還被頗有敵意的中共船隻包圍。

無瑕號船員應該少有人年紀大到對早期另一起沒有護衛的美軍間諜船的事件有親身記憶，但肯定都聽過普韋布洛號（USS Pueblo, AGER-2）事件。當時是一九六八年，普韋布洛號在北韓岸外公海遭到北韓的砲艇與拖網漁船跟蹤。第二天，普韋布洛號遭到北韓船隻開火射擊。有些來源認為這次攻擊背後是中共在慫恿。由於無法防禦——艦上的兩門機槍都已收起，普韋布洛號艦長便投降了。有一名船員被殺，其他八十二人被俘虜。他們忍受了十一個月的飢餓與酷刑，直到美國道歉後獲釋為止。美國政府一接回俘虜，馬上就收回了這個道歉。普韋布洛號上的機密資料與裝備幾乎都沒能在被俘前摧毀，使得北韓——應該也包括中共，得到了一大批的情報。北韓後來將普韋布洛號變成了一座「反資本主義走狗」的水上博物館，雖然好幾個世代的美國官兵都想把它炸沉，還它一個體面的結局，但至今這艘船仍然停泊在平壤某處的河岸邊。

現在無瑕號可能正面臨遭到登船或開火射擊的危險——看起來不像，但不是不可能，這確實很可能是另一個普韋布洛號事件的翻版。船上人員已經開始懷疑說，是不是該開始「緊急銷毀」——也就是將船上的機密文件與裝備銷毀的程序。

最後事情並沒有發展成這樣。拖網漁船總算讓開，讓無瑕號自行離去。但這仍是自二〇〇一年EP-3E被迫在海南島降落後，美國與中國之間發生最嚴重的衝突。

自EP-3E迫降所造成的對峙之後，中共似乎想要在世界舞台上扮演一個好人——以它自己的方式——同時卻繼續大肆擴建海軍。在九一一恐怖攻擊後，中國替美國領導的阿富汗戰爭提供外交支援，還在反恐行動上與美國合作。

在二十一世紀的前幾年，中美雙方領袖都有好幾次出訪對方的紀錄。二〇〇二年，小布希總統前去造訪了中共一次——任內四次訪中之一——同年稍晚中共國家主席江澤民也來到了德州克勞福的布希私有農場，還戴了一頂牛仔帽。美國高階軍官也多次與中共的同等軍官會面——稱作「軍對軍」（mil-to-mil）會面，還在港口參訪或正式拜訪行程中參觀對方的基地。

當然，並非一切都如此甜蜜美好。這段期間確實還是有幾次海上事件。舉例來說，二〇〇二年九月，無武裝的「海洋研究船」鮑迪奇號（USNS Bowditch, T-AGS-62）[22]在黃海執勤，結果遭到中共飛機多次騷擾，還有一艘中共巡邏艇前來警告鮑迪奇號離開中國的經濟海域。二〇〇三年五月，鮑迪奇號又再次遭到騷擾，這次是由中共的拖網漁船執行。二〇〇六年十月，一艘很可能配有魚雷與反艦飛彈的中共宋級潛艦*溜過了小鷹號航空母艦（USS Kitty Hawk, CV-63）[23]的護衛艦，在航艦於臺灣外海執勤時逼近至五哩內，然後浮出水面。有些美國海軍軍官認為這是一種「我逮到你了！」的表態，是中國想警告美國，說美國的航艦打擊群不再是可以隨意航行而不受阻的。

接下來還有二〇〇七年的中共反衛星飛彈事件[24]。在呼籲要禁止太空「軍事化」多年後，中共發射了一枚飛彈，上面裝有一個動能「擊殺載具」（沒有裝填炸藥的彈頭），目標瞄準一枚正從高約五百哩的近地軌道下墜的中國舊型氣象衛星。這個擊殺載具將衛星撞成幾千個碎片，製造出一個危險的殘骸空間，可能會傷害其他衛星或太空載具。這是驚人的成就——沒有人想過中國會有這樣的科技力——同時也相當令人憂心。美軍非常依賴衛星來進行通訊、偵察與GPS導引武器的目標標定，未來若是發生任何對美國衛星發動的大規模攻擊，都可能讓美軍瞬間又瞎又聾。已有二十年未曾測試過反衛星飛彈的美國，在這次事件後向中共發出正式抗議，中共堅稱這並非一次具軍事性質的測試。二〇〇八年美國跟著中共的腳步，也發射了一枚反衛星飛彈，從伊利湖號巡洋艦（USS Lake Erie, CG-70）[25]擊落了近地軌道上一具據稱已故障的間諜衛星，卻沒有製造出大面積的殘骸。

然而整體而言，在海南島事件後的小布希政府任內，美國與中國的關係似乎來到了最高點。沒錯，對於臺灣、西藏、南海和中共人權問題，雙方的意見有些不合；同時軍事關係的會面也引起美國國會的一些抱怨，認為雙方過從甚密。但在伊拉克與阿富汗的戰火正酣之際，美國對於避免與中共起衝突，實在是再樂意不過了。

但在二〇〇九年的無瑕號事件發生後，中共的「魅力攻勢」似乎停止了。他們突然之間變成好像只想修理美國海軍而已了。

而且這不是只有無瑕號而已。在拖網漁船騷擾無瑕號的幾乎相同時間，在一千哩外的黃海，也上演了類似的戲碼。這次是另一艘軍事海運司令部的偵察船，名叫勝利號（USNS Victorious, T-AGOS-19）[26]，比無瑕號小一點。當它在中國外海一百二十哩外執行任務時，有一艘屬於中國漁政局——事實上是解放軍海軍的一個分支——的巡邏艇在黑暗中突然出現，然後用高強度探照燈照射勝利號。對勝利號的船員而言，這非常嚇人，就像有個陌生人突然靠過來，拿手電筒對著他們的眼睛照射一樣。第二天，一架運12以四百呎的高度近距離飛過勝利號上方十一次，距離近到足以讓這艘美艦上的人員繃緊神經。接著兩個月後，在黃海，又有兩艘中共的「漁船」追上勝利號，靠近到三十呎以內，然後停在美國船前方，逼迫勝利號停船。然後另一艘中共船隻要求勝利號離開中國的「主權海域」。

一個月後，美國飛彈驅逐艦馬侃號[27]在菲律賓外的南海海域航行——一樣是在中共主張是經濟海域的地方，結果一艘中共潛艦撞上了馬侃號的拖曳聲納陣列，並造成了損傷。美國官員公開宣稱，說這次撞擊看起來應該不是故意的。他們認為對潛艦而言，故意衝撞驅逐艦的聲納纜線，可能會造成纜線纏住潛艦的俥葉，會對潛艦造成危險。但海軍有些官員就不是這麼有把握了。沒錯，美國的潛艦艦長絕對不會做這種事，但並不代表中共的指揮官也不會。對有些人而言，這就是假定對手的

＊ 譯註：共軍稱為 039 型潛艦。

想法和自己一樣的典型案例，而這樣的假設對任何軍隊而言都是很危險的。

無瑕號、勝利號、馬侃號，在將近八年來與中共尚稱和平的關係之後，僅僅四個月內，就發生了四起危險的事件，全都在中共宣稱擁有主權的海域。這是有史以來第一次，中國似乎開始打算在爭議海域的主權問題上認真面對美國海軍了。

雖然新上任的歐巴馬政府沒有意識到，但這正是一種趨勢的開端。

在無瑕號與勝利號事件之後，美國對北京當局表達了正式抗議，說中共的騷擾行為不合法，並且很危險。中國外交部發言人則回應，說美國的指控「完全不正確」，並指無瑕號在經濟海域內的行為「違反了國際與中國的法規[28]」。這就是那種基本上沒有什麼意義的外交叫陣行為。

海軍獲准派一艘飛彈驅逐艦進入南海，以便護衛無瑕號離開。這艘叫鍾雲號（USS Chung-Hoon, DDG-93）[29]的驅逐艦，正是以美國海軍華裔上將兼二戰英雄來命名的。基本上，歐巴馬政府希望表現得像這次事件沒有發生過一樣。在一次與中國外交部長於白宮進行的會談中，歐巴馬總統提到了「合作」、「提高美國與中國軍事對話的頻率與層級十分重要，如此才能避免未來再有事情發生」。

換句話說：「我們可不可以用談的解決這件事？」

在美國海軍的最高層[30]，肯定找得到願意做這件事的資深官員。他們相信如果能與中國那邊地位相等的人發展出更緊密的關係，如此美國就能影響中國的軍事政策，並控制住中共的侵略傾向。他們相信合作與溫和地說服，而不是武力展示，可以改變中共的行為。

簡單來說，他們相信美國真的可以「信任」中國。

吳勝利坐在卡爾文森號官兵餐廳內，與美國海軍的資深士官對話，他似乎對於這樣的跨層級的對話感到不自在。（US Navy）

第五章
擁抱熊貓派

一位海軍將領於聖地牙哥海軍基地登上卡爾文森號航空母艦時，艦上也正瀰漫著一種接下來會氣氛變得緊張的期待感[1]。官兵在後甲板的欄杆旁與走廊排排站好，鬆弛的黑色領帶也小心地固定在一塵不染的白色制服上，白色的水手帽——叫「迪克西杯」——也戴在剛剛好的位置。當這些水兵立正敬禮、迎接將軍的到來時，有些人實在忍不住轉了頭，偷看了將軍一眼。

對卡爾文森號這樣的航艦而言，艦上有一位將軍並不是很稀奇的事。美國海軍的航艦出海時，艦上一定至少會有一位一顆星或兩顆星的將軍，以便指揮整個打擊群。高階將領或政府官員的代表前來參訪也是常有的事，包括眾議員、參議員，甚至是總統本人。在航艦上服役比較久的官兵，即使看到高階將領，也不會引起太多的注意。

但這位不是普通的將軍。這位四星上將是海軍軍令部長（CNO），也就是海軍階級最高的軍職人員。他是參謀首長聯席會議的成員，也是海軍部長、國防部長、國家安全委員會與美國總統的軍事顧問。對美國海軍的四十三萬軍士官兵及後備人員而言，他就像是身穿夏季白色制服的人間之神。

二〇一三年九月的這個早晨，卡爾文森號的這位夏季制服之神就是強納森・葛林納上將（Admiral Jonathan Greenert）[2]。

葛林納在二〇一一年受歐巴馬總統指派為四年任期的CNO，自他在海軍官校成為新生的那個夏季以來，他已有四十二年的資歷，包括擔任第七艦隊司令與海軍軍令部副部長。他來自藍領色彩濃厚的賓州巴特勒市，出生於一個鋼鐵工人家庭。葛林納小時候的狀況相當普通，是那種非常拼命的孩子，他當過教會輔祭、參加過高中游泳隊和籃球隊，還當過全美榮譽協會拉丁部部長。那個年代的孩子很多都會送報，而葛林納每天有兩條路線要送，早上一條、晚上一條。他在海軍官校素以機智、積極的個性與畢業紀念冊上神秘地寫成「多彩多姿的週末」的事蹟聞名。他在一九七五年被授予海洋工程學士學位畢業。

葛林納現在六十歲，是個高瘦、面容方正、留著短而日漸稀疏的灰白頭髮的人。他仍然相當外向且易於親近，能很快想出笑話，即使是受到打擊的年輕軍官或水兵聽了也會安心。他還能在面對難以應付的外國軍事將領時露出笑容，這點現在是他當軍令部長的一大部分工作。他大部分時候是整個房間裡最聰明的人，但他很小心地隱藏著自己對這點的認知。他習慣在討論事情時開頭先說：「我對這個懂得不多，但是……」然後繼續展現自己其實懂得非常多，可以不用看小抄就從腦子裡拿出複雜的論據、數字與概念的一面。

他的制服上別著一枚「海豚」資格章，雖然身高六呎三吋、比大多數的「汽泡頭」（bubblehead）*都還要來得高，但他是潛艦出身的人。當他剛開始在潛艦的狹窄船艙內服役時，他大概常常撞到頭。然而，他至今仍有著潛艦軍官的風度，以及潛艦官兵那種重方法、重分析的心態。如果有人問他一個問題，他回答之前一定會有一點停頓，好像他還在計算所有可能的排列組合一樣。他是十五年來第一位進入五角大廈海軍軍令部長辦公室的潛艦兵。

一九七〇年代，潛艦圈子的文化比今天是更為高人一等與神祕主義。這點有相當一部分與暴躁且爭議不斷的李高佛上將（Admiral Hyman Rickover）有關，也就是所謂的「核動力海軍之父」。李高佛對細節與品質控管那種毫不妥協的標準，影響了幾乎每一位曾在他底下做事的海軍軍官，而葛林納就是其中一人。直到現在，也就是李高佛被迫以前所未有的八十二歲高齡從海軍退休的幾十年後，葛林納仍然會搬出「李高佛主義」。他最喜歡的教條之一就是：「相信自己檢查看到的東西，而不是自己期望看到的東西」。

在接受大量與核動力相關的訓練後，葛林納拿到了他的潛艦資格章，成為核動力攻擊潛艦飛魚號（USS Flying Fish, SSN-673）與遍羅魚號的初階軍官（這發生在遍羅魚號與蘇聯潛艦相撞之前）。他還曾經在海軍史上最不尋常的一艘潛艦上當過輪機官，就是「潛艦NR-1」。雖然外號「納爾溫」（Nerwin）的NR-1已於二〇〇八年退役，但還是格外值得一提。

* 編註：美國海軍俚語，英語也指蠢蛋，是美國海軍官兵稱呼潛艦人的外號。

NR-1全長只有一百四十五呎，是史上最小的核動力潛艦。它從來沒有獲得正式命名，甚至沒有正式服役，因為李高佛不想讓它受到一般的海軍標準監督。李高佛握有的權力也真的有這麼大。NR-1於一九六九年下水，設計成能潛至三千呎深——遠超過任何一艘軍用潛艦——然後使用機械手臂將海床上的物體回收。這艘潛艦有可以收放的輪子，以便在海底爬行，因此也是史上唯一一艘擁有輪子的美國潛艦。艦上只有萬中選一的十名官兵，他們必須吃冷凍食品、每週只能用水桶洗一次澡，然後還得燒氯酸鹽蠟燭來製造氧氣。可想而知，過了大概一週，裡面的狀況會有多難受了。NR-1在冷戰時期的任務大多都仍是機密——省省吧，別問了——但仍有少數是外界所知道的：包括回收從航空母艦上掉下來的飛彈，在一九八六年挑戰者號太空梭爆炸後到海床上搜索殘骸等等。這樣的經歷，代表當葛林納被塞進小小的納爾溫艦內，一次得在海底半哩深處待上最多一個月的時候，那其實是他生涯的高峰之一。

在葛林納於密西根號彈道飛彈潛艦（USS Michigan, SSGN-727）上當過副長後，於一九九一年初次得到指揮職，成為檀香山號（USS Honolulu, SSN-718）的艦長。這是一艘初代洛杉磯級高速攻擊潛艦，以珍珠港為母港。本艦全長超過三百五十呎，艦上有一百多名官兵，配有魚雷與水平發射的戰斧巡弋飛彈和以魚雷管發射的魚叉飛彈（後期型的洛杉磯級則備有垂直發射系統），其主要任務是安靜地單獨巡邏遙遠的海域，尋找並追蹤敵軍的潛艦與水面艦，必要時還要擊沉對方。

這有點像電影《獵殺紅色十月》，而葛林納在這方面可是「猛得像屎一樣」（這是一種讚美）。唯一的問題是，一九九〇年代正值蘇聯解體，其太平洋艦隊大多躺在船塢裡生鏽的年代，而中共與北韓海軍的過時艦艇也都還離不開岸邊，這時實在沒多少紅色目標可以獵殺。雖然海軍在波斯灣戰爭中發動了空襲，也發射了戰斧飛彈來支援美軍其他部隊，但在二十世紀末，沒有人真的想過美國海軍會和別國海軍在西太平洋發生嚴重衝突，因為當時真的沒有什麼可以發生衝突的對象。

雖然海軍在阿富汗與伊拉克戰爭中都有登場——空襲、飛彈攻擊、海豹部隊，當然還有海軍陸戰隊，都屬於海軍的節制——但在二十一世紀開始的時候，海軍仍然打算製造出一種比較親民、溫和而不愛作戰的形象。舉例來說，二〇〇七年，海軍在官方任務宣言裡說明了新的願景，宣言的標題叫「二十一世紀海權的合作戰略」（A Cooperative Strategy for 21st Century Seapower）。在這份睽違二十年的宣言中，海軍宣布它的傳統「核心目標」——投射美國國力到全世界、保護海上航道等等——仍然保持不變。但這份宣言也將「人道支援與災害救助」定為海軍的「核心任務」之一，同時還強調海軍未來會採取避免衝突與準備應付衝突並重的策略。海軍表示，他們做到這個目標的方法之一，就是「與更多國際夥伴培養並保持合作關係」。

災害救助？避免衝突？合作關係？這一切聽起來都很美好。美國海軍在國際的災害救助上當然一直都扮演很重要的角色，時常派遣航艦打擊群與醫院船運送物資與救難人員，好拯救世界各地地震、海嘯等天然災害的災民。海軍也一直都有著外交上的功能，他們會派艦隊走訪世界各地，展示美國國旗的同時也讓盟友安心——以及提醒潛在敵人——告訴他們有需要時美國會來幫忙。美軍當然也一直都在扮演嚇阻的角色，方法很簡單，就是成為世上最大最強的海軍。

可是如果將災害救助與建立合作關係升高到海軍核心任務的層級，並且準備與作戰任務平起平坐，並將作戰資源分一些到這些目標上去……嗯，那就不是二戰甚至冷戰時期的美國海軍作風了。

也不是說海軍變成一個和平主義組織了。但套一句遭到濫用但一聽就懂的講法，當時（現在也仍然如此）許多海軍軍官之間有著一種「政治正確」的想法，他們不願意承認——至少在公開場合說海軍艦艇上這些昂貴的艦砲、飛彈、飛機和魚雷的最終目的就是要在必須殺人時動手殺人。這樣的態度可能在二〇一三年年初達到了頂點，當時的太平洋司令部司令山謬・洛李爾上將（Admiral Samuel Locklear）[3]對一位記者表示，美國在太平洋地區面對的最大安全威脅不是北韓的飛彈，也不是中共持續成長的野心與海軍軍力。不，這位上將說美國在太平洋面對的最大安全威脅是「全球暖化」，同時美國與美國在太平洋的夥伴應該投入軍方資源來準備對付這個問題，洛李爾還曾說他覺得在區域內主權爭議的問題上，「有些時候……中共受到其他國家的待遇太粗暴了」[4]。

可以想見，不是所有海軍高階軍官都接受這種比較沒有侵略性的新思維。有傳聞說一名海軍將領——並非葛林納本人[5]——問船上一群年輕的水面作戰軍官，要他們回答認為海軍的主要任務是什麼。這群年輕軍官支支吾吾了一陣子，最後提出海軍的主要任務是「幫助他人」，或是（從海軍募兵廣告上抄來的）「成為全球的良善力量」。「不對！」將軍怒斥道，然後將這群年輕軍官帶到主甲板，指著一門五吋艦砲說：「這是一門大砲！它會射壞人！它會殺壞人！這就是我們的工作！」

這完全就是「公牛」海爾賽[6]那一套。二戰時的海軍將領「公牛」小威廉・海爾賽因其侵略性的人格特質與言論，受到媒體與民眾的歡迎。他在珍珠港事件後曾經說過一句名言：「等我們搞定之後，日文就只有在地獄才有人講了。」問題是，在二十一世紀的第二個十年開始時，大多數美國外交決策者都不想聽到軍方領袖說出像海爾賽的言論，至少在與中共、太平洋地區有關時不要。他們想要滿口和平的人在這邊，而不是滿口戰爭的人。

> 這並不代表美國沒有擬定與中共發生軍事衝突的作戰計畫。美國什麼計畫都有，甚至可能包括入侵加拿大或是與法國發生核子戰爭。但即使是在演習與訓練中，美軍也只有代表敵人的紅方與代表我軍的藍方，絕不會有「中國」紅方這種東西，至少表面上不會有。在模擬訓練中如果涉及與特定國家有關的軍事單位，比方說模擬與中共的晉級094型彈道飛彈潛艦交戰，那這個單位的國籍一定是留白的。[7]

在歐巴馬政府於二〇一一年與二〇一二年間發表先前提過的重返亞太戰略、將美國的重心「再平衡」並將許多軍力移出中東、回到亞洲與太平洋地區之後，海軍努力扮演西太平洋非侵略性、尋求合作一員的努力就更明顯了。在外交上，包括和那些在先前美國專注於中東時，覺得自己被美國冷落或忽略的國家建立更好的關係。在經濟上，這包括（已廢棄）跨太平洋夥伴關係協定（Trans-Pacific Partnership，TPP），也就是一個由十二個國家簽署的貿易協定，包括美國、日本、馬來西亞、越南、新加坡、汶萊、澳洲和紐西蘭，但沒有中國。

軍事方面，這樣的再平衡表示要將資源——包括海軍的艦艇——移入此區域。最後，有六成的美國海軍艦艇轉移到了太平洋司令部之下。但在西太平洋與印度洋的美國海軍，還是有一項需要小心處理的任務，就是與那些對中國的軍事擴張，特別是海軍擴張感到緊張的國家的海軍——基本上就是所有國家的海軍——建立良好關係，而且還不能驚動中國。為了做到這一點[8]，美國海軍的將官會定期和這些國家的海軍將領見面，並使雙方的艦隊進行高強度的聯合演習，以便學習互相溝通與合作的方法。最終的目標就是葛林納口中的「作業互通能力」，也就是一國海軍在海上與另一國海軍艦艇一起執行實戰行動的能力。這可能聽起來好像很簡單，但其實不然。海上多艦操演基本上就是沒有實彈的實戰，這種事就算在所有艦艇與航空器都屬於同一國海軍的狀況下，也已經夠困難的了。如果再加上來自他國海軍的艦艇與航空器，還有講著不同語言、採用不同程序、使用不同裝備的人員，這種事就更困難、也更危險了。

在可相互操作的想法下，有著一個概念，就是以前稱為「千艦海軍」[9]的理論。這個理論認為，如果美國海軍有三百艘船，然後與十個各有七十艘船的海軍達到作業互通性，那麼以美國海軍為首的聯軍就有一千艘船可用了。真正擁有一千艘船的美國海軍，一直是好幾個世代的海軍將領心中遙不可及的夢想。這個夢想最後一次成真是在一九五五年，當時海軍擁有一千零三十艘艦艇。美國並不一定要和這些國家簽訂正式協議，只須擁有共同利益與目標即可，例如保護水道、打擊海盜、因應自然災害——或是防止中共在西太平洋和印度洋成為海上霸權。

當然就像許多在亞太地區的事情一樣，現實總是沒有那麼簡單。這個地區內的多數國家都害怕中國的軍事擴張，大多數也都認為美國可以抑制他們，但並不代表這些國家就真的擁有共同利益或是願意互相合作。這些國家之間有著貿易問題、爭議島嶼和高漲的種族與歷史仇恨。這點對美國在此地區最大的盟友日本而言尤其如此。

包括美國在內的每個國家，都有一段只能視為是羞恥與悔恨的歷史。但如果講到近代亞太史，日本須要面對的比別人都多[10]。在二戰期間，日本對菲律賓的佔領造成了數萬名菲律賓平民慘遭強暴與殺害。建造泰緬鐵路還造成了幾十萬名被徵用的東南亞勞工死亡。日本佔領朝鮮半島幾十年，一直大力壓迫朝鮮人，並企圖消滅朝鮮文化。日本對其他亞洲國家犯下的罪行還有很多。美國人可能已經原諒甚至忘記了日本在戰時的行為，但有些亞太國家的記憶更為長久。他們都與日本建立了外交與經濟關係，日本在多數亞太國家的民意調查中都表現得不錯。但有些國家——南韓尤其如此，對日本的長遠目標一直保持著不信任態度，特別是在日本開始建立並現代化其「自衛隊」之後。他們害怕日本雖然有著和平憲法，但國家主義且軍事化的日本仍可能重拾其二戰時期的侵略性。

至於中國對日本的看法，有時就像二戰昨天才剛打完一樣。日本在一九三一到一九四五年間入侵、佔領中國，造成大約兩千萬中國人因饑餓、戰鬥與直接的謀殺而死，而日本沒能——對中共而言——適度地為其行為致歉，至今仍會點燃中國人民的情感並造成國家主義思潮爆發。一次最近的調查顯示[11]，有百分之八十一的中國民眾對日本有負面看法，同時也有百分之八十六的日本人對中國有著負面的看法。同一個調查也顯示，將近八成的中國民眾認為日本的道歉不夠，而有七成的日本人認為他們已經道歉夠了，或是根本不需要道歉。這就是為什麼足球比賽時的中國球迷常常會在奏日本國歌時噓聲四起的原因。兩國之間還有其他軍事、經濟與外交問題，但顯然歷史仍是最重要的因素。

因此中國會將美國欲重返亞太的軍事層面視為一種威脅，這並不意外。美國就這樣加深自己與過去中國的敵人的關係，包括日本、南韓和越南，而且還打算最終要與這些國家日漸成長的海軍達到「作業互通性」。對中國而言，這感覺很像圍堵政策，就像北大西洋公約組織（北約）與其他以美國為首的聯盟在冷戰時期「圍堵」蘇聯一樣。在歷史上，中國有著一種恐懼——或者說恐懼症——害怕自己被可能從陸上或海上入侵的敵國包圍。現在中國成了世界經濟強權，它還要擔心與美國海軍合作的國家包圍，可能會威脅到它的市場經濟賴以維生的遠洋海上交通線。

雖然中國與其他亞太國家建立了許多貿易與外交關係，但除了北韓之外，它幾乎沒有和任何國家有軍事合作關係。而北韓比起盟友，其實比較像是個麻煩。

歐巴馬政府[12]堅稱重返亞太戰略的軍事層面並不是針對中國，美國想要改善與中國的關係，而不是使之惡化。可是美國要怎麼不讓中國覺得受到威脅呢？或者，至少能不能讓他們覺得受到的威脅少一點呢？根據歐巴馬政府與海軍高層的某些人士，答案就是要「讓中國成為當中一員」。

還記得在二〇〇九年的無瑕號與勝利號事件之後，歐巴馬總統親自強調：「提高美國與中國軍事對話的頻率與層級[13]十分重要」吧。重返亞太戰略的結果之一，就是這點變成了美國海軍任務與教條的一環。美國軍艦更常前去造訪中國的港口[14]，反之亦然。美國與中國軍官的軍事拜訪與來往越來越頻繁。甚至還和解放軍海軍一起舉行聯合演習。葛林納還宣佈說美國海軍的終極目標，是要和解放軍海軍建立作業互通能力。

確實，美國和中國的軍事往來[15]已經持續好幾十年了，有些時候這也是適當的。但現在的節奏和層級都與以往大不相同。二〇一〇年，美國與中國只有六次重大的高階軍職或非軍職國防官員會面，到了二〇一一年有十次、二〇一二年則有十四次。這類來往屬於高階軍事互動，其層級高到若是在冷戰時期與蘇聯有這樣的互動，將會是不得了的大事。舉例來說，當蘇聯參謀總長[16]在一九八七年、蘇聯快要解體時首次來到五角大廈，此事使成了全國新聞頭條。但到了二〇一三年，中共高階軍官來美國訪問恐怕連提一下的價值都沒有。

軍事接觸增多背後的理論認為，如果美軍把中國當成是合作夥伴來對待，而不是潛在的對手，那麼中國就會「表現得」像是個夥伴一樣，並且減少其對南海、東海與其他地方的侵略性。事實上，美國軍官還受命[17]不得在公開場合將中國稱為是潛在的軍事威脅，甚至是競爭對手。為了避免受到誤解，像葛林納這樣的最高階軍官還必須將任何打算發表、與中國有關的陳述都交給國務院和國安會審查。

審查這點讓葛林納很不滿。事實上，他的公開聲明其實並不需要審查。身為海軍軍令部長，他完全追隨著政府對中國沒有敵意的態度。他真的相信雙方軍事將領之間的個人關係，可以阻止衝突發生，並協助形塑中國長期的軍事與國家政策。

針對中國，葛林納是這樣說的[18]：「如果發生衝突，那我們就輸了。我們的工作不只是要準備應付衝突；這點當然要做，但我們的主要工作是要預防它發生。如果只專注在我們必須如何對抗中國上，那可就不好了。我們必須找出要如何接觸並影響中國，使它以新興強權之姿進入我們所塑造的（亞太地區）。有些人覺得這不可能，太愚蠢了，但我會說不試試看才是愚蠢的。」

或許吧。但這個地區內大多數美國的盟友與夥伴，對於中國會如何回應好言相勸可是一點把握也沒有。他們這麼認為也是有很好的理由。中國的海上部隊在二〇〇九年無瑕號與勝利號事件之後，就一直避免與美國海軍發生正面衝突。雖然中國艦艇仍繼續在東海與南海跟蹤美軍艦艇，但通常都會保持適當的距離。但如果是其他比較小的國家，那狀況就不一樣了。中國似乎有意一定要讓他們都乖乖聽話。

這段期間內發生過很多事件[19]。二〇一〇年，一艘中國「漁船」在釣魚台海域與日本海上保安廳的船隻發生碰撞——似乎是故意的，後來日本逮捕了該船船長。日本自一九七一年起就控制這座小而無人居住的群島，但中國和臺灣也都宣稱擁有該領土的所有權。這次事件造成中國與日本境內各自發生大規模街頭遊行，中國政府還停止對日本出口電子產品所需的稀土金屬。同年在黃海[20]，南韓的海巡船與中國漁民發生衝突，漁民以小刀和破碎的酒瓶為武器，造成一場惡鬥，韓方還射殺了一艘漁船的船長，報告中稱是意外。二〇一一年，解放軍海軍的巡防艦[21]在有爭議的五方礁附近對菲律賓漁船開火，次年中國巡邏艇又在越南外海不遠處切斷了兩艘越南政府派來的油氣探勘船聲納纜線[22]。從二〇一二年開始，解放軍海軍艦艇開始驅趕南海爭議領土民主礁[23]附近的菲律賓漁船，至今仍然會這麼做，此事我們會在後面的章節再作討論。二〇一三年，一艘解放軍海軍巡防艦在東海[24]以射控雷達鎖定一艘日本自衛隊的護衛艦，此舉離實際戰鬥已只有一步之遙。

而這些都只是其中幾個案例而已。其他還有很多，有些甚至沒有被報出來。日本、南韓、菲律賓、越南、印尼，全都與解放軍海軍或其附屬單位發生過海上衝突。如前所述，中國將近十年的「魅力攻勢」已經結束了。雖然各國不願意公開承認，以免惹怒中國，但這些國家大多都期待著美國海軍壓制住中國的侵略性。對他們而言，美國海軍與解放軍海軍稱兄道弟[25]的行為所釋放的並非是正確的訊息，美國海軍高層也有不少人同意這種看法。

葛林納於二〇一三年九月的這天早晨[26]走上卡爾文森號的舷梯時，他非常清楚有些海軍軍官乃至於國防部官員稱呼那些覺得只要給予機會，中國就會乖一點的人，用的是什麼樣的蔑稱。可是政策就是如此、命令就是如此，而葛林納也同意這些政策與命令。雖然他自己絕不會這樣說，但這一天，強納森・葛林納上將就是要這麼做。

他要擁抱熊貓了。

海軍軍令部長葛林納登上卡爾文森號時，有三位解放軍海軍的高階軍官陪同，他們全都打扮得像葛林納一樣，穿著解放軍海軍的夏季制服。

其中一位是張崢大校[27]，就是前文提過的中國航空母艦遼寧號艦長，也就是再過幾個月，會成為考本斯號在南海追蹤目標的同一艘遼寧號。張大校為人十分友善、富有魅力，並且有著良好的教養。他的父親以前也是海軍軍官，他自己則有大連海軍艦艇學院的碩士學位，還花了兩年在英國的三軍聯合指揮與參謀學院（Joint Service Command and Staff College）深造，英語十分流利。另一位解放軍軍官是戴明盟大校[28]，也就是前不久才成為第一個將殲15艦載機降落在遼寧號甲板上的人。

他的這個壯舉使他在受國家控制的中國媒體之間成了名人。和張大校不一樣，戴大校明顯比較自負，而且還囂張不只一點點，但畢竟他是一名戰鬥機飛行員嘛。

最後一位是中國代表團的領隊——吳勝利上將[29]，他是解放軍海軍的司令員，也是中央軍事委員會的成員，在解放軍軍內擁有相當於葛林納的地位。吳勝利身高中等、有點微胖，他燙金白頂帽下的頭已經禿了。有人說他強硬、精明、精於計算、謹慎、無情，然而美國這邊的任何人，包括葛林納在內，都不會說這個人有領袖魅力。

吳勝利有特權的家世背景，但卻生不逢時。他出生於一九四五年八月，也就是日本在二戰投降的那個月，所以他的名字才會是「勝利」。他的父親在對日抗戰與國共內戰中，是一位著名的解放軍政委，後來也身居許多政治要職。因此，吳勝利年輕時被當作是「太子黨」的成員，也就是共產黨高官的兒子，總是能第一個搶到肥缺和升遷的機會。

吳勝利的家世背景肯定讓他躲過了毛澤東大躍進運動的最糟後果。在一九五〇年代後期到一九六〇年代早期的強制集體化與規劃不良的工業擴張中，飢荒大肆蔓延，造成數百萬中國人死亡。吳勝利在一九六四年加入解放軍海軍，大概也是靠關係進入了解放軍測繪學院，以便學習海洋學。接著，吳勝利以軍校生的身份躲過了文化大革命，也是毛澤東的另一個瘋狂行徑。在一九六〇年代到一九七〇年代初期，這場無政府暴力狀態造成超過一百萬人被殺，幾千萬人遭到毆打、凌虐與羞辱，或是被放逐到人民公社做粗重勞動。但就算沒有直接受到影響，吳勝利成長在這樣的時代，也很難不對世界上的事情採取一種冷峻的態度。

這段時期的解放軍海軍也很困苦。海軍一直都是解放軍陸軍的窮兄弟，海軍艦上的狀況說好聽點只能稱之為很原始。吳勝利日後回想起自己還是巡防艦與驅逐艦的年輕軍官時，曾看過徵召來的士兵會在軍艦靠港時依然留在船上，因為至少這裡有東西吃；他記得當時的水兵是在甲板上用餐、睡在甲板上。解放軍海軍內的狀況持續改善，但即使是在吳勝利穩定爬上高層的二十年後，同樣這支海軍依然比不上美國海軍的壓倒性優勢。

現在當然不一樣了。現在的吳勝利指揮著一支越來越現代化、規模越來越大的海軍，這支海軍不再接受美國海軍可以在亞太地區稱霸的想法。在他和他的屬下一同與葛林納進入卡爾文森號的機庫甲板時，吳勝利臉上的表情，是一種願意談話、但不見得願意妥協的表情。

這不是吳勝利第一次拜訪美國並與高階軍官見面。他上次來這裡是二〇〇七年的事，就在他獲任為解放軍海軍司令員後不久。但這是他第一次見到葛林納，在外表上，兩人實在是太大異其趣了：葛林納是小鎮出身的美國人，性情溫和、外向、與人親近，並且忠於「不限於民主黨所代表的民主價值」；吳勝利年紀比較大、態度比較保留，甚至有點冷漠，他是「不見得信奉共產主義的共產黨員」。今天，兩人各有不同的目的。葛林納想要建立私人關係，想要展現他自己乃至於整個美國海軍都是值得信賴的人。吳勝利則想要瞭解美國的航空母艦。他希望他的海軍能在幾年內，學會美國人花了幾十年學會的東西。

---

* 編註：作者所指的是大躍進與隨之而來的大飢荒。

自從中國開始打造遼寧號以後，他們就對學習美國海軍航空母艦的運作非常有興趣。理由非常簡單：沒有人比美國海軍對在前後左右搖晃的甲板上彈射並回收艦載機的方法更瞭解，或更有經驗。所以當吳勝利規劃訪美行程的時候，他原本提出的是希望能參觀正在海上進行航空作業的美軍航艦。

但美國官員很快就否決了。許多人或許以為電影和新聞報導早就展示過航空母艦運作的一切了，但其實還有一些科技與操作細節至今仍是機密，根據美國法律，這些東西不能與中國軍方共享。美國想露一手給中國看，但不能露出全部。因此他們最後選上了卡爾文森號，本艦正安全地停靠在母港內，艦載機隊已經撤走，艦上只有少部分的官兵在進行定期維護。

吳勝利還曾多次請求美軍讓他和他的部下參觀 F/A-18 的模擬器，但也遭到了拒絕。吳勝利不是飛行員，但戴大校是。讓他看模擬器，基本上就等於給他鑰匙、讓他把美國海軍的主力艦載機 F/A-18E/F 超級大黃蜂戰鬥機開去聖地牙哥上空繞一圈。

因此在吳勝利與其部下於機庫甲板和卡爾文森號的指揮官簡短打過招呼之後，便開始參觀航艦上未列為機密的區域與系統：飛行甲板、待命室、空中作戰管制室、軍官與士兵寢室、伙房、彈射器控制室，還有攔截索區。

其實這對吳勝利而言不算是新鮮事了。他在二〇〇七年來訪時就已參觀過另一艘停泊中的航艦，當時參觀的是杜魯門號（USS Harry S. Truman, CVN-75）[30]。但當時中國海軍並沒有航空母艦，現在有了遼寧號。因此吳上將、張艦長和戴大校對卡爾文森號的彈射器與 Mk 7 Mod 3 攔截系統格外感到興趣。

遼寧號並不使用彈射器——這點本書稍後會再討論，其相對較短的甲板使得掌握有效率的攔截系統更顯得重要，以便讓降落的飛機停下來。有些中國官方否認的報告指出，有兩位飛行員在測試遼寧號上部署的殲15戰鬥機時喪生[31]。但中國未來的航空母艦可能會採用全通型甲板和彈射器。中國面對的問題是，卡爾文森號所使用的彈射器非常複雜，而且難以保養。學習如何安全有效地運用也需要非常長的時間。從穩坐第一名寶座的專家身上，他們能學得越多越好。

這位中國將軍透過口譯——吳勝利會講一點英文，聽得懂的應該更多，但他仍然帶了口譯來訪[32]，對操作各種裝備的美國官兵拋出許多問題：這個是怎麼運作的？你的工作是什麼？這個是做什麼用的？官兵們穿著藍色的連身工作服，他們都有點緊張，這不只是因為他們是在和中國的將軍講話，也是因為軍令部長也在場。但他們還是會大概回答這位將軍提問的問題。

其實從某方面而言，吳勝利無法看到飛機在卡爾文森號上起降真是太可惜了。任何親眼看過的人都會同意，那真的非常壯觀。

幾乎每個人都曾在電影或電視中看過噴射機在航空母艦的飛行甲板上起降。但實際親身看到、聽到、感覺到飛機被彈射上天，然後再看著它降落時勾住攔截索、在兩秒後完全停住，那可是令人心跳加速的體驗[33]。

隨便挑一架飛機，就拿 F/A-18E 超級大黃蜂戰鬥機[34]來講吧。這種飛機長約六十呎、滿載時重約五萬磅，極速大約每小時一千兩百哩，並且在不經空中加油的狀況下，擁有大約四百哩的作戰半徑。機上可以吊掛各種空對空與空對地飛彈，以及精準導引炸彈。坐在單人駕駛艙內的飛行員大多介於二十五歲到三十五歲之間，根據軍階與服役年資而定，飛行員每年大約能賺進九萬美元，包括飛行加給與其他津貼。飛行員是少數的精英——大約是前百分之二十——其技術與運氣都夠好，才能在日漸嚴格的淘汰過程中存活下來，從最開始的飛行訓練，一路走到真正駕駛戰機為止。

在彈射與回收作業時，航艦飛行甲板上的人員會穿著不同顏色的衣服四處奔走。紅色衣服是處理爆炸品和消防人員、藍衣服的人負責移動飛機、紫衣服（「葡萄」）負責燃料、黃衣服和綠衣服則負責彈射作業。標準的航空母艦擁有四座彈射器，兩座對船艏發射，兩座從斜角甲板的船身中段處發射。彈射器使用一塊金屬滑塊，又叫「彈射梭」，在航艦甲板上長三百呎的溝槽內移動。若要彈射飛機，甲板人員會用一具金屬鉤，又叫「彈射桿」，將飛機與彈射梭連起來，同時將一組「固定桿」連接至飛機鼻輪（前輪）的後方；固定桿讓飛行員可以在彈射時提高油門，而不會衝出去，也不會把煞車磨壞。

每座彈射器都由兩具加壓蒸汽活塞帶動，活塞就放在甲板的下方。活塞內的壓力必須依飛機的重量與許多其他因素而精確調整，包括甲板上的風速、外界氣壓與濕度等等。壓力過高的話，彈射器一開始的暴衝就會把飛機的鼻輪扯掉；壓力過低的話可能會造成所謂的「冷發射」，也就是飛機永遠達不到起飛速度，可能會從甲板邊緣掉下去。這樣的話，飛行員就不得不彈射逃生，然後一架造價八千萬美元的飛機就泡湯了。等蒸汽壓力設定完成、飛機也達到最大推力，飛行員就對彈射器操作官——又叫「射手」——比出「ＯＫ」手勢，讓操作官按下按鈕，釋放固定桿。此時彈射器便會以大約每小時一百六十五哩的速度將飛機往前拖，拖往飛行甲板的盡頭，在一秒鐘多一點點之後，這架五萬五千磅重的飛機便到達三百呎外的船艏，並由彈射器射向空中。對每一架飛機而言，這整個過程只需要大約一分鐘。

這一切都很戲劇性，即使是看過上千次的官兵，也還是會對這樣的景象感到讚嘆：甲板人員到處跑、噴射發動機咆嘯、彈射器噴出蒸汽、燃料與發動機廢氣的味道、戰鬥機像被繩子綁住的獵犬一樣掙扎，然後在彈射器釋放的瞬間爆發出強大的力量。

讓這架飛機安全回到甲板上，又是另一齣十分戲劇性的劇碼。這項工作的核心就是「攔截索」，也就是一系列粗兩吋的鋼纜，橫跨在飛行甲板上，並且兩端都接到甲板下的液壓氣動式「制動機」上。返場的戰機會以大約一百五十哩的速度落艦，機上長八呎的尾鉤會勾住一條攔截索，攔截索會在制動機消耗戰機動能的同時，像弓弦一樣拉得緊緊的。Mk 7 Mod 3 攔截系統可以在大約三百五十呎的距離、兩秒的時間內讓一架五萬五千磅的飛機停下來。如果飛行員一條攔截索都沒勾到，這架飛機就稱作「暴衝機（bolter）」，但因為飛行員受訓要在機輪碰到甲板的瞬間馬上將發動機推力全開——預防飛機沒有勾到任何攔截索——飛行員基本上都還是可以再次飛離甲板。出糗的飛行員大概不會有什麼生命危險，只是在海軍的幽默上，他這天晚上爬進鋪位時，應該會看到枕頭下藏了一根很大的金屬螺栓*。之後我們會看到，未來的美國海軍航艦將會搭載新型、改良過的

* 譯註：動詞「衝出去」與名詞「螺栓」的英文都是「bolt」。

彈射器與攔截系統。

即使吳勝利沒有辦法實際看到航艦的飛行作業，但他還是能看到卡爾文森號與美國海軍最強大的武器，也就是艦上的上士與士官長[35]。海軍若是沒有這些有經驗的士官，是無法正常運作的。

美軍士官的角色與地位有時對一般百姓而言有點難以理解，在海軍裡士官分成六階：上兵*（petty officer 3rd class，PO3）、下士（PO2）、中士（PO1）（以上薪資職等從E-4到E-6）、上士（Chief Petty Officer，薪資職等E-7）、資深上士（senior chief petty officer，E-8），以及士官長（master chief petty officer，E-9）。在美國其他軍種，士官階級從E-5開始†。技術上而言，最低階的海軍軍官，也就是少尉，他們的階級比最高階的士官，也就是士官長或指揮士官長還高。士官長必須稱少尉為「長官」、說話前要加「報告」，並且在適當的時候，必須先向少尉敬禮。如果年輕的少尉給了士官長一道命令，在法律上，士官長必須服從。

但這只是軍隊禮節而已。事實上，士官長的地位比新來的年輕軍官要高得多、價值也完全不同。擁有二十年資歷的士官長，其薪俸相當於兩個剛從官校畢業的少尉，這樣的士官長月俸底薪大約六千美元，少尉則只有三千美元。軍隊的薪俸不只取決於階級，也看年資。雖然少尉可以向士官長下命令，但如果他下了個很蠢的命令，少尉可能就得聽士官長或是執行官開導一番了。同時，也沒有任何腦袋正常的少尉敢妄想對上士或士官長碎碎念，畢竟就算是個將軍，也會向士官長投以專業上的禮貌和尊敬。

這是因為上士、資深上士和士官長才是真正知道海軍到底怎麼運作的人，包括輪機、飛機、電腦、複雜的電子系統等。沒錯，軍官都知道理論、能規劃策略，可是軍官來來去去，會在海上與陸上勤務之間轉換，還會在階級提升時更換艦艇。相對的，資深上士可能會在同一艘或同型艦艇上待好幾年，得以摸清該艦的特質、找出解決問題的途徑，以及保持老舊又會鬧脾氣的系統正常運作、同時確保官兵做好自己工作的方法。同時，成為資深上士不只是在職訓練的結果。在今天的海軍裡，要升到資深士官階級，有一部分的標準是學歷，因此除了在自己的專長上要受過海軍自家的高階訓練之外，大多數的資深上士至少都要有副學士的文憑，很多還有學士甚至是碩士學位。

同樣地，中國海軍沒有任何接近美國海軍高階士官的東西[36]，雖然他們已經很努力在建立了。一九九九年的中國海軍，幾乎所有士兵階級都是只有國中以下學歷的徵召兵。後來開始招募教育程度更高的士兵，並讓他們成為士官。因此到了二〇〇九年，其士兵階級大約有三分之一至少受過某種程度的大學教育，使這些人得以取得中高階士官資格。可是一個受過大學教育的人，不會一夜之間就變成有用的士官。一位好的士官除了教育之外，還需要經驗，很多年的經驗。要打造出一群精實、具有實力的士官，需要好幾十年，而解放軍仍然沒有做到。

因此當吳勝利坐下來和卡爾文森號上的幾十位資深士官進行問答時，他真的有點搞不清楚狀況。身為資深士官，他們當然不會因為看到解放軍的將軍而感到折服，就算會，他們也不會表現出

---

* 譯註：此為美國海軍的情形，中華民國三軍與美國其他軍種的上兵不屬於士官。

† 編註：從E-5開始，英文是稱為 sergeant，但中文譯名是相同的。

來。軍令部長出現在船上是大事，但中國將領呢？沒有什麼了不起。但他們仍然以自己「見過大風大浪」的方式保持著禮貌。舉例來說，當吳勝利透過口譯，問這些士官是怎麼與初階軍官互動時，士官們很努力地解釋（見前文），但顯然吳勝利沒有聽懂。事實上，他對於要和士兵階級進行非正式討論這點，似乎就已經有點不確定和不自在了，畢竟他可是中國海軍的將領啊。

吳勝利與其團隊倒是把一件與航艦作業有關的事情聽得很清楚：如果急著要做到，就會很危險。這點沒有妥協空間。安全是需要時間建立的。而若是沒有安全，就會失去支持，包括在海軍內和海軍外。

不論如何，在卡爾文森號的三小時參觀行程結束後，吳勝利得以去洛杉磯級攻擊潛艦傑佛遜市號（USS Jefferson City, SSN-759）[37]上參觀未列為機密的部分，該艦當時也正停泊在聖地牙哥。同樣地，這也不是什麼新鮮事，吳勝利在二〇〇七年訪美時就已經在諾福克參觀過蒙皮利爾號攻擊潛艦了。然而一位中國海軍將領出現在美國核動力攻擊潛艦上，還是引來不少側目。海軍有些將領私底下懷疑，美國是不是公開太多秘密了。

在參訪潛艦之後，吳勝利倒是看到了一些新東西。當初規劃行程的時候，他曾說他想搭海軍最新的濱海戰鬥艦。由於這種爭議船種少有尚未公開的東西，因此葛林納上將和海軍高層一口答應。

於是第二天，葛林納和吳勝利，以及兩人各自的隨從，便登上一架海軍的海鷹直昇機，飛往海上的沃斯堡號（USS Fort Worth, LCS-3）[38]，這艘船正在聖地牙哥外面的公海進行海試。

這次，輪到吳勝利非常不以為然了。

海軍的濱海戰鬥艦[39]正如其名，是設計用來在靠近全球濱海地區或海岸線附近航行的艦艇，以便執行海軍日益擴增的任務。

LCS很小（長約四百呎）、速度很快（最高可達五十哩）、吃水也很淺（不到十五呎），因此很適合應付靠近海岸線的威脅，例如海盜、恐怖份子和毒品走私犯；它們還擁有格外寬大的飛行甲板，能操作多架直昇機或無人機。同時，如果有災害救助任務，這種船能裝載的物資比驅逐艦多，而且可以快速到達現場。艦上只有大約一百名官兵操作本艦與其任務模組，可以在外國港口展示美國國旗，而不會在當地與地區內的政治層級，留下像有時候的航艦打擊群那樣大而囂張的痕跡。從預算的觀點來看，這類艦艇最棒的地方就是它們相對而言便宜。一艘大約四億美元，也就是柏克級飛彈驅逐艦的一半。只可惜現實沒有那麼美好。

在二〇一三年這一天，對許多海軍高層人士而言[40]，LCS代表著大好前程。他們希望能建造四十艘這種新艦艇，並將其中至少一半部署在西太平洋。這麼做的目的，是要展示美國的「存在」，同時又不冒犯到任何國家——特別是中共——並且也不用傾家蕩產。舉例來說，葛林納就將LCS稱作二十一世紀亞太地區海軍的「形象代表艦」，他很自豪地向吳勝利展示這樣的船艦。

但有許多海軍高階將領對於LCS有著不一樣的看法。他們認為LCS計畫是美國海軍幾十年來做過最蠢的事之一。[41]

LCS有兩個艦型，各以其首號艦命名：自由級（沃斯堡號屬於此級）與獨立級（預計全數都會部署在太平洋）[42]。在這兩型艦艇中，獨立級的外型肯定比較性感，採用三船體設計、有著長而流線的船艏，船尾還有著大得頗不尋常的飛行甲板。它們看起來有點像是小型航空母艦與驅逐艦的綜合體。比較小、採單一船體的自由級外觀比較傳統，但仍可能讓人回頭多看一眼。全速前進時，自由級的柴油發電機、輪機與噴水推進器系統會產生驚人的「雞尾巴」，也就是高達二十五呎的白色水花[43]，足以讓一艘小船淹滿海水。這種船有點像是特大號的水上摩托車。

但先把外型放一邊，這兩種LCS都有各自的問題。

先以自由號來說吧，也就是自由級的第一艘船。本艦由國防大廠洛克希德馬丁公司建造——該公司主要業務是航空與太空產業，於二〇〇八年服役，其過程充滿著預算超支[44]和成千上萬的生產與設計缺陷。在海軍的成軍前海試，它曾出事兩次，而且都離達標標準很遠。二〇一三年三月，自由號離開聖地牙哥，前往新加坡樟宜海軍基地進行為期十個月的部署，這是海軍在南海建立LCS輪調部署的第一步。不幸的是，從聖地牙哥到新加坡路途遙遠，自由號還差點到不了目的地；發電設施一直故障，造成本艦在備用發電機啟動前完全停頓，這對在海上航行[45]的海軍艦艇而言可是非常糟糕的事。

確實，自由號在新加坡二〇一三年舉辦的國際海事與國防展（IMDEX 2013）上一砲而紅[46]，那可是聚集了地區內乃至全世界海軍軍官與專家的盛會。當時在場的葛林納後來表示，當印度與馬來西亞的海軍將領參觀該艦之後，他們非常滿意。他們說自由級比任何更大型的美國海軍艦艇「更適合」他們的海軍。然而，在新加坡部署期間，自由號仍苦於難堪的發電機組故障問題。

至於獨立級LCS，它們也有預算超支和嚴重缺陷的問題，但比自由級少得多了。然而，這兩個艦型仍然有著相同的基本概念上的問題。

首先，LCS不像驅逐艦或巡防艦是屬於多功能艦艇[47]。相對地，LCS採用模組化設計，各艦可以切換不同的「任務模組」，以便適應不同的工作，包括反潛、掃雷、可能的特種作戰任務、水面作戰等等。問題在於任務模組的切換必須在港口進行，而且需要很多時間，目前最多大約需要一個月。所以舉例來說，如果現在急著要反潛用的LCS，可是能用的唯一一艘卻裝著掃雷模組，那等LCS切換完畢，戰鬥大概都結束了。

這是很根本的問題。但更大的問題在於，LCS無法承受攻擊，也不太能攻擊敵人。

兩個艦型的LCS設計上都無法在承受飛彈攻擊後繼續作戰；假設沒有馬上沉沒，光是要跛行回港就需要運氣了。獨立級又更為脆弱，其三船體是由輕量化鋁合金製造，若是被飛彈擊中，可能會像鋁箔紙一樣整個皺掉。沒錯，LCS在任何大型海上衝突中，可能都會躲在近岸的某些內防區內。可是如果一個單位在躲藏、將自己的武器系統與雷達關閉以便躲過敵人的電磁波偵測，那在定義上而言，這個單位就沒有在作戰，而LCS一開始也就不是以作戰為目的設計的。之所以這麼說，是因為LCS的火力嚴重不足，只有柏克級驅逐艦的一小部分火力而已。事實上，在吳勝利和葛林納在加州外海參觀沃斯堡號時，這是引起他最多關注[48]的部分。

要在自由級艦內行動相當不方便，它的走道很窄、梯子又窄又陡。這對長年在擁擠的潛艦上服役的葛林納來說不成問題，但那位年事已高、身材走樣的中國將軍就有點吃力了。但他仍完成了標準的參觀行程：艦橋、機艙、飛行甲板、官兵寢間、主砲等。等參觀結束後，吳勝利幾乎——不算有但近似——要笑出來了。他好像正在想著：「美國海軍大張旗鼓搞的就是這個嗎？」

「這艘船感覺上沒有很強嘛。」吳勝利有點不擅外交地說。中國將軍說得對。沃斯堡號並不強[49]，所有的LCS都不強。沃斯堡號的主砲是Mk110五十七公釐砲，能將五磅重的砲彈發射到大約五哩外，同時艦上還有幾門機關槍。這樣的武裝足以擊沉海盜船，但面對更大的目標就無能為力了。然後就沒有然後了。本艦沒有飛彈、沒有魚雷，只有甲板上的小型艦砲和幾門機槍而已。沒錯，最後會有幾艘LCS配有飛彈，但此時的沃斯堡號沒有。將攻擊性與防禦性武力的不足與LCS的低「生存性」評價結合後，結論就是這種船在任何海上高度衝突當中大概都沒什麼用。

吳勝利也很明白這一點。他開始將沃斯堡號——不怎麼公平地——與中國海軍最新的江島級（056型）[50]飛彈護衛艦相比，這種船配有七十六公釐艦砲、魚雷發射管和鷹擊83型長程反艦飛彈，能從超過一百哩遠處攻擊目標。這種船很小，但擁有很強的戰力，而且中國海軍打算在接下來的幾年間建造好幾十艘*。這種新型護衛艦屬於多任務平台，可以快速大量製造，價格也不算太貴。當美國投入幾十億美元建造許多人認為是豪華版海上摩托車的同時，中國正在投資建造真正的軍艦。

對吳勝利而言，誰家海軍的做法比較划算，答案再清楚不過了。而且這樣的諷刺實在很難開脫：中國正從近岸（內陸與海岸）發展到近海（從海岸往海洋延伸）再到公海（深海），而美國海軍卻正在LCS計畫中投入大量資源，以便發展西太平洋的近岸海軍。

所以當他和葛林納結束沃斯堡號參觀行程、飛回聖地牙哥時，吳勝利的心情大概很像一位剛看過對手明星球員、覺得還是自己隊上的選擇比較明智的教練。

沃斯堡號並不是吳勝利訪美行程的最後一站。在聖地牙哥北邊的彭德頓海軍陸戰隊基地營區停留後，吳勝利和葛林納便飛往華府[51]，以便進行更進一步的討論。華盛頓海軍總部有樂隊與紅地毯歡迎，葛林納還在這裡大談雙方海軍未來關係的發展。

「吳勝利是一支偉大且仍在成長海軍的領袖，」葛林納說，「他們正在積極推動現代化，兩國海軍的關係也日漸緊密。本週他來訪美國，就是要持續雙方的軍事關係，同時使雙方關係更為成熟、進化，以便尋找共享利益與進一步合作的大好機會。」

他的發言還滿稱兄道弟的。

在接下來的幾年[52]，葛林納和吳勝利會舉辦多次個人會面、電話往來、視訊會議，光是在二〇一四年就有四次的面對面會談。葛林納甚至給了吳勝利自己的私人手機號碼，有點像是告訴對方「可以隨時打電話給我」，但吳勝利不領情，說中央委員會不會同意的。在這整個過程當中，葛林

* 編註：自二〇二〇年為止，解放軍建造了二十二艘056型，並且分別外銷了各兩艘給孟加拉及奈及利亞。

納還會持續大打緊密合作與雙方海軍互相理解的神主牌。但同時，葛林納並未真正瞭解到對方。

兩人永遠不會成為真正推心置腹的好友，但葛林納在專業上尊敬吳勝利，他也理解吳勝利必須讓他的上級滿意，正如他自己必須對長官負責一樣。他也明白吳勝利的工作是保護中國的利益，就像葛林納一心一意要保護美國的利益一樣。在最基本的層面上，兩人確實明白對方的立場是很重要的。但即使如此，葛林納畢竟是來自主張在直接面對盟友、夥伴甚至是潛在的夥伴時要誠懇直接的海軍文化。就算不能什麼都告訴對方，但如果希望對方信任自己、與自己合作，那至少不能明目張膽地說謊。

但吳上將對於確實性、信任和真實性，似乎有不太一樣的概念[53]。

就拿豬的故事來說吧。有一次在會面前一定要有的簡短閒聊中，葛林納不經意地透過口譯向吳勝利說道，說他和他太太養了一隻狗。但不知是聽錯還是誤譯，吳勝利不知怎地以為葛林納養了一頭豬。養豬當寵物耶！吳勝利並不以幽默感過人著稱，但顯然他覺得美國海軍軍令部長養了頭豬是十分有趣的消息。即使在葛林納告訴他，自己養的是狗不是豬之後，他還是不願意放下那頭不存在的豬。他一直提這件事，告訴別人說葛林納養了頭豬，沒人能說服他事實不是這樣。

還有另一件與狗有關的「誤會」，就是有人告訴葛林納，說吳勝利養了一隻水獵犬當寵物，就是類似葡萄牙水獵犬那種狗。因此在兩人下一次會面時，葛林納便送了吳勝利一本與水獵犬有關的大開本圖冊當禮物。吳勝利收下了這本書，但不算非常感激，並且告訴葛林納，說他並沒有養水獵犬或是任何狗。葛林納有點難堪，他不喜歡被抓到情報有誤。但接著，吳勝利的部下後來告訴葛林納的部下，說其實吳勝利真的有養一隻水獵犬，大家都知道。他可能只是不希望承認堂堂中國海軍司令員，居然還有時間養寵物狗而已。對吳勝利而言，這樣可能會很沒面子。

當然這些都是沒有什麼嚴重後果的小事。但這些小事能說明美國海軍軍官打算實行歐巴馬政府與中國建立友善軍事互動的政策時所面對的困難。一次又一次地出現真相捉摸不定、真實性遭到忽略、謊言滿天飛的狀況。

巡洋艦考本斯號在南海遇到中國航艦遼寧號後所發生的事情，只是諸多的案例當中的其中之一而已。

迷霧中的遼寧號航空母艦，從它在烏克蘭準備要返回中國開始，就是一連串的秘密，直到今天它的一切依然充滿了許多的猜測。這可能就是中國所樂見的吧。

第六章
特急倒俥

離海南島一百哩、距考本斯號預計在二〇一三年十二月攔截遼寧號之地只有幾個小時航程的位置，葛雷・宮伯特上校對值更官又發出了一道命令[1]。和先前一樣，艦長的命令很快就透過廣播系統傳遍全艦。

「設定為電磁輻射管制[2]D狀態，設定為電磁輻射管制D狀態。」

「電磁輻射管制」指的是管制艦上發射的電磁波訊號，而「D」則代表電磁輻射管制進入最高、最保密的等級。這道命令實際上的意義是，考本斯號全艦的雷達要關閉、主動聲納要關閉、無線電也要保持靜默。會放出電磁波的東西幾乎都在瞬間沉默下來。

概念很單純。考本斯想要隱藏起來——或者說越接近被看不見是越好，然後在不被發現的狀況下溜到解放軍航艦的旁邊。

這說不定有用。考本斯號的上層結構多多少少能降低雷達橫截面，降到比幾十年前的大型美國軍艦還要小的程度，使它至少勉強能讓對手的跨水平線雷達較為難一點偵測到。而在採取電磁輻射管制D狀態之後，該艦的電磁波特徵非常小，看起來不太像是美國的軍艦。南海是很繁忙的海域，到處都是貨櫃船、油輪、客輪、散裝貨船和大大小小的漁船。宮伯特這麼做，是希望遼寧號的護衛艦艇的雷達操作人員在看著螢幕上的幾十個代表船隻的圓圈、方塊和三角形時，會無法在眾多船隻中找到考本斯號。

然而進入電磁輻射管制D狀態也有不小的風險。這會使考本斯號看不到來襲的飛機與飛彈。在這麼繁忙的海域，這樣做還會提高碰撞意外的風險。宮伯特最不希望看到的，就是自己的船撞上一艘漁船。因此每隔幾分鐘，他就會下令用古野雷達（FURUNO）很快地看一眼。這種雷達體積很小、在市面上就買得到，有許多小型商業船舶都採用這款雷達。這能讓宮伯特多少瞭解一下周圍的狀況，如果訊號被中共發現，或許他們會以為考本斯號只是另一艘拖網漁船而已。

幾個小時後，在距離亞太地區最大的解放軍海軍基地所在地——海南島二十五哩遠的地方，這片繁忙的海域又變得更擁擠了。考本斯號的被動聲納聽見水面下有一系列的擾動聲、敲擊聲和碰撞聲，形成了可供辨識的聲紋。聲紋非常微弱，但確實存在。聲納官對艦橋報告。

「艦長，我想我們遇到了一艘解放軍的潛艦。」

這真有趣。遼寧號還沒出現在視野範圍內，宮伯特利用衛星資料和其他情資，知道自己已經很接近了。而如果這艘航空母艦正與一艘潛艦——可能是039型元級潛艦，一款新型超安靜的柴電潛艦——協同行動，這表示其作戰能力比美國海軍預料的還要高。

此時，它來了。遼寧號就這樣突然出現在水平線上。

遼寧號在解放軍海軍的歷程是從一連串秘密開始的。它是一九八〇年代於烏克蘭建造[3]，供蘇聯海軍使用，在蘇聯解體時仍未完工，建造工作也因此停擺。中國於一九九八年利用旅行社為掩護，買下了這艘船並將其拖至中國境內，價格只需兩千萬美元。為了不要讓任何人發現自己正打算建立航艦戰力，北京一開始宣稱本艦會改造成置放於澳門的海上旅館兼賭場。然而，在這一天，遼寧號上的武裝並不是吃角子老虎機，其機庫[4]與飛行甲板也停滿了殲15艦載戰鬥機。

照美國的標準來看，遼寧號是艘外觀相當奇特的航空母艦。美國的航空母艦上層甲板都是平的，所以有「平頂船」的外號，採用強力的蒸汽彈射器將戰機彈出飛行甲板。如我們先前提過的一樣，彈射器相當複雜且昂貴，因此遼寧號採用了不一樣的方法。遼寧號的飛行甲板前端往上彎曲，形成一個高三層樓、相當優雅的曲線。戰機會以全馬力、鬆煞車的方式衝上這個曲線，像奧運跳台滑雪選手一樣跳入空中。這種以滑跳甲板起飛的方式，造成遼寧號的飛機只能攜帶有限的武裝，但這樣的方法卻相當優雅而單純。

在考本斯號的艦橋上[5]，宮伯特艦長可以看到遼寧號至少有五艘登陸艦護衛著，它們組成編隊，將遼寧號圍住。這些登陸艦[6]主要是設計成承載步兵、兩棲突擊車輛與直昇機，其體型相對較小——全長介於一百七十五到兩百五十呎之間，在航艦身旁顯得相當渺小。但它們在遼寧號身邊，就像一群牧羊犬在護衛一頭非常大的灰羊一樣。

如果考本斯號[7]看得到它們，它們也看得到考本斯號。現在不需要再採取電磁輻射管制D狀態了。本艦的雷達、主動聲納與通訊系統再次啟動。在艦橋上，考本斯號的無線電話筒突然爆發出一大串憤怒的中文，是從那些護衛艦艇的駕駛臺對駕駛臺通信傳來的。宮伯特聽不懂他們在說什麼，但語調倒是非常易於理解。解放軍的護衛艦艇[8]指揮官正在對彼此大吼大叫。

「我需要一個翻譯上來，」宮伯特說。過了一下子，一名年輕的亞裔美籍水兵就出現在艦橋上，看起來不只是有點緊張而已。這裡對他而言是很陌生的地方。

這名年輕水兵並非海軍正式的翻譯。他的階級是輪機兵（E-3），也就是說他是海軍裡階級第三低的官兵。但他的母語碰巧是中文，因此他在另一艘船放假時，被海軍專門為了這次的任務而找來登上考本斯號。他是個好人、好海軍男兒，但顯然英語對他而言就只是個第二語言而已。他聽著護衛艦艇之間的無線電通訊。

「他們被您嚇到了，」他對艦長說，「他們不知道您是從哪來的、為什麼他們沒有看到您。」

「我們在他們不方便的時候出現了，」宮伯特說。這是小小的勝利，但同時也很危險。考本斯號離遼寧號還有十二哩遠，中國卻已經這麼氣急敗壞了。

該請人從空中俯瞰了。宮伯特下令考本斯號減速到可以讓直昇機離艦的五節航速，海鷹直昇機的飛行員專業地將直昇機開離搖搖晃晃的飛行甲板，往那艘航艦的方向飛去。宮伯特提醒考本斯號的航空指揮官，要他將這架直昇機與航艦保持五哩的距離。這樣的距離近到足以利用高科技相機拍到不錯的照片，但又遠到不會干擾航艦的航空作業。遼寧號以大約三十二節的全速在海上蛇行，以便測試其船舵控制，並準備彈射與回收艦載機。它的艦長可不樂於見到考本斯號跟著自己。

在考本斯號的艦橋上，那位年輕的水兵兼翻譯仍在監聽解放軍各艦之間的無線電通訊。他轉向宮伯特上校，說：「那艘大船，他叫小船來處理您。他有水下行動要進行。」

水下行動，換句話說，那艘航艦正在和一艘潛艦一起行動。這確認了先前的懷疑，但也讓事情變得更為複雜。在這種大陸棚上的淺水中，宮伯特必須小心，不要讓考本斯號太靠近中國的潛艦。兩艦可能會發生碰撞，或是對方潛艦艦長的聲納發現有一艘美國軍艦跟著自己的時候，可能會怒不可遏。這就是現在的情況。

突然之間，兩艘較小的護衛艦艇脫離了編隊，以大約十八節的全速朝考本斯號駛來。這兩艘船似乎是074型戰車登陸艦，每艘長約一百七十五呎。

然後就開始了。考本斯號的無線電發出口音很重、明顯非常生氣的英語，是遼寧號發出的通訊。

「你已侵入中國內防區！你必須離開此區域！」

宮伯特透過他的無線電通信官回應。他是名年輕上尉，講話的聲音就像報案台的接聽人員一樣平靜、沒有波動。

「這裡是美國海軍考本斯號。本艦正位於國際公海。」

「你必須離開這裡！」

「本艦位於國際公海。」

「馬上離開！」

「國際公海。」

在兩艘戰車登陸艦靠近考本斯號、考本斯號反而朝航艦直直駛去的同時，這樣的對話仍持續來來回回。現在離航艦大概只有十哩遠了。其中一艘登陸艦大約離左舷船艄一百碼，另一艘則在右舷，與較大的考本斯號等速。兩艦將考本斯號包夾，距離越來越近。這兩艘登陸艦的意圖相當清楚，他們要逼考本斯號轉向，然後再帶著它遠離航艦。

考本斯號是艘很靈活的軍艦，但仍有將近六百呎長。以大型船隻的標準而言，考本斯號的迴轉半徑很小，但在海上，所謂很小指的是大概幾百碼。笨重的解放軍登陸艦就更不靈活了。只要有一點點計算上的錯誤、幾秒間的笨拙操艦技術，這兩艘登陸艦之一就可能像海上火車殘骸一樣撞上考本斯號，反之亦然。

而現在看起來，兩艘登陸艦似乎不在乎。右舷那艘突然轉向，以陡峭的角度切過考本斯號的船艄，其距離近到該艦進入了考本斯號的「前陰影區」，也就是有部分船身從他的視線中消失在巡洋艦的船頭下。宮伯特簡直不敢相信。

就在嚇一跳的官兵趕快讓開的同時——「前路清空！」——宮伯特從艦橋上衝出來，從梯子上狂奔而下，來到了甲板上，然後衝向船艄。他在那裡看到考本斯號的船艄以五十呎的距離避開了登陸艦的船艉。只有五十呎啊！他看著那艘登陸艦，幾個目光銳利的解放軍官兵也從登陸艦的艦橋甲板看了回來。宮伯特跑回艦橋，仍對這艘中國的登陸艦的所作所為感到十分震驚。

對，沒錯，考本斯號是打算刺探他們的航艦，就像解放軍海軍的軍艦刺探美國的軍艦一樣。但這種事是有「規矩」的，海上也是有常識的。那艘登陸艦艦長所做的，是一種非常具侵略性與敵意的舉動，在海上的律法裡，這是重罪，不是輕罪。宮伯特不得不想：「這些人瘋了嗎？想自殺嗎？他們是真的想和美軍的巡洋艦打起來嗎？」

這不是不可能。宮伯特很清楚，過去幾年，解放軍海軍為了貫徹自己對這片海域主張的主權，曾經開火殺人。他們還沒殺過美國人，至少最近幾十年沒有，但確實曾經非常接近這麼做過，而今天很可能就是第一次開殺戒的日子。

宮伯特回到艦橋，中國的無線電訊息還在繼續，態度仍然緊急、憤怒，接近歇斯底里。

「馬上離開本區域！」

「本艦處於國際公海。」

「馬上離開！你正在置貴艦於危險之中！」

宮伯特聽了差點笑出來。危險？還真不是開玩笑。

基於中國艦艇的攻擊性與難以預料的狀況，值更官向艦長提出是否要修改考本斯號的武器狀態，預防對方完全瘋掉、開始射擊。本來根據安全準則，發射飛彈或射擊五吋艦砲需要下三道不同的命令，但若是在修改狀態下，只要一道就夠了：艦長向兵器官下令開火，半秒後飛彈或砲彈就出去了。

宮伯特想了一下，很快就否決了這個建議。如果他啟動武器系統雷達，對方可能會透過電子掃描的方式發現。這樣的狀況就像戰機飛行員將空對空飛彈導引系統鎖定到另一架飛機上。這可能會讓對方很緊張，甚至可能會緊張到決定要先開火。解放軍的這些護衛艦艇武裝並不強大，只有幾門二十五公釐快砲。但這裡離海岸這麼近，海岸附近可能還躲著幾艘他們的紅稗級飛彈快艇，更別提陸基飛彈陣地了。如前所述，依照考本斯號神盾戰鬥系統目前的狀況，本艦真的不能應付共軍的飛彈飽和攻擊。附近還有先前提到的那艘潛艦，這也是他必須考量的。更何況宮伯特接獲的命令[9]，是要保持「使事態降溫的姿態」。但光是他曾經想過要修改武器狀態，就說明現在的狀況是有多緊張了。

而接下來狀況又變得更緊張了。那艘先前從考本斯號前方越過的登陸艦繞了回來，現在開始直接進入考本斯號路徑前方大約五百碼的位置。宮伯特下令稍微修正航路迴避，但那艘登陸艦又改變了方向，將新的路徑也一起擋住。感覺好像對方的指揮官在挑戰考本斯號，看他敢不敢撞上自己一樣。如果真的撞上去了，而考本斯號是撞上那艘小登陸艦的側面，那就會像是一輛八萬磅的聯結車攔腰撞上一輛廂型車，會出人命的。

現在那艘登陸艦就在兩百碼外，而像考本斯號這麼大、這麼快的船，停下來是很花時間的，而且這還是假設宮伯特「願意」停船的話。照海上的每一條規矩，路權都屬於考本斯號這邊。若是共軍的登陸艦被撞成兩半，那是他們的錯。考本斯號越來越近、越來越近……

時間好像凍結了一樣。在戰情中心裡，雷達兵正在掃描天空，想要抓住飛彈來襲的第一個跡象，聲納兵則努力聽著那艘潛艦準備發射魚雷或反艦飛彈的聲音。

無線電一直傳出憤怒的英語：「離開本區！離開本區！」在甲板上，看得到眼前狀況的水兵正以一副「我的天啊！」的表情看著彼此。在艦橋上，初階軍官正焦急地看著宮伯特上校，宮伯特則盯著那艘快速逼近的登陸艦，他知道自己必須趕快下一個決定，而這可不是什麼好決定。

最後，他別無選擇。

「全速緊急倒俥！防撞擊姿態！防撞擊姿態！防撞擊姿態！」

艦內深處的巨大齒輪瞬間從全速前進切換成空檔、再切換成全速後退，巡洋艦的四具兩萬匹馬力等級輪機組也同時怒吼著輸出全馬力。這造成的結果就像讓一架巨無霸客機降落在太短的跑道上，此時船艏下沉、船艉上揚。全艦官兵都必須抓緊著最靠近他的扶手，才不會被往前摔出去。碰撞警告響遍全艦，在金屬艙壁之間迴響，就像有人一直在敲鑼一樣。沒有人確定本艦能不能及時停下來。

終於，在前進兩個船身的距離，大約一萬兩千呎後，考本斯號的倒俥俥葉產生的倒退力量已經足以將巡洋艦往前的動能抵消，使船艦完全停了下來。這時本艦離撞上登陸艦只剩一百碼而已。就在那個瞬間，在俥葉開始讓船後退以前，考本斯號停船了，就在南海上一動也不動，在水上靜止不動（DIW）。

老一輩的海軍水面作戰官兵有一個專門的詞，用來形容這種不尋常的海上緊急停止動作。他們稱之為「特急倒俥（crashback）」。對美國海軍的軍艦乃至於其艦長而言，被迫執行特急倒俥絕對不是什麼好事。

* 編註：北約代號，解放軍型號是22型。

按照那道「使事態降溫的姿態」的命令，宮伯特上校真的別無選擇。這就像以汽車駕駛的身份，面對一個故意跳到街上給高速車輛撞倒的人。沒錯，路權是汽車的，可是駕駛至少仍然必須嘗試不要把那個人噴得整條馬路都是。這個道理在海上也是一樣。海上的規矩就是必須盡一切努力避免碰撞，不管到底是誰有錯在先。

宮伯特知道海軍的規矩。特急倒俥可能會害艦上的官兵受傷，並且會對軍艦的機械系統造成相當大的負荷，就像把高速行駛的汽車排入倒檔一樣。而照海軍的標準，無論在任何狀況下，一個被迫下達特急倒俥的艦長，至少也是要以欠缺操艦技術而入罪。

這樣的艦長也許是沒看到暗礁或礁岩，或許是誤判了自艦相對於其他船隻的航向與速度，因此不得不使用全速倒俥來避免碰撞。而就算特急倒俥是對手故意行動的結果——例如把船停在該艦的路徑上，那也仍然必須面對一個問題：為什麼艦長沒有預期到這一點，然後根據這個預期指揮艦艇？為什麼他讓自己、他的艦艇和艦上官兵面對這麼危險的狀況？

所以宮伯特知道此事一定會遭到批評、一定會有事後批評、一定會有一堆「他為什麼要這樣」、「他為什麼不那樣」的議論出現在海軍的官廳與軍官俱樂部裡。這樣或許不公平，但還是那句話，軍艦上任何差錯都不只是艦長的責任，而是他的過錯。

考本斯號和其艦長還得忍受另一個羞辱。在宮伯特倒退遠離登陸艦的同時，無線電上又傳來新的聲音，這次是航空母艦發來的通信。是張崢大校，遼寧號的艦張，也就是短短幾個月前和吳上將一起參訪卡爾文森號時，讓葛林納上將等人覺得很有魅力的同一位張大校。他現在聽起來沒那麼有魅力了。

「軍艦63號，這裡是中國航母，」張崢說道，「軍艦63號，這邊是航母，請求與你的CO（指揮官）通話。」

宮伯特接過麥克風。

「這裡是63號指揮官。收到，完畢。」

「我不在乎你是怎麼和我的同事講話的，」張崢以一種清析、命令式的口吻說道，「我不喜歡這邊現在的狀況。我不知道你在做什麼，但我們正忙著進行操演。我不知道這件事為什麼這麼困難。你不需要這麼失禮的。你可以離開就好。我們兩個都是專業的海軍軍官，為了所有人的安全，現在這個狀況必須以合乎常情的禮儀解決。」

宮伯特簡直不敢相信。他原本有一半期望會聽到憤怒的大道理，就像那些登陸艦艦長一樣。他聽到的，卻是一個校長在訓一個國小男生的狀況。這點讓他非常不滿。這位航艦艦長下令讓登陸艦靠得這麼近，然後現在這個人居然表現得像是考本斯號的錯一樣。

宮伯特很想好好罵這個人一頓，向他好好說一說軍艦指揮官的職責與責任，不要讓他指揮下的水手執行自殺任務。但他有命令在身。他的命令是要「真誠與尊重」。

所以宮伯特是這樣對張大校說的：「我對發生的事情感到很遺憾。我無意打擾你的行動。我知道我們的直昇機打擾到你們了，但我們只是在做水面搜索與偵察而已。這就是我們每天的工作。我只是在執行我的飛行計畫。我們的直昇機很快就會離開你的所在地。你要不要告訴我你要去哪裡，我好避開這些地方？」

「這與你無關，」張崢簡短地回答，「麻煩請你叫直昇機離開就好。」

宮伯特放下麥克風，透過無線電直接聯絡考本斯號的直昇機飛行員。

「你們要拍的都拍完了嗎？」

「報告是，」飛行員說，「我們這邊好了。」

宮伯特下令準備回收飛機，然後拿起麥克風。

「艦長，該機馬上就會離開你的位置，然後我們就會離開。」

「很好，祝你今天安好。」

「祝你今天安好！」航艦艦長的聲音裡，那份滿意是不會聽錯的。

對遠在美國的民眾而言，這件事可能聽起來沒有很嚴重，就只是在遙遠、大多數美國人都不知道在哪的地方，發生了一次海上交通糾紛而已。但考本斯號的艦橋上，包括宮伯特在內的每個人都知道剛剛發生了什麼事。這不是中國的攔截機「鈍擊」一架EP-3飛機，也不是解放軍海軍騷擾無武裝的海軍偵察船。有史以來頭一遭，中國海軍公開在公海上與美國海軍戰鬥艦艇對峙——而且對手還是一艘巡洋艦，並且迫使美方退讓。

考本斯仍然遭到登陸艦包夾，因此在海鷹直昇機降落於飛行甲板上之後，便將船舵打到底，然後下令全速前進，遠離解放軍的航艦。有一艘登陸艦仍繼續跟著，但考本斯號比較快，因此這艘中國軍艦便漸漸落後。一艘登陸艦追著一艘巨大的巡洋艦跑，就像狂吠的狗追著汽車，相當可笑。而就像狗，這艘登陸艦大概也以為美國巡洋艦是在怕它。

在某種意義上也確實如此。宮伯特為了遵守自己的命令與海上的規矩，因此表現出美國海軍不願意為了保護自己在南海的權利與利益而殺人——或被殺。同時，解放軍的登陸艦艦長卻表現出中國海軍願意看到它的水手為了保護它的利益而死。這是雙方都會記住的一堂課。

宮伯特上校其實準備再試探遼寧號一次，或許可以先退到水平線外一陣子，然後改變路線，換一個方向靠近航艦打擊群，希望那些登陸艦不要又出來執行另一次自殺任務就好。但第七艦隊高層否決了這個想法。他們一直透過加密文字訊息得知大概的狀況，是由考本斯號艦橋上的一位軍官轉述的，他們覺得已經夠了，下令考本斯號「返回正常巡邏」。

考本斯號於是轉向東南，遠離海南島、遠離遼寧號，後面還有一艘小小的登陸艦固執地追著，將美國海軍趕出南海。

「巡洋艦！」年輕的海軍水面作戰軍官[10]痛苦地說著，「他們居然對一艘巡洋艦這樣做！天啊！」

這名年輕軍官正在一家名為西奈（Siné）的愛爾蘭酒吧裡小口喝著啤酒，這裡離五角大廈走路只要一下就到。他和其他許多海軍軍官一樣，正在想著一萬哩外的南海發生的事，而他很不滿意。

「我們至少也該表現得像是世界上最強的海軍，」他說，同時在喝酒之前先搖了一下杯子，「做出這種事，大家都會以為我們是軟腳蝦。他們會以為我們只會動嘴不會動手。這對任何人都沒有好處。」

當然，他承認，他並沒有出現在考本斯號的艦橋上。同時也沒錯，他現只在是個坐辦公桌的海軍，只能指揮他那張埋在五角大廈深處的小小辦公桌。但他確實出海過，他曾在驅逐艦上執勤，他知道解放軍海軍是怎麼運作的。

「如果對中國這樣子示弱，你讓他們得一寸，他們就會進一尺，」他說，「你一定要展現實力給他們看，否則他們會直接把你輾過去，我說真的。他（考本斯號艦長）是有通行權的。我可以理解他減速，或許稍微改變一點路徑也行。但他應該要繼續前進，把中共趕走的。」

考本斯號在南海差點發生碰撞的事，花了差不多一個星期才在美國傳開。由於這是美國與中國好幾年來在爭議海域爆發最嚴重的衝突——比二〇〇九年的無瑕號事件更具潛在危險性，此事也引來了很多關注。

但從美國與中國對此事的說明來看，我們甚至懷疑兩邊到底是不是在討論著同一艘船。

「十二月五日，於南海的國際公海合法執行任務時[11]，考本斯號與一艘中國人民解放軍海軍的船隻遭遇，並必須採取行動以避免碰撞，」海軍發言人說，「本事件說明確保最高標準的專業操艦技術乃是必要之措施，包括確保最高標準的艦對艦通訊。如此方能降低非故意事件或意外的機率。」

美國國防部長黑格（Chuck Hagel）稱中國的舉動「對情勢沒有幫助」且「不負責任」，同時國務院官員也宣佈，已就此事對北京提出正式抗議。

官方上，中共當局的回應被下了封口令。中國國防部網站上的一份聲明只提到一艘解放軍艦艇在「執行常規巡邏」的時候「遇到」了對方。該聲明還補充說，「在遭遇期間，中方海軍艦艇依嚴格程序正確處置。雙方國防部會持續透過正常管道瞭解相關狀況，並持續進行有效溝通。」

嗯，還不錯。但私底下，在中方的新聞媒體裡，他們的反應就大為不同了，同時也別忘了，在中國，「非官方」的新聞往往比當局的正式聲明更接近共產黨領導的想法。每則報導的每個字都經過黨內人士審查，這讓官員可以不必親自動口就可以說出想說的話。因此在既官方又不官方的層面，他們的說法是，這全都是美國人的錯，而且他們最好小心點。

中國的國營新聞社新華社在一篇英語報導是這樣說的：

「十二月五日，美國飛彈巡洋艦考本斯號不顧中國航艦編隊的警告，而闖入了中國海軍於南海的訓練海域，並且差點撞上附近一艘中國軍艦。早在海軍操演之前，中國海上當局就已於網站上公告航海管制通知……」——這裡指的就是先前提過的二十八哩內防區——「……而本應知曉中方在此進行演習的美艦仍故意執行對中共遼寧號航空母艦的偵察，因而造成此事件。」

《環球時報》，也就是共產黨黨報《人民日報》的附屬出版品，也堅稱此事件是美方造成的，還憤怒地高呼：「惡人先告狀[12]。」

解放軍海軍少將尹卓是一位在中共當局內部相當受到景仰且具有相當影響力的人物，他對此事的評論更具攻擊性。他在《人民日報》的一篇文章中說：「你可以自由航行，我們也可以，但你的航行自由不能影響到我們的航行自由。只要你一干擾我們的航行自由，那很抱歉，我們就要阻擋你。[13]」

「我們就要阻擋你！」對有些人而言，這句話似乎就足以總結解放軍海軍對美國海軍乃至於整個美國的新態度。而那個在西奈愛爾蘭酒吧裡喝得醉醺醺的年輕軍官，並不是海軍裡唯一覺得美國顏面盡失的人，不只是面對中國，還包括面對西太平洋的美國盟友與夥伴。

但此時此刻，這些人的想法並不重要，因為他們的老大——海軍軍令部長的想法有所不同。

在南海的事件後不久[14]，海軍軍令部長葛林納上將就坐在五角大廈一間電子訊號隔絕的房間裡，喝著咖啡，等著與人在北京的吳勝利上將進行視訊會議。葛林納已聽過完整的簡報，他知道考本斯號到底發生了什麼事。他並不覺得生氣，至少表面上不會。他不打算敲著桌子叫中國給我差不多一點，那是某些海軍軍官認為他應該要做的事。這不是他的風格，以他的觀點而言，這也不是他的職責。他的職責是冷靜地與他的中國對口單位合作，避免未來再次發生這種事。

因此在吳勝利出現在畫面上、必要的寒暄——「北京的天氣如何啊」，這時寵物豬那件事還沒發生——結束後，葛林納便溫和地提起解放軍海軍登陸艦在考本斯號前方停船、逼其採取特急倒俥行動一事。

而吳上將透過翻譯，面不改色地說出的回答是這樣的：

「那不是我們的船。」

葛林納不確定自己是不是聽錯了。「你能再說一次嗎？」他說。

「那不是海軍的船，」吳勝利說，「那是『陸軍』的船。那是一艘陸軍的登陸艦，不受海軍管轄；它回報的指揮體系不一樣。」

換句話說，吳勝利表達的是：「我們海軍與此事無關」。

當然，中共將海上事件推給「脫序操作人員」或是別的單位，這早就是老招數了。這讓他們得以擁有一定程度的否認空間，可以不必因承認官方或個人疏失或責任而喪失顏面。有一艘漁政局的巡邏艇在黃海騷擾勝利號，同時就會有一艘海軍的船在附近？對不起，這件事和海軍沒有任何關係。有一艘中國籍拖網漁船在南海差點撞上無瑕號，而海軍的偵察船就在旁邊？這也不是海軍的問題。有一艘海軍的艦艇讓部隊與建築材料登陸一處有主權爭議的小島？這只是一群過於愛國的失控年輕軍官的所作所為，沒有經過官方許可……。

吳勝利不只否認解放軍海軍與此事有任何關係，他還宣稱海軍其實阻止了登陸艦的危險行為。他指出，遼寧號艦長張崢大校以無線電命令解放軍登陸艦艦長停止騷擾美國巡洋艦，後來他又和考本斯號的艦長透過無線電真誠地對談，然後美國巡洋艦就離開了。這是吳勝利方面故事的版本，並且很堅持。

這顯然與宮伯特與其他人當天看到、聽到的不太一樣。當吳勝利版的事件始末無可避免地傳遍五角大廈和太平洋艦隊時，資深海軍軍官可不只是稍微翻個白眼就算了。他們心裡想：「我們到底要怎麼信任這些人啊？」

但就和先前一樣，依照葛林納的理解，他的工作就是要信任中共，或至少相信他們值得信任。

政策就是這樣。所以在與吳勝利的視訊會議中，葛林納放下了考本斯號事件，繼續談他真正有興趣的東西，也就是CUES。

一九七二年，美國和蘇聯簽署了一份文件，名叫《海上意外事件協議》（Incidents at Sea Agreement），設計來處理美國與蘇俄艦艇與飛機之間發生的衝突。本協議禁止，或至少本應禁止，諸如模擬攻擊對方艦艇、偵察船靠近到足以「使受偵察船隻感到困窘或危險」的距離等行為。如同我們已經看到的案例，美蘇之間的協議並沒有太大的效果。但即使如此，葛林納與其他人多年來仍努力推動另一個類似的國際協議，這次要將中國也納入簽署國的行列。而這個期待已久的結果就是CUES，「海上意外相遇規則」[15]（Code for Unplanned Encounters at Sea）。這是一份海軍協議的提案，規範著當一個國家的海軍艦艇或航空器在公海上遇到他國艦艇或航空器時，應該使用的信號與程序。

CUES當中規範的精確信號[16]與艦艇操縱程序相當複雜，但基本的規定倒是很簡單。提案建議，海軍艦艇應該與他國海軍艦艇保持「安全距離」（一海里）、不得干涉對方海軍隊形或企圖干擾其海上運作等等。更精確地說，CUES提案建議，「謹慎的指揮官」應避免以飛彈雷達進行模擬攻擊、以強力探照燈照射艦艇艦橋、在對方艦艇上空或對方航空器旁進行空中特技動作等行為，而這些全都是中國海軍或其代理人多年來，在黃海、南海與東海對美國與其他國家的艦艇做過的事。

直到二〇一四年年初的此時，中國一直都對簽署CUES興趣缺缺。但現在葛林納對吳上將大聲喊話，說考本斯號事件正是CUES設計用來避免的東西，簽下去將能大幅減少南海與東海的緊張情勢。葛林納還堅稱，協議能將像考本斯號事件這種可能具有致命性的危機給控制住。

這裡的關鍵，是協議提案只會「建議」締約國遵守規則，它並沒有要求各國一定要遵守。提案沒有法律上的強制力，對任何簽署國都一樣。它也不見得適用於一國主張的主權海域內所發生的海軍對海軍遭遇——對中國而言，這裡指的就是大半個南海與東海。

即使如此，葛林納仍相信如果中國簽署了，這就表示他們已經準備好加入美國幾十年來在西太平洋推動甚至執行的穩定、以規則為基礎的海上行為體系。如果事成，那就會是帶領中國與其海軍加入牌桌的另一步。因此他一直在促成這一點，而且非常努力。

當然，吳勝利不能自己下決定。四個月之後，再次確認這個協議只是一道原則，而不是真正會規範的規定之後，中國準備好簽署了。葛林納飛往中國參加在青島舉行的第十四屆西太平洋海軍論壇，這場兩年舉辦一次的會議有大約二十多個國家的海軍高層參加，今年由吳上將和解放軍海軍作東道主。有二十一個國家簽署了CUES，包括中國，只是中國清楚表示，此協議不會影響其保護自己主張領海的權利。

「有了此類協議，我們就避免未來再次發生這類事件，」葛林納在記者會上表示，「讓每個參與其中、受到（此地區的）經濟與安全影響的國家坐下來談，並同意簽署一份基礎文件，這非常的重要。若是沒有這樣的基礎，就沒有辦法開始了。」

至於吳上將[17]，和他打過交道的美國海軍軍官都知道他有時相當難搞、固執且不願讓步，其他時候他至少還算有點開放、肯通融。換句話說，吳勝利這個人有著好人版和壞人版，而在此例中，大家見到的是好人版。

吳上將把CUES協議稱作是「里程碑協議」，他說：「我們必須尊重歷史，並以歷史為借鏡，繼續透過和平手段解決海上爭議與衝突，同時避免可能危害區域安全與穩定的極端行為。」

這「聽起來」當然很不錯。但有一件事是確定的：考本斯號不會再和解放軍海軍在南海槓上了，至少會有很長一段時間不會。因為正當將軍們在青島簽署CUES協議時，考本斯號正在聖地牙哥的船塢內，準備進行為時三年的整修與現代化。

而且該艦的艦長也惹上麻煩了。

在海軍艦艇的封閉空間裡，消息傳得很快，很難能保密。因此消息很快就傳遍了整條考本斯號。「艦長好像不太對勁。」[18]

就遭遇到為遼寧號護衛的登陸艦時的行動，海軍官方表面上並沒有批評葛雷・宮伯特上校，他至今完美無瑕的紀錄也沒有留下污點。他也很有自信，自己處理整件事的方式相當專業，也符合自己收到的命令。畢竟他待在海軍的時間也夠長了，知道會有人寧願——甚至是想要多加猜測。或許這點與他和考本斯號後來的遭遇有關。

一切是從考本斯號定期拜訪新加坡時開始的，那時宮伯特覺得身體不太舒服。他上岸到醫院就診，然後拿了喉嚨鏈球菌感染的抗生素，但他還是覺得不太舒服，接著開始每況愈下。他得了貝爾麻痺，一種顏面單側肌肉部分麻痺的疾病，經常與最近得過上呼吸道感染的病患有關。這種病通常幾週後就會自然復原，若是比較輕微的狀況，也不見得會讓人太過虛弱。海軍軍醫認定宮伯特在體格上仍能指揮該艦，而宮伯特自己也不願意基於醫療理由請求暫時離開職務。

但宮伯特還是覺得很不舒服，因此當考本斯號出海時，他會在他的艦長室裡休息，然後他就在那裡待了三個月，每天露臉不超過幾分鐘，而這時本艦就在海上航行。

其實宮伯特待的並非他的船艙，至少在該艦出海時不應該是。在巡洋艦或航艦這樣的艦艇上其實有兩間艦長室。一間是在「出海」時的艦長室，這是一處相對而言不太大的起居室，位置離艦橋與戰情中心都很近，因此相當方便。另一間艦長室是「港內」或「單位指揮官室」（UCC），這是一處位於較低層甲板、更為舒適的房間，其地點離艦橋相當遠。當巡洋艦入港時，艦長可以住在比較豪華的船艙裡，並利用這裡招待來訪的貴賓。當巡洋艦納編數艘船艦的特遣艦隊出海時，艦隊指揮官（通常是一位將官）可能會選巡洋艦當旗艦，這樣的話，將軍就會待在單位指揮官室裡。因此宮伯特在考本斯號出海時使用UCC，其實是有點不太尋常的。

事實上，宮伯特決定住在UCC裡這點，早已為他惹過麻煩了。就在遼寧號的事件之前，考本斯號曾納編過特遣艦隊，前去菲律賓為海燕颱風的災民提供人道援助。當時特遣艦隊少將指揮官，就對宮伯特的東西在他這個將軍登艦時仍然放在UCC內相當不滿。這算是一種海軍禮節上的違規，會讓一個上校難以得到將官的青睞。

即使如此，當考本斯號出海時，宮伯特還是住進了UCC，而且幾乎沒有出來過。這就造成了一個疑問：是誰在指揮本艦？

一般來講，在這樣的狀況下，應該是副艦長在指揮，但這時的考本斯號沒有副艦長。請記得在宮伯特接下指揮權之後，他就對他的副艦長失去了信心，說他是「艦上領導團隊的一大弱點」。那位副長在十二月初就離開了，接替他的人這時還沒來報到。因此在得到海軍同意後，宮伯特任命考本斯號的輪機長兼任臨時副艦長，她是一位三十三歲的女性少校。這原本只會持續三週，但後來她卻當了四個月的副艦長。

當然，這位少校的實力不差，但她在海軍的年資也才十一年，擁有的經驗和受過的訓練都遠遠不足以在巡洋艦上當副艦長，即使有艦長看著也很難。而此例中艦長並沒有看著她。艦長基本上都待在他的船艙裡當病人。這表示這位同時還要兼任輪機長的少校現在不只是事實上的副艦長——負責本艦每日運作的人——同時也是在宮伯特待在單位指揮官室內時的艦長。這對任何一位軍官來講，負擔都太大了。

所以當考本斯號在海上進行許多具潛在危險性的操作時——航行通過礁岩、通過海上交通繁忙的地區、在海況不佳的狀況下於補給艦的五十碼旁補充燃料等——艦橋上只有一位經驗不足的軍官，在指揮其他經驗更不足的軍官，讓價值十億美元的船和四百名官兵的安全曝露在危險之中。沒錯，宮伯特可以透過船艙內的影像與電腦系統監控某些事情，但他其實應該要出現在艦橋上的。

同時這艘船也正在分崩離析。考本斯號在離開聖地牙哥時就已經有設備問題了，現在這些問題更是雪上加霜。艦上沒了全職的副艦長來持續監控每個部門的主官——必要時還要動手修理其中某幾個——設備的維護狀況就會惡化、檢查就會沒有確實執行，還會有紀錄和維修報告遭到塗改甚至是偽造。艦上這時已是一團亂，但更亂的還在後頭。

即使是在宮伯特生病前，艦上官兵就已經注意到艦長與新上任的臨時副艦長之間，有著某種奇妙的關係了。兩人看起來似乎常常在一起，而且是在他的船艙裡關著門。當然，這點本身沒有什麼問題；那個船艙裡有一張會議桌，正副艦長也確實必須緊密合作。但這可是幾乎每天晚上啊。而且這件事還不只如此，副艦長還開始將自己的部分盥洗用具放在艦長的藥櫃裡，還在艦長船艙附的廚房幫他作菜。大家注意到當本艦靠岸放假時，艦長和副艦長總是一起離艦、一起登艦。有一次還有一位艦上官兵在汶萊放假時，看到兩人在岸上一起行動，而當時的狀況，在後來海軍官方報告的拘謹詞語中，是這樣形容的：「兩人以手指相扣的方式牽著手。」當兩人發現有人注意到他們的時候，報告指出：「兩人馬上將手分開。」

這件事很快就傳遍了全艦。其他軍官、資深士官、水兵……大家都在餐廳裡聊正副艦長的事。最後有另一位軍官跑去找副艦長，並警告她官兵之間的這個話題，而她則矢口否認自己和艦長「之間有任何事情」，還說「如果我是個男的，根本就不會有這種問題」，這點是否為真就不得而知了。宮伯特也否認兩人有任何性關係。

但讀者必須明白，在軍隊裡，就算沒有發生性關係，也可能構成不當關係；光是看起來像是這樣就夠嚴重了，尤其是如果「有礙良好秩序與紀律」的話，而此案絕對符合這個條件。海軍艦艇的艦長應該是艦上官兵在專業上、道德上與倫理上的榜樣，可是現在這位指揮官和暫代副艦長卻在做會讓普通水兵被關禁閉的事情，官兵可不喜歡這樣。此時考本斯號的士氣已跌入了谷底。

然而考本斯號仍然保持正常的巡邏時程。該艦在日本與菲律賓停靠、與一支驅逐艦戰隊在關島外海舉行演習，最後終於在二〇一四年四月回到母港聖地牙哥，完成了七個月的部署——然後突然之間，宮伯特的海軍生涯就結束了。

一切從宮伯特請「部署後安全評估團隊」登上考本斯號檢查開始。這個團隊很快就發現艦上有許多嚴重缺失，包括消防系統維護不良、飛行甲板的情況造成直昇機作業上的危險，以及偽造的紀錄。有些人甚至認為，考本斯號能夠安全返航就已經是個奇蹟了。

艦上官兵的狀況也好不到哪裡去。一位不具名資深上士的妻子後來向報社爆料，說：「我丈夫從來沒有在完成部署後，愁眉苦臉地回家。他通常都很開心、很興奮，忙著講他出外做過有趣的事與去過的港口。但這次不一樣。他回到家，坐在沙發上，然後苦著一張臉。他只說了一句：『我只覺得能回到家真好』。」

艦上的驚人狀況導致宮伯特被解除指揮官職務，成為短短四年內第三位走人的考本斯號艦長。在後來的調查中，海軍沒多久也知道宮伯特長期未上艦橋一事，以及他和副艦長之間的關係。最後的官方報告裡充滿著對考本斯號指揮官的批評，將他的行為描述成是「蓄意、有意識的違規行為」，將他的船與艦上官兵置於危險之中。

「本調查發現的違規行為，尤其是指揮官公然放棄指揮責任行為，是我三十二年海軍生涯中從未看過的，」一位將領如此寫道，「依我的經驗，這種行為不只是少見而已，而是前所未有。」

讀者應該不難想像，海軍的驚人調查報告在美國各家媒體間掀起軒然大波。有一篇的標題是「海軍艦長躲進船艙數週，官兵群龍無首」；還有「考本斯號的奇幻旅程[19]」、「海軍艦長廢弛職務」等等。

沒有任何海軍軍官的生涯禁得起這種打擊。最後葛雷．宮伯特因不當關係與未善盡職責而被迫提早退伍。那位女少校也因行為有失軍官身份而被逐出了海軍。考本斯號的士官督導長，也就是艦上階級最高的士官，也因未通知海軍高層艦上的狀況而受到懲處。

直到今天[20]，葛雷．宮伯特還是無法完全解釋造成他大好前程毀於一旦的一連串事件。是因為他生病嗎？是因為他知道自己那一天在南海的決定，一定會引起一些人的懷疑嗎？還是單純只是身為美國海軍軍艦艦長，出海時的壓力實在太大了？葛雷．宮伯特承認自己失敗了，他只是無法確定原因。

要不把考本斯號的遭遇給看成是美國海軍在西太平洋的縮影也真的不容易。海軍不確定自己在西太平洋的任務是什麼、主要對手是誰，或是到底有沒有這麼一個對手。這支海軍將一艘沒有作好準備的軍艦與其官兵送去和中國進行危險的對峙，然後這支海軍的最高層似乎又覺得這場對峙根本沒有發生過。這支海軍和美國國防部裡最資深的軍官，似乎根本不願意或無法了解到中國正不斷在成長的海軍軍力是個威脅。

當然，不是所有資深海軍將官都這樣看待這件事。他們從長久以來的經驗得知，和一位明顯殘忍無情的對手談合作與對話是沒有用的，除非有著軍力支持，並且還要有必要時使用這種軍力的意志。

哈里斯身為艦隊司令，親自帶隊去飛巡邏任務非常不尋常，因為這一趟所要達成的也是不尋常的任務。（US Navy）

第七章
屠龍派

二〇一四年一月，一個寒冷、天還沒亮[1]的早晨，哈利・哈里斯（Harry Harris）正在沖繩嘉手納基地的停機坪上走著。他是個體型瘦小、黑髮逐漸變灰的男人，穿著綠色的飛行服與有著不少磨損痕跡的飛行夾克——這件夾克有著不少他的血淚辛酸。身為海軍飛官，哈里斯有四千四百個飛行小時，此時正準備要把時數增加到四千四百零八小時。

本次任務哈里斯要飛的飛機是P-8A海神式（Poseidon）巡邏機，是部署在西太平洋的六架同型機之一。海神是海軍新型的多重任務機，最後會取代老舊的P-3獵戶座式的各個不同的版本，包括涉入先前提過的海南島撞機事件的EP-3E白羊座式。海神式是陸基飛機，擁有時速大約五百哩的巡航速度，在任務就位時間設定為四小時——也就是到達任務位置後，花在巡邏上的時間——的狀況下，任務航程約有一千兩百哩，每架飛機的造價約兩億美元。多重任務的意思就和字面上一樣：海神能裝上許多反艦飛彈、深水炸彈、魚雷與聲納浮標，還配有最新一代的電子裝備，能設定成執行反潛作戰任務、反艦攻擊、排雷作業、對地面目標發動攻擊，以及電子信號情報收集，一切都在最高以四萬一千呎的高度巡航的狀況下執行。

雖然海神是以波音七三七型客機的設計為原型，但沒有人會把海神式誤認成民航機。首先，除了駕駛艙附近的觀察用舷窗以外，整架飛機的側面都沒有窗戶。另外，主翼下方吊掛著裝有本機的電子裝備、大小大概和獨木舟差不多大的雪茄形莢艙，以及吊掛魚叉反艦飛彈的掛點。在機艙內，有幾排的高背座椅和六個控制台，排在飛機的左側，用來管理本機的電子系統：雷達、音響感測器、強大的高解析度與紅外線攝影機等；這些攝影機可以從兩千呎高空拍到水手帽子上的商標，而紅外線攝影機則能看穿用來遮蓋可疑船隻名稱與舷號的新一層塗裝。P－8A還有碳氫化合物偵測器，可以找出在潛望鏡深度巡航的潛艦所排放出來的氣體；換句話說，這架飛機可以「用聞的」方式找出潛艦。

P－8的機組員人數比舊型的P－3要少得多，只需要九位官兵，包括兩位飛行員，和一位負責管理任務的戰術協調官（TACCO）；飛行員負責駕駛飛機，而TACCO則分析收集到的資料，並控制機上的武器。這架海神由外號「戰鷹中隊」的第十六巡邏中隊（VP-16）成員操作，今天的任務很單純：飛往中國南方與東方的國際公海，然後看看能找到什麼東西：艦艇、飛機、電子訊號、潛艦，其中又以潛艦最為重要。

這很單純，但單純並不代表任務只是例行性公事，今天這趟尤其如此。

這次任務不同於往常的原因之一，是因為哈利．哈里斯在飛機上。哈里斯可是上將，四星上將，同時還是美國太平洋艦隊司令。也就是說，他可以直接指揮整個太平洋的每艘海軍艦艇、每架海軍航空器，包括這架P－8A海神式。

太平洋艦隊司令親自飛偵搜任務確實很不尋常，但真要說的話，哈里斯也不是普通的將軍。

首先，他是美國海軍第一位坐上四星上將高位的亞裔美國人[2]。他的父親老哈利是田納西出身的海軍士官，在二戰期間於列星頓號航空母艦（USS Lexington, CV-16）上服役；後來駐紮於日本時，他遇到了Fumiko，她當時在一處海軍基地工作，出身自日本望族的她，卻在戰爭中失去了一切。哈里斯上將出生後，父親便從海軍退伍，全家搬到田納西州鄉間一處生活清苦的農場去，後來又搬到了佛羅里達州的朋沙科拉去。

讀者應該不難想像，一九六〇年代的美國南方，一個有一半日本血統的小孩，日子肯定不好過。當時那場對抗「日本鬼子」的戰爭依然記憶猶新。他的母親拒絕教他日語，希望他能當「百分之百的美國人」，而他也確實做到了。但他仍以自己的日本背景為榮；他為數不多在公開場合泣不成聲的時候，就是在一次紀念日裔美籍二戰老兵的儀式上。他最喜歡的電影是一九五一年的《Go for Broke!》，描述由日裔美籍士兵所組成的第四四二團戰鬥群（442nd Regimental Combat Team）在歐洲作戰的故事。哈里斯表面上是一位圓融又彬彬有禮的高階海軍軍官，擁有兩個高等教育學位，一個是哈佛大學、一個是喬治城大學，還在牛津大學讀過國際關係與戰爭倫理。然而在表面下，他是一位平易近人的舊時代鄉下小子，光是講話的口音就能讓人想起田納西的山丘。

他這個人有時相當難以摸透，甚至連要區分他是不是在開玩笑都很困難。舉例來說，如果有人問他喜歡什麼音樂，他會以百分之百認真的表情回答，說他喜歡每一種像樣的音樂，也就是既喜歡鄉村音樂，又喜歡西部音樂。另外也可以用迷信來當例子說明。哈里斯堅稱每個海軍飛行員都很迷信，而他和其他人唯一的不同，就是他願意承認這件事。他絕不會從梯子底下走過；要是他開車遇到黑貓從車前通過，他會直接掉頭回家；他每次出飛行任務，飛行服的口袋裡一定有幸運符或是護身符——他不願意明確說明是什麼東西。其他還有海軍飛行員在長距離偵搜任務時常常會吃的MRE野戰口糧。哈里斯最喜歡的口味是辣椒與通心粉，但他不願意吃內含雞肉或火雞成份的東西。換句話說，他飛的時候絕對不吃任何有翅膀的東西。這是真的。

但請不要誤會，在偶爾顯得有些親民的隨性舉止與自我解嘲的幽默背後，他仍是一位堅強、要求嚴格的指揮官，以及一位無所畏懼的競爭者。和許多海軍資深軍官不同，哈利·哈里斯有著獵人般的眼光。

哈里斯登上指揮高層的過程，就和他的出身背景一樣不尋常。在成功考進安那波里斯海軍官校之後，他在大四時提出想接受海軍飛行員訓練，結果發現他的視力不及格。所以在他於一九七八年畢業前——他主修工程學，參加擊劍校隊——他改走海軍飛行官（NFO）的職涯途徑。

NFO一開始的訓練和飛行員一樣，包括以小型定翼機單飛等等，但之後就會走上不同的路。NFO所受的訓練，是要在機組人員多於一人的機上擔任兵器官、電戰官、導航官或是雷達攔截官（RIO）。電影《捍衛戰士》裡的呆頭鵝，就是湯姆克魯斯的RIO。哈里斯是在P-3巡邏機有相當多經驗的TACCO，上述的職務他幾乎必須樣樣精通才行。

在受NFO訓練時，哈里斯選了P-3獵戶座，在得到他的金色NFO翅膀資格章後，他曾在世界各地搭著獵戶座式出任務，包括大西洋、太平洋、印度洋和地中海。當時是冷戰的高峰期，因此最主要的偵搜目標是蘇聯潛艦。當時的任務可能是從北大西洋的亞速群島起飛，如果取得蘇聯潛艦正在從印度洋繞過非洲接近的情報，情報單位就會派哈里斯和獵戶座的機組員起飛，尋找潛艦的下落。他們會丟下聲納浮標，然後依搜察模式飛行。這就是行動的執行方式；如果能找到蘇聯潛艦，就能持續追蹤，必要時還能擊沉對方。哈里斯從來沒有受命對蘇聯潛艦投下深水炸彈或魚雷。但他給人的印象，只要是任務需要，他絕不會有一刻的遲疑。當年的他是一名冷戰戰士，在某種程度上，今天的他也依然是如此。

哈里斯曾在波灣戰爭、阿富汗戰爭和伊拉克戰爭中飛過獵戶座執行任務。在原本做為追蹤潛艦用的飛機拿到在沙漠與山區獵殺恐怖份子的時代，他累積了四百個戰鬥飛行時數；即使在官階越爬越高、開始擔任指揮官職務之後，他仍然盡量找時間飛任務，這有一部分是為了保持飛行資格，另一部分則是為了好玩。

沒錯，為了好玩、為了完成任務的那種刺激感。哈里斯是這樣形容海軍飛行員生涯的：

你必須要保持進取式的侵略性。我們要做的就是把炸彈丟在橋上、丟在島上，或是對著一艘船發射小牛或魚叉飛彈，或是對潛艦投下魚雷。這種事造成的結果就是會有人死掉，而你必須願意這麼做才行。

不僅如此，你還必須尋找這樣的危險地帶，然後把自己帶到那裡去。你必須知道，自己的技術、別人教你的東西和你自己學過的所有事情，它們必須能夠結合在一起，而且你必須贏。你是戰鬥人員，你必須動作快、出手狠。

這就是我在尋找海軍飛行員時想要看到的基本特質。我要一個有競爭性的人。如果你不習慣這樣的環境，那也許你應該另謀出路。對我來說，一切都是一種競爭。你知道有人說：「輸贏不重要，比賽的過程才重要」嗎？不管這句話是誰說的，他大概都已經輸了。

這樣應該就很清楚了。這位將軍可不是聖雄甘地。

每個前途光明的海軍軍官都必須花一些時間去做文職工作，哈里斯則在某些高度政治化的工作上表現優異，包括擔任參謀首長聯席會議主席的首席文膽，以及主席對國務卿希拉蕊．柯林頓的直接代表。他在華盛頓可是熟門熟路的。

然而，他卻也有著不一樣的名聲，有些人會稱之為坦白，有些人會稱之為魯莽。舉例來說，二〇〇六年，哈里斯是關達那摩聯合特遣部隊的指揮官，這時有三位因恐怖主義相關指控而被拘禁於此該地的囚犯同時在牢房內上吊自殺。哈里斯馬上下令調查，但沒有採取政治正確的路線，焦急地表達對生命損失的遺憾。他反而公開表示這次集體自殺是「對抗我國的不對稱戰爭行為[3]」。這個人很清楚自己的敵人是誰。

巡邏機的NFO通常不會有海軍戰鬥機飛行員的那種魅力與自信——要是有的話，《捍衛戰士》的主角就會變成呆頭鵝了——因此傳統上，他們要打入更高層也比較困難。所以當哈里斯在二〇〇九年接下地中海的美國第六艦隊司令職務時，他是史上第一位陸基海軍巡邏機出身、而又得以指揮海軍艦隊的人，後來他也成了第一個從那樣的背景出身、而指揮太平洋艦隊的人。這又是另一個使得海神式在這一天的任務，顯得與眾不同的地方：不只是本次任務有太平洋艦隊司令隨行，而且他還是第一位可以從過去經驗理解長距離偵搜任務是怎麼一回事的太平洋艦隊司令。

獨一無二的還不只如此。當哈里斯從梯子爬進海神式的機艙內、和其他機組人員打招呼時，機上每個人都明白，升空後的狀況可能會非常緊張。他們都知道解放軍的攔截機就在外面等著他們的到來。

就在六週前，在沒有公開示警或討論的狀況下，中國將東海的大半地區劃成了防空識別區（air defense identification zone，ADIZ）[4]，把由日本控制但中國宣稱擁有主權的釣魚台列嶼也包括在內。中國堅稱所有經過其防空識別區的飛機，不論為軍用或民用，都必須提出飛行計劃書，並取得當局的許可——即使這個新劃設的防空識別區內包含了公海與國際空域。

當然，美國、日本和南韓都抗議了，一起譴責中國的宣言是奪取國際空域的行為。為了站出來支持「天空自由」，美國主動[5]派了兩架空軍的B-52轟炸機從關島起飛，進入新劃設的防空識別區，事先沒有通知中共或請求許可，事後也沒有引起對方任何重大的反應。

然而，歐巴馬政府[6]似乎仍然舉棋不定。雖然美國政府表示，其軍機將不會遵守中共的新規則，但卻建議商用飛機遵守，或是可以的話，最好避開該地區。另一方面，政府也說得很清楚，中共任何企圖從日本手中強奪釣魚台的行為，都會造成美國依《美日共同安全保障條約》而作出軍事回應。

這或許讓中共稍微收斂了一下，至少沒有真的企圖奪下釣魚台，但這卻沒有阻止他們派軍機侵入日本領空。日本航空自衛隊每年都要緊急起飛數百次，以便攔截侵入釣魚台列嶼空域的中國飛機。

中共這邊，他們假裝對有人反對防空識別區一事感到震驚，宣稱有大約二十幾個國家，包括美國和日本，都長期劃有岸外的防空識別區。《人民日報》譴責這些「危言聳聽的警告」[7]與「任意攻擊中國」，尤其是美日兩國的行為，並指控這兩個國家企圖對中共實施雙重標準，這當然一如往常並不算是事實。沒錯，美國確實有自己的防空識別區，而且一九五〇年就有了[8]。但美國的防空識別區只適用於計畫要降落在美國領土的航空器，任何單純從國際空域通過的航空器都不必理會。

很難理解中國劃這個東海防空識別區到底目的何在。顯然他們想要阻止美國的偵察飛行，並擴張自己對西太平洋海域的控制。但這是虛張聲勢呢，還是認真的？如果他們是認真的，那他們打算為了實行片面主張的防空識別區做到什麼地步？因此，當這架P-8A從嘉手納基地的跑道起飛、飛入仍然黑暗的空中時，包括哈里斯在內，沒有人知道今天會遇到什麼樣的狀況。

哈里斯的心[9]會永遠留在P-3獵戶座上；他在夏威夷有一輛私人汽車，車牌就是「IFLYP3」（我飛P-3）。但他知道這款飛機已經是昨日黃花了。老舊的獵戶座[10]最早於一九六一年服役，當時哈里斯才五歲，因此現在的獵戶座早已遠遠超過原本設計的三十年壽命期了。冷戰期間，海軍擁有超過兩百架獵戶座，但現在只剩不到一百架，並且預計會在二〇二〇年全數退役，由海神式取代。

當哈里斯坐到觀察舷窗旁的座位上時[11]，他必須承認，用他的話講，海神式是「一架超級飛機」。它不只擁有遠勝過獵戶座式的電子系統，對機組員也更友善。有些老舊的獵戶座會像空中的電動鑽一樣搖晃不定，但海神坐起來平順多了，這點對一個要一次看著電腦螢幕好幾個小時的人而言非常重要。這架飛機也更安靜，跟獵戶座比起來，海神的機艙簡直像圖書館一樣安靜。

今天的任務以偵搜為主，就是看看底下來往的船隻，弄清楚誰是誰、要去哪裡，並好好收集一些電子情報（ELINT）。如果他們發現潛艦，尤其是出現在不該出現的地方——像是靠近釣魚台列嶼附近的日本海域等——他們可能會丟幾個聲納浮標下去，想辦法辨識並追蹤這艘潛艦。決定投放浮標的位置以及分析資料的意義，這是戰術協調官的工作，這份工作一部分是科學，一部分是藝術。

海神可以攜帶超過一百枚各式聲納浮標。這種東西基本上就是長約三呎的管子，可以用降落傘投放至水裡，然後飄浮在水面上，再將水中聽音器垂降至指定的深度，最多深達數百呎。就定位後，浮標就會開始將資料傳回海神式上，包括音響資料、水溫、潛艦通過造成的生物發光現象等等。聲納浮標投下後不會回收，會在指定的時間後自毀。

但本次任務目前沒有發現潛艦。一切都很正常，和平常一樣。

然後中共的戰鬥機就出現了。

共機一共有兩架，都是殲10戰機[12]，在中國稱為「猛龍」，在西方稱之為「火鳥」。此機型全長約五十呎，採用大型三角翼與前置小翼，武裝有空對空飛彈和兩管二十三公釐機砲，每分鐘能射出超過三千發砲彈。這種戰機能達到兩馬赫的速度，但在比較慢的速度才能擁有較優異的靈活度與操控性——例如像是海神式的時速五百哩那樣。回想一下，二〇〇一年在海南島附近與美國 EP-

3E相撞的殲8II型戰機在美機的低速下會遇到控制問題，再加上中共飛行員的侵略性愚行，才造成了該次碰撞的主要原因。猛龍沒有低速控制問題，但飛行員又蠢又有侵略性的問題到底解決了沒，就要再觀察了。

至少到目前為止，他們的行為都還滿專業的。他們在海神的右翼下方就定位[13]，保持禮貌的距離。沒有逼近行為，沒有「鈍擊」，也沒有企圖逼迫美機改變航向。他們只是待在那裡看著海神式繼續執行任務而已。

P-8機組員並不擔心中國戰鬥機，這一切都是遊戲規則的一部分，哈里斯當然也知道。他以前就曾被攔截、跟蹤過很多次，對方包括俄國戰機、華沙公約組織成員國的戰機、中國戰機，應有盡有。沒什麼了不起的。

然而，哈里斯上將不得不對中國的行為感到不解，不光只是在東海和南海，而是整個印太地區都包含在內。當然，他明白現今本國政府不想將中共打為惡勢力的政策，而身為軍人，他在榮譽上也有責任要執行這個政策。他甚至還某種程度上贊成這個政策，畢竟沒有人想要和中國發生軍事衝突。

但哈里斯瞭解這個地區和各方勢力，也瞭解左右局勢的各種文化與歷史因素。他不但在這個地區出生、曾多次前來此地部署，他在研究所的研究題目幾乎全部都是以西太平洋安全問題為主題。沒錯，他瞭解和中共建立合作關係很好，但他也知道在這個地區，美國與中共的合作必須有可靠的美國戰力與決心支持，並且這樣的合作也必須得到善意回應。要是少了任何一點，那不只是中國，整個地區的所有國家就都會把這視為是美國的示弱行為。

而到目前為止，中共並不算是非常合作。騷擾航行於南海的美國與其他國家船隻、挑釁式的東海防空識別區宣言、考本斯號事件等等。哈里斯知道一個月前南海到底發生了什麼事，雖然他沒有公開批評考本斯號艦長在那一天的行動，但顯然美國巡洋艦若是稍微撞一下中國的登陸艦，也就是如果考本斯號把登陸艦「推開」的話，他也不會反對的。

「我是冷戰時代的產物，」他後來表示，「沒有人（指揮官）會因為這種事被解職。」他的觀點是：我們應該在可以的時候和中共合作，但在必要的時候也要和他們對抗。重點是照哈里斯的看法，中共正在拓展自己的疆界，而美國卻沒有推回去。結果美國卻讓中國顯得比實際上更為強大。哈里斯發現自己常常必須提醒本地區的軍事領袖：「中共並不是身高十呎的巨人」。

考慮上述的一切和哈里斯本人的人格特質，在猛龍跟著海神的時候，要猜到他正在思考有關中國的事情應該不難。他可能正在想：「我們馬上就要和這些人有更多的麻煩事情要發生了」。如果這真的是他這時正在想的事，那他就猜對了。

雷根號航艦[14]艦橋上的官兵不敢相信自己看到的事。這時是二〇一四年七月，雷根號正在夏威

夷外海領著一道由護衛艦艇組成的防護屏航行，並準備做飛行作業相關的演練。而從水平線上往雷根號航艦打擊群靠近的，是一艘解放軍海軍的軍艦。

「那是中國的AGI嗎？」雷根號艦橋上一名年輕軍官透過雙眼望遠鏡看著那艘中國軍艦時，大聲地問道。嚴格來說，這個問題只是一個不需回答的反詰句而已。只要看該艦上層結構物上的巨大雷達罩就知道，這艘中國軍艦肯定是AGI（情蒐船），也就是間諜船的意思。更精確地說，這是中國人民解放軍海軍的AGI北極星號*，前來收集雷根號航艦打擊群的電子信號與機密。年輕軍官提出問題的唯一原因，是因為他還是不太敢相信。

「他們在幹嘛？」他說，同時驚訝地搖著頭。

當然，中國的間諜船前來美國海軍在公海上的場子踢館不是那麼不尋常的事；以前就發生過很多次了，不論對象是雷根號還是其他海軍艦艇。但這一艘間諜船不尋常之處、對雷根號官兵乃至於整個美國海軍之所以這麼驚人的原因，就在於這次中共踢館的是一個已經有人邀請他們前來參加的場子。

這個場子指的就是先前提過、兩年一度於夏威夷和聖地牙哥舉行的環太平洋軍事演習[15]。此聯合軍演自一九七一年起由美國海軍主辦，是世上最大的聯合海上演習。這一年的RimPac有二十多國參加，一共派出四十八艘艦艇、數百架航空器和兩萬五千名官兵參加為期一個月的演習。

環太平洋軍演有一部分是軍事活動、一部分是交流活動、一部分是外交活動。各國海軍會在海上操演海上機動、艦對艦通信、直昇機飛行等課目。在珍珠港或聖地牙哥港內，會舉辦會議、宴會、學術研討會、招待各國的海軍高層的餐會、各艦船員之間的足球比賽、讓水手與平民參觀其他國家艦艇的「艦艇開放日」等等。這是各國大大小小海軍的官兵認識彼此、看看對方的裝備、展示自己最優秀表現的機會。

除了歐美國家之外，大多數印太地區的主要國家——還有一些非主要國家，都會派代表前來赴會，但仍然有一些例外。北韓因明顯的理由沒有受邀，而基於許多國際政治原因，臺灣也被排除在外。越南也沒有參加；雖然越南和美國已經開始舉行小規模聯合演習——他們稱之為「海軍交流活動」，但越南的海軍還沒真正準備好參加像環太平洋軍演這麼大規模的演習。泰國身為與美國締約最久的夥伴，本來是要派團參加的，卻在最後一刻因國內發生軍事政變、打壓異議人士而被美國取消邀請。從道德層面上來看，美國對民權和人權的顧慮高於重要的軍事與政治夥伴關係或許是有道理的，但這常常會讓參加的國家感到困惑與不滿，更別提會讓美軍的規劃人員日子更難過。

然而，大多數海軍還是來了。澳洲皇家海軍派了一艘潛艦來，印度海軍也派了一艘巡防艦，日本則派了一艘飛彈驅逐艦與數艘其他艦艇，紐西蘭皇家海軍則派了一艘多用途兩棲登陸艦。現場還有一艘印尼的船塢登陸艦，一個排的馬來西亞步兵，南韓的幾艘驅逐艦與一艘潛艦，以及汶萊的一艘海岸巡邏艦。新加坡派了一艘匿蹤巡防艦，菲律賓派出一個小組的海軍參謀人員，連小小的東加王國都派了東加防衛隊的一個步兵排前來共襄盛舉。當然，美國海軍也有許多大大小小的艦艇參

＊編註：共軍稱815型電子偵察艦，舷號851，隸屬東海艦隊。

加，包括雷根號航艦在內。這裡聚集的船隻之多、啟動的強力海軍雷達之多，有時候還會造成檀香山市內的車庫遙控器故障。

而有史以來第一次，今年的環太平洋軍演也有中國解放軍海軍參加，由先前提過的海口號驅逐艦與另外三艘船艦代表。讓中共與會的計畫已經進行超過一年了，歐巴馬政府與某些海軍高層——包括軍令部長葛林納上將——都將此舉稱作是美國與中國軍事合作關係的里程碑。中方也將此舉視為是認可中國與解放軍海軍在世界海上事務上日益重要的地位。

其他資深海軍將領就沒有這麼興奮了。舉例來說，太平洋艦隊司令哈里斯上將就相信與中共軍方有一點互動確實是比完全沒有互動好，但同時這並不代表他信任中共。「我觀察他們有一陣子了，」他日後表示，「而現在我對中國的觀點比以前還要來得黑暗一些。」

國會與華府保守派智庫的人就更欠缺熱情了。眾議員J·蘭迪·富比士（J. Randy Forbes，[16]）是維吉尼亞州的共和黨員，也是眾議院軍事委員會的海權暨投射兵力小組（The Seapower and Projection Forces Subcommittee）召集人，他就是欠缺熱情的人之一。就在環太平洋軍演開始前幾天，他在一次訪談中表示：「考慮到北京最近幾個月對亞太地區鄰國的好戰行為，我會希望能停下來仔細考慮要不要給他們機會參加如此重大的演習……北京當局已經對其鄰國與美國的利益表現出敵意，必須讓他們體會到確切的後果作為回應。」

富比士很熟悉中國、美國海軍和造船業。他的選區內的紐波紐斯造船廠，也是美國國內唯一能建造航空母艦的造船廠。身為國會中國小組的創辦人，富比士是第一個對解放軍海軍在二〇〇〇年代早期到中期的成長提出警告的人，當時幾乎所有其他人注意力都還放在中東。在多次前往中國訪問的過程中，曾造訪中共的鋼鐵產業，並注意到鋼板的厚度和品質有異[17]。對於受過訓練的人來說，只要看一眼就知道中共正在建造航空母艦，但當時幾乎沒有人相信他，包括五角大廈的多數專家，直到衛星照片證明富比士所說是真的。富比士相當投入海軍事務，還擬定了三百五十艦海軍的計畫。可想而知，他並不支持歐巴馬政府對中共的寬容主義政策。

富比士並不是唯一對中共感到擔憂的人。舉另一個例子，加州共和黨眾議員戴娜・羅拉巴赫（Dana Rohrabacher）[18]，她問：「為什麼我們要讓一個潛在的對手能夠來現場收集我們的弱點？」還有不少的防務分析專家視邀請中共參加環太平洋軍演類比為引狼入室。

但美國海軍高層的上級可不是幾個國會議員和防務分析專家。他們的上級是美國總統，而政府的政策就是要與中共合作、要讓他們加入。所以二〇一四年的環太平洋軍演的調性就這麼定了：保持關係和睦，而大多數時候也真的做到了。然而還是有一些暗潮洶湧的狀況。

首先，美國法律禁止[19]中國參加任何可能造成機密方法與技術外洩的美國軍事演習。所以海軍必須拒絕中國的請求，不讓他們參加對抗海上艦艇的特種作戰「反登陸」演習，也不能讓他們參加任何實彈或模擬飛彈射擊與追蹤演習，包括發射中國自己的飛彈或艦砲。有些中國派來參加環太平洋的軍官對這些限制相當氣憤，美國海軍的某些資深軍官也覺得這些規則太過嚴格、應該讓中國多參與一點，但法律就是這樣規定的。

同時，許多其他參加環太平洋軍演的國家也時不時會與中方發生摩擦，而且要把努力忍著的怨恨完全隱藏實在是不容易。舉例來說，在敵視超過一個世紀、東海仍有領土糾紛存在的狀況下，日本和中國的代表團十分有默契地同意，在演習出海期間雙方艦艇會保持距離。中國還在得知一次人道救援演習會由日本軍官指揮後，退出了該次演習[20]。菲律賓在二〇一四年時也正與中國持續就南海——菲律賓刻意地稱之為「西菲律賓海」——領土問題發生衝突，其環太平洋軍演代表團也注意到雙方軍官在社交場合相遇時的緊張氣氛。

沒有人會真的對中共與地區內其他國家之間的緊張情勢有過多的談論，但也沒有人會否認這一點。

即使如此，環太平洋軍演的四艘解放軍軍艦——驅逐艦海口號、巡防艦岳陽號、補給艦千島湖號和醫院船和平方舟號[21]——全都是本次演習的巨星。在珍珠港的開放日，訪客將艦上擠得水洩不通；美國海軍軍官排隊等著導覽、記者則以不合比例的大篇幅報導這些艦艇。當四艘軍艦離開珍珠港、準備真的和美軍與其他海軍進行海上操演時，中共初次參加環太平洋軍演一事充滿著樂觀與正面的氣氛。

然後就在海上操演正式完全展開的時候，解放軍海軍的間諜船[22]北極星號就不請自來，出現在雷根號航空母艦打擊群的幾哩之外。

如前所述，在國際公海上偵察他國海軍艦艇並不會違反國際法；相反地，不論是哪一邊，對這點幾乎都可說是已有預期。請記得考本斯號當初被派去南海，就是為了收集中共航艦遼寧號的情報。所以這時的美國海軍其實沒有什麼好抱怨的；事實上，北極星號在兩年前的二〇一二環太平洋演習時就露過臉了。

但這次不一樣。在環太平洋軍演開始舉辦的四十年間，從來沒有受邀前來參加的國家帶一艘沒有受到邀請的軍艦來窺探其他國家的艦艇。現在好了，史上頭一遭，中共正在這麼做。對美國而言，這實在是……只能稱之為純粹的失禮了。

而且這是直接對著人家臉上來一拳的那種失禮。中共並不是偷偷派一艘潛艦前來窺探，同時還打算不被發現，也沒有把一艘偽裝成拖網漁船的間諜船停在演習區旁邊。雷根號艦橋上的每一個人都能清楚看見北極星號，所以它就算想要，也不可能躲起來，或是隱藏自己的意圖。這艘船有四百呎長，船上有大約兩百五十名官兵，而上部結構物上的巨大灰色雷達罩——看起來像非常大的排球——使得本艦的意圖明顯而無從否認。

中共間諜船跑來踢館的消息很快就傳開了，導致那些批評美國政府與中共軍方交好政策的人狠狠地奚落了一番，說：「我就說吧」。

「他們選擇要不尊重[23]其他國際夥伴，所以才將一艘情報收集艦直接開到演習海域來，」前文提及的富比士眾議員在一封電子郵件聲明中表示，「環太平洋軍演應該只保留給美國與其盟友參加……這些國家與我們有著共同的利益，追求自由、穩定、繁榮的亞太地區。光是發邀請給北京當局就已有些勉強了，現在顯然他們第一次參加環太平洋軍演就是他們的最後一次。」

間諜船事件的結果之一，就是美國眾議院出現了一個修定案，要撤回未來所有美國與中共軍方舉行軍事演習的預算[24]。此法案沒有通過，但仍然得到了一百三十七席議員的支持。

但美國海軍的資深將領[25]卻相當低估間諜船事件的嚴重性。事實上，他們還主張這艘間諜船不請自來，其實可能是件好事，因為照他們的說法，這建立了海上律法的先例。

還記得中國宣稱依聯合國海洋法公約，外國軍艦不能在另一個國家的兩百浬經濟海域內進行軍事行動嗎？中方利用這個主張來正當化中國騷擾美國軍艦的行為——無瑕號、勝利號、考本斯號——因為這些軍艦當時位於中國在南海等地主張的經濟海域內。

但現在他們在夏威夷附近做的事，正是美國軍艦在南海做的事。雷根號航艦打擊群是在離歐胡島約一百哩處操演，明顯位於美國主張的夏威夷群島經濟海域，卻不在十二海里的美國領海之內。所以從美國的觀點來看，依照海上的規矩，中共間諜船是在國際公海，因此有權出現在那裡，就像美國軍艦有權在中共的經濟海域行動一樣。於是，美國海軍沒有企圖騷擾或驅趕間諜船。它想向中國示範，這種事應該怎麼處理。

而中方似乎也同意這個觀念，似乎而已。在中國媒體釋出、有關間諜船事件的聲明中，中國國防部表示：「中國人民解放軍海軍的軍艦是在他國領海之外[26]作業，符合國際法與國際慣例。」

同樣地，這正是美國一直以來在大聲疾呼的觀念。太平洋司令部司令洛李爾將軍在夏威夷告訴記者，說中方的聲明：「我認為是在認同或接受[27]我們一直以來在向他們傳達的訊息。軍事活動與調查活動在他國的經濟海域內、本國有國家安全利益存在的狀況下，是國際法所允許且接受的。這是國家所擁有的基本權利。」

嗯，這也許是美國人從邏輯上看這件事，認為如果中國公開認可自己有權做某件事，那他們也必須認可另一邊有權做同樣的事。但從來沒有人敢打賭中共領導的邏輯會一致，然後還賭贏的。

不論如何，環太平洋軍演還是繼續舉行，雖然有些活動稍微做了調整，以免將美國海軍的方法與做法外洩。同時，中國的間諜船持續受到嚴密監控，但海軍表面上則沒有針對它做出什麼行動。幾週後，環太平洋軍演結束，美國和中國軍事官員都發表了不少公開的罐頭演說，講著聯合演習如何培養更進一步合作的精神、理解、交流、開放等等。

但間諜船的基本問題還是沒有解決，這個問題就是，為什麼？畢竟中共領導一直在公開場合，將受邀參加環太平洋軍演一事稱作是美國與全世界對解放軍海軍開始表達敬意的證據。他們為什麼要用這麼厚顏無恥的攻擊行為，來威脅未來受邀參加演習的機會——以及中國與美國的整體外交關係？他們這樣做有什麼好處？

在環太平洋軍演後，葛林納上將回到華盛頓[28]，他很想知道答案。畢竟他一直在推動「讓中共加入」的政策。這個政策不只受到國會的反對勢力大力質疑（見前文），私底下也有不少高階海軍官感到懷疑。然後現在中國還做了這種事？他私底下其實滿氣憤的。所以在葛林納下一次和吳勝利上將視訊會議時，他就很簡短地問道：「那個AGI的事到底是怎麼回事？」

而吳勝利的回答是：「喔，這可不是我出的主意。」

吳勝利向他解釋，由於解放軍海軍被排除在某些軍事上具有機敏性的活動之外（同樣請見前文），中央軍事委員會決定要派自己的「代表」，無論如何還是要觀察到這些演習的過程。這就是吳勝利對中共間諜船的稱呼，說那是「代表」。吳勝利向葛林納再三堅稱，說他反對這個想法，但中央軍委的其他人否決了他的意見。

嗯，葛林納知道意見被否決是什麼感覺。他也覺得吳勝利是真的覺得很丟臉、很沒面子。所以他就放過了這件事，和吳勝利談別的事情。

但是環太平洋演習的間諜船事件，無疑讓葛林納執行政府與中國合作的政策方面要困難了許多。中國似乎將合作當成是一條單行道，若是牽涉到像南海這樣的緊張地區，他們還是表現出這條單行道彷彿是他們家開的一樣。

時間來到二〇一四年八月，環太平洋軍演結束的短短幾週後。一架中國的殲11戰鬥機在南海靠近一架美國P-8A海神式巡邏機。太平洋艦隊司令哈里斯上將並不在這架飛機上（前文提及的任務是七個月前的事）。但考慮到他對空中行動與刺激的渴望，他說不定非常希望自己能出現在這架飛機上。

因為事情越來越麻煩了。

這架海神式目前位於海南島東方約一百三十五哩遠處[29]，這裡是國際空域，但同時也在中國主張的經濟海域上空。P-8機組人員正在依照標準程序作業：四處看、四處聽，在電磁波頻譜上尋找信號，並以高科技攝影機拍照。後來中方的報告指稱，當天這架P－8還丟了聲納浮標，或許是為了追蹤四或五艘以海南島榆林海軍基地為母港的晉級核動力彈道飛彈潛艦的其中之一艘。但美國國防部不願意確認這樣的說法。

但不論這架P－8在做什麼，顯然都讓中國非常惱怒，殲11的飛行員現在就將這點表現得非常清楚。

首先，殲11的飛行員從P－8下方只有五十呎處通過。然後，共機又在美機正前方以九十度角跨越，還將機腹露給P－8看，應該是為了展示主翼下方的飛彈在必要時可以將美機給擊落吧。然後他又繞了回來，把戰機停在P－8的側邊下方，翼尖離美軍機翼尖只有二十呎。然後他就繞著海神機做了一整個桶滾動作。P－8飛行員依標準作業程序，讓飛機保持平直飛行；同時機上組員拍下共機的照片，最後共機便轉向離開了。一如往常，海軍不允許P－8的飛行員或機組員接受媒體採訪，但推測這幾分鐘對他們而言相當緊張，應該是很合理的。

不但緊張，而且也詭異地似曾相識。這裡差不多就是二〇〇一年殲8戰機與EP－3E相撞的空域，該次事件造成中國飛行員死亡、EP－3E機組員像戰俘一樣在海南島遭到拘禁了十天。先前也提過，新型的飛機或許比舊型的殲8更為優異、在相對較慢的速度下機動性也較好，但從此人的行為來看，在飛行員常識這方面，自二〇〇一年以來似乎沒有太大的改變。

這不是最近幾個月內，駐紮在海南島的中國戰機第一次企圖在南海上空恫嚇美國偵察機了。在這一年的三月、四月和六月都有幾次沒有公開的近距離接觸[30]。東海那邊也發生了一些狀況，有幾架日本航空自衛隊的偵察機遭到中國戰機的近距離騷擾。

但P-8這次在南海遇到的狀況，是自二〇〇一年以來，距離最近、侵略性最強、最危險的一次。繞著偵察機作桶滾動作？這種事不能再有下一次了。

所以美國政府透過公開與正式外交管道，向中國表達了抗議。國防部發言人在記者會上拿出幾張顯示中國戰機逼近的照片，並描述中共飛行員的行為，然後說：「這真的很不專業、很不安全，而且顯然並不符合『美國政府企圖與中共建立的』那種軍事關係。」

但中方不吃這一套，不論是在正式或非正式場合都一樣。

在非正式場合，解放軍海軍少將兼北京的國防大學教授——張召忠，是這樣向中共的國營媒體評論本次事件的：「我們沒有給他們（美國）足夠的壓力。只有把刀架在脖子上[31]才能嚇阻他們。從今以後，我們必須飛得離美國偵察機更近。」

而在更正式的場合，在北京的一場記者會上，國防部發言人楊宇軍表示：「我軍飛行員的行動相當專業[32]，也已照顧到安全問題。我們的飛機十分珍貴，飛行員的生命更是珍貴。」楊宇軍接著便繼續要求美國停止所有航空偵察任務，以及不要讓美國海軍軍艦進入中國宣稱領有主權的海域，也就是幾乎整個南海和東海在內。

楊宇軍說，「美國軍艦與航空器的行為很容易造成誤會與誤認，甚至造成空中與海上意外，」還補充說美國的艦艇與飛機「經常不請自來，甚至闖入事先公告的演習或訓練區」，他顯然是在說先前的考本斯號事件。

請記住，這是在中國間諜船跑去環太平洋軍演踢館短短一個月後的事。因此，中國抱怨美國的飛機或艦艇「不請自來」進入其經濟海域，是十分厚顏無恥的說法。中共的回應也將美國這邊，對於環太平洋演習的間諜船事件的中共說法——一個國家的軍事單位有權在他國經濟海域內作業——所懷抱的任何希望都澆熄了。同樣地，中共的態度就是：「我們可以這樣對你，但你不能這樣對我們」。

接著事情還有另一個轉折。後來當葛林納和吳上將[33]再次舉行視訊會議時，葛林納提到了危險的P－8攔截活動，並問道：「那是怎麼回事？」而吳勝利的回應是：「那架（殲11）戰鬥機不是總部派出去的。那是某個人的私自行動。這個我會處理。」

私自行動？意思是有飛行員抗命？

這件事有幾種不同的角度可以看。這可能是謊言，讓中方告訴美國政府，說他們的飛行員都很生氣、滿腔愛國熱血，說當局管不住他們，所以美國最好別再發動偵察任務了，免得事情失控。也許吳勝利沒有騙人，中國軍方真的難以控制其戰鬥機飛行員，而這樣的想法其實滿嚇人的。

不論如何，什麼都沒有改變。美國的飛機仍然在東海與南海執行偵察任務，而中共的戰鬥機仍然會緊急升空攔截，只是一般而言，距離都放得比較安全而已。

但即使有這樣的對峙發生，美國政府與美國軍方仍舊追求與中國軍方友好合作，並企圖讓中國加入穩定、以規則為基礎、跨國、合法的西太平洋體系。舉例來說，在八月稍早時，太平洋艦隊旗艦藍嶺號（USS Blue Ridge, LCC-19）[34]在青島停靠訪問，並與一艘解放軍海軍的巡防艦一起進行

CUES演習。後來到了十一月，美國國防部長海格與中國國防部在許多微笑與握手之中，於北京簽署了一份「理解備忘錄」，名叫「海空相遇安全行為準則[35]」（Rules of Behavior for the Safety of Air and Maritime Encounters）。這是一份雙方呼籲要遵守既有的海上與空中國際規範的協議，後來證明簽署這個協議完全只是在浪費紙張而已。再之後，到了十二月，美國與中國的艦艇還在亞丁灣舉行聯合反海盜演習[36]。

前面已經說過，這樣的氣氛並不像是上一代與蘇聯的那種冷戰。但對在西太平洋腳踏實地——或者說在海上與空中——的美國軍官而言，這感覺也確實不太像是和平。

解放軍擁有更多射程更遠的陸基、空射、艦射的反艦巡弋飛彈，甚至有射程更遠的反艦彈道飛彈，美國在這方面現在依然是束手無策。

第八章
更多、更好的飛彈

湯姆・勞登少將（Rear Admiral Tom Rowden）急需「更好的飛彈，還有更多能發射這些飛彈的船隻。」

在為了幾個小小的離岸島嶼而發生一系列武裝衝突之後，紅軍以一個營的兵力，對小國關那托莫（Guanotomo）發動登陸作戰，該國是與美國簽有協議的合作夥伴。紅軍以一個包含飛彈驅逐艦、巡防艦、兩棲攻擊艦，可能還有一些潛艦來支援登陸行動。雖然關那托莫的小規模自衛隊全力抵抗，但他們恐怕很難堅守下去。勞登的任務就是要將一個航空母艦打擊群和一支海陸登陸部隊送到離紅軍所在海岸五百哩遠的關那托莫，搶在紅軍建立起難以攻克的防禦工事之前，將這些入侵者趕出去。

若是在十幾二十年前，這可能會是相對簡單的工作。航空母艦打擊群可以從一兩百哩外發動空襲，或是發射對陸巡弋飛彈，將敵軍的艦艇與已經登陸的地面部隊消滅。航艦本身可以只是在海上等待，確定自己在敵人的陸基飛彈與攻擊機的攻擊範圍之外，並且身邊的巡洋艦與驅逐艦能保護自己，不受敵軍飛彈艦艇或潛艦的攻擊。等航艦艦隊的戰機與巡弋飛彈摧毀或壓制海上與陸上的紅軍之後，兩棲攻擊艦上的陸戰隊就可以開始登陸，將所有殘存的紅軍消滅，然後再和一群開心又感激的關那托莫人合影留念。

但現在並不是十幾二十年前[2]，勞登也很清楚這一點。在紅軍國內經濟發展，帶動軍力大幅擴張之後，現在紅軍擁有射程達到數百哩的陸基、艦射與空射反艦飛彈，並採用複雜的陸基、空中與太空指管系統。他們的艦隊擁有新型反艦飛彈，射程達到勞登手上飛彈的兩倍，而且勞登的反艦飛彈又舊又慢，相對比較容易防禦。同時，由於勞登的所有戰力都集中在航艦打擊群所佔據的小小海域中，因此紅軍可以對這裡發動集中飛彈攻擊，不斷發動飽和攻擊，並以此擊潰艦隊中巡洋艦與驅逐艦的反飛彈系統。

所以除非勞登能趕快得到更好的飛彈，同時還要想辦法分散戰力，否則紅軍恐怕就要把他的艦隊炸到海底了。

或者比較正確的說法，是從電腦螢幕上炸掉。讀者應該也猜到了，今天的勞登少將並不是在指揮艦艇進行實戰，以便解救關那托莫面對的紅軍威脅。他現在站在羅德島海軍戰爭學院的大講堂內，正在指揮一場兵棋推演，以美國海軍（藍軍）對抗沒有明說是誰的敵國未來所擁有的海軍，也就是紅軍。

像這樣的海軍兵棋推演，其確切細節都是機密，而且也比前文所述的簡化假想關那托莫國情境更為複雜。但這種兵棋推演的基本流程[3]是為人所知的。在講堂旁的「分組討論室」內，許多海軍軍官聚集在不同的會議桌旁，包括紅軍和藍軍，以便規劃自己的策略、評估各自的優勢與劣勢，同時猜測「敵人」的強處、弱點和意圖。其他海軍軍官則四處奔走，將大量的資料輸入好幾排的電腦內，包括射程、單位、能力等藍軍和紅軍各自可以投入戰場的武器。為了處理機率性或運氣相關問題，則是擲骰子來決定。然後決策支援中心的電腦就會分析、判斷所有的資料，並將結果顯示在巨大的螢幕上，同時附上表格、圖表、地圖和 PowerPoint 簡報。

這場演習相當累人、瘋狂，而且會持續一整週，紅軍和藍軍要一直在各種戰況與情境下交戰。到最後，兵棋推演的結果其實只是把勞登早就知道的事實再確認一遍而已：如果美國海軍想要在未來的海戰中生存、取勝，那就必須改變進入戰鬥的方法與投入的武器。

勞登現在的職位可以做到這件事[4]。他是海軍軍令部長辦公室負責水面作戰處的處長，也就是說，在水面作戰政策、要求、需求與戰略上，他是海軍軍令部長的最高階參謀。勞登的父親也是位海軍將領，他自己則於一九八二年從海軍官校畢業，多年來曾在海軍的幾乎所有水面艦艇上——驅逐艦、巡洋艦、航空母艦——服役，並且去過每個大洋與幾乎每片海域。他滿頭銀髮，身形強健、堅實，是一位言詞強硬的詹姆斯・賈格納*型人物，完全理解自己專業的核心性質。還記得本書先前提過，有一位海軍將領曾將一群年輕軍官叫到軍艦的甲板主砲前，然後告訴他們海軍的主要任務就是殺壞人嗎？那位將軍就是湯姆・勞登。

* 譯註：小詹姆斯・賈格納（James Cagney Jr.），美國演員，以多部電影中的硬漢形象聞名。

勞登的指導原則很單純，他是這樣說的：「防禦絕對是必要的[5]，但是攻擊才能取勝。你必須控制海洋，而做到這點的方法，就是置對方於風險之中，或是直接擊沉對方。」

如果一個人的任務是要殺壞人，那就必須先確保這些壞人不會先把自己給殺了。這就是美國海軍現在面臨的問題，尤其是在西太平洋，並且在面對中國的時候格外明顯：要怎麼保護艦艇，避免被中國的新一代反艦飛彈擊中？

自二戰結束以來[6]，航艦打擊群就是美國海軍最主要的戰術攻擊武器，也是戰鬥的重心所在。如前所述，打擊群以航艦為中心，周圍有一圈護衛艦艇保護：當航艦彈射戰機攻擊遠方的目標時，會有一艘，更理想的狀況會有兩艘巡洋艦負責保護航艦、抵擋來襲的飛彈，同時還有兩艘至五艘驅逐艦負責尋找敵方潛艦。依任務而定，航艦打擊群可能還會包括一艘攻擊潛艦與一艘高速補給艦，同時還可能與一個兩棲戰備群一起行動。

這樣的安排在冷戰結束後的亞太海域一直都沒有什麼問題，因為當時的美國海軍在公海上幾乎遇不到什麼威脅，尤其不會遇到來自中國的威脅。蘇聯確實開發了[7]針對美國航艦打擊群的空射反艦飛彈系統，但顯然這套系統——以及美國對抗它的防禦措施——從來都沒有機會接受實戰考驗。蘇聯解體後，這樣的反艦威脅也就消失了，至少暫時消失了。所以美國的航艦打擊群可以出海發動航空或戰斧巡弋飛彈攻擊，而不必太擔心敵方水面艦或短程陸基飛彈的攻擊。在中東與阿富汗，海軍的主要工作[8]是從海上對陸上提供火力與航空支援，而不是準備應付敵人從陸上或海上發動的攻擊。

這樣子的結果，就是美國海軍沒有花費許多時間或金錢開發射程更遠的反艦飛彈，或是艦艇用的加強型反飛彈防禦系統。即使到了今天，海軍的主力反艦飛彈仍是七〇年代的魚叉飛彈[9]，這是比大部分操作它的水手還老的飛彈。雖然五百磅的彈頭具有相當的威力，但魚叉飛彈每小時五百哩的速度實在太慢，七十哩的射程也實在太短了。海軍的反飛彈用防空飛彈射程更短*。至於艦射型戰斧巡弋飛彈，它能擊中一千哩外的固定陸地目標，但目前它沒有設定成可以找到並攻擊海上移動船隻的模式。

重點是幾十年來，海軍都不覺得自己真的需要射程更長的攻擊性飛彈或更優異的防禦性飛彈。而對美國海軍而言很不幸的是，中國對攻擊性飛彈的想法大不相同。

身為擁有相當長度海岸線、卻沒有什麼像樣海軍的陸上軍事強權[10]，中國一直對能擊沉外海敵艦的飛彈相當有興趣。一直到一九九〇年代後期，其飛彈陣地大多還是採用視距內短程巡弋飛彈，搭載的導引電子系統也相當粗糙。但在這之後的二十年，中國在超越地平線的雷達科技、衛星追蹤與通訊系統和微電子系統等科技上大幅進步，使它得以從幾百哩外精準地標定一艘移動中的艦艇。

諷刺的是，中國飛彈發展的關鍵人物錢學森，是一位出生於中國但移民美國的華僑，還是加州理工學院噴射推進實驗室的創辦人之一[11]。在中共革命、韓戰開始後，錢學森受到麥卡錫主義反共清洗的波及，於一九五〇年被剝奪安全權限。在美國被軟禁五年後，他回到了共產中國，協助中共

---

* 編註：指的是雷神公司研發的 RIM-116 公羊飛彈或逐步淘汰中的 RIM-7 海麻雀飛彈。

發展彈道飛彈，並得到了「中國火箭之父」的稱號。

中共的武器[12]相當驚人，擁有許多射程較長的反艦飛彈。其中包括陸基、艦基、空射三用的「日炙（Sunburn）[*]」巡弋飛彈，這是一種由蘇聯設計、長三十呎、重達九千九百磅的怪物。尺寸超過魚叉飛彈的兩倍，能以二點五馬赫的高速從海浪上掠過。電腦指令路徑更新能將它導引至目標附近，然後再使用本身的雷達與感測器瞄準目標艦艇，再以超音速左右閃躲，迴避神盾系統導引的飛彈與艦砲。

他們還有體積較小的「熱天（Sizzler）[†]」反艦巡弋飛彈，長二十七呎，重四千兩百磅，能從水面艦與潛艦中發射。這種飛彈剛開始會以次音速飛行，但在靠近目標時，飛彈彈體會一分為二，將比較重的一半拋棄，只有較小、較快、載有彈頭的那一半下降至海面上十五到三十呎的高度，並以超過兩馬赫的速度衝向目標艦艇，同時還能上下左右迴避。此飛彈可從一百三十五哩外，由水面艦或潛艦發射。升級過的熱天飛彈射程可達近兩百哩，但必須放棄一些些的終端速度。中共還開發出一套系統，將四枚熱天飛彈裝入標準商用貨櫃，以便從商船發射。

比上述飛彈更小、但仍十分致命的，是空射、掠波的鷹擊 91/12 型飛彈，它能從兩百五十哩外載運一百磅的彈頭擊中目標。中國一架掛有鷹擊飛彈的陸基長程戰機，可以威脅到離其機場超過一千哩遠的艦艇。雖然無法精確計算，但中國海、陸、空加起來，總共大約有數千枚反艦巡弋飛彈。

重建過後的俄國海軍也有反艦飛彈能力，大多都以前蘇聯在冷戰時期的設計為基礎。蘇聯曾開發出一款空射長程反艦飛彈，能搭載傳統彈頭或核彈頭，但幸好從未在實戰中打過。

但中共反艦飛彈中真正的主角，是東風系列反艦彈道飛彈，我們就從東風21D型開始[13]談起吧。

和巡弋飛彈不同，彈道飛彈[14]會向上發射，穿過大氣層進入太空，並在事先指定的地點讓彈頭與飛彈本體分離，再像砲彈一樣落回地球、攻擊其目標。彈道飛彈基本上就是豪華版的砲彈。中國的飛彈設計師幾十年來，一直都以熟知如何讓彈道飛彈精確命中固定陸地目標而為人所知。

雖然以彈道飛彈擊中固定目標相對簡單，卻從來沒有人找到方法讓一枚彈道飛彈瞄準正以時速三十哩移動的一艘船，或是一支艦隊。理由很簡單，如果一艘軍艦發現有一枚彈道飛彈的彈頭，正從大氣層外朝著自己飛來，它只要改變航向，躲避其撞擊地點即可，由於彈道飛彈無法改變彈道，它便只會在空蕩蕩的海面上製造出一大片水花而已。當然，這是假設該彈頭並不是設定為空中引爆的核彈頭，否則其破壞半徑便會大上許多。

但東風系列彈道飛彈改變了這一切，至少中國希望世界是如此相信。

東風21D型飛彈（最新的反艦飛彈已經做到東風26型了）以最嚴格的定義而言，並不算是彈道飛彈。它其實算是導引飛彈，因為當它附有尾翼的彈頭[15]以十馬赫掉入大氣層時——音速的十倍，也就是每秒兩英里——其路徑可以透過遠端與內部雷達和電子信號系統改變，並將其精確導引至目標。如果目標艦艇企圖迴避彈頭，沒有用，因為彈頭會跟著目標轉向，不會掉入水中，而是會撞上

* 譯註：北大西洋公約組織將兩種不同且無關的飛彈稱作日炙，原因是其飛彈發射箱形狀十分相似。本文中所提及的應是P-270「蚊子」（Moskit）飛彈。

† 譯註：即俄製3M54「口徑」（Kalibr）飛彈。

船隻的甲板，造成大爆炸。東風21D的射程大約一千哩，若是從中國的強化發射井或機動平台發射，理論上可以擊中距離臺灣東方幾百哩處行動的美國航艦；射程更長的東風26型理論上能擊中超過兩千哩遠的船隻。若是搭載傳統集束炸彈彈頭，東風飛彈無法擊沉航艦，但肯定會破壞其飛行甲板、雷達和通訊系統，造成專家口中所謂的「任務擊殺」（mission kill）效果。如果那艘航艦與其打擊群原本正要加速前往臺灣阻止中國入侵的話，這個任務就到此結束了。

簡單來說，這些所謂的「航母殺手」彈道反艦飛彈可能會改變本區域的局勢[16]，尤其還搭配中國的其他長程反艦飛彈的狀況下更是如此。

當中國正在開發這些長程反艦飛彈的時候，美國海軍在做什麼呢？海軍打算怎麼反制這個新威脅呢？簡單的答案是，海軍其實沒做什麼。首先，這些反艦飛彈的發展許多都發生在二十一世紀的前十年，這時的中國正在努力主打一波本書先前提過的「魅力攻勢」。二〇〇八年的北京奧運、中國參加國際救難行動，是在二〇〇一年海南島事件後與美國外交關係的輕鬆期，更別提美國這段期間都忙著處理中東問題，這一切都讓中國看起來並不像是個海上威脅。

還有別的問題。當時很多人認為[17]，中國根本沒辦法在反艦飛彈科技與操作上做到如此革命性的進步，也不可能精通目標偵測和導引系統的複雜關係，以使他們的長程反艦巡弋和彈道飛彈有效運作，尤其不可能在十年出頭的時間內做到。別忘了，這可是「中國的」軍隊啊。

雖然有些國防政策規劃人員私底下曾警告過這樣子的潛在威脅，這些人也包括湯姆．勞登在內，但一直到這個十年過了差不多一半左右，國防部才公開討論它口中中共正開始擁有的「干擾性軍事科技」——其實就是反艦飛彈。它提出一種可能，認為中國可能有辦法在西太平洋大規模進行「反介入／區域拒止」[18]行動，此詞最後也無可避免地變成了「五角大廈用語」的「A2/AD*」(Anti-Access/Area Denial)。

A2/AD的概念就和戰爭本身一樣古老：不要讓敵人進入一處關鍵土地，或是在其範圍內作業。此概念的想法就是，只要有了長程飛彈與陸基飛機，中國可以阻止美國海軍進入一整個海域，只要讓美國航艦打擊群進入這些海域的風險太高就可以了。這樣一來，發生危機時，美國就無法派遣航艦打擊群進入比方說臺灣海峽或是南海等地區投射武力，因為這樣的大艦隊面對敵方能突破艦隊反飛彈防禦系統——也就是本書先前提過、用詞相當不當的飛彈「輪姦」——的巡弋與彈道反艦飛彈，幾乎沒有還手之力。即使敵方飛彈只有一小部分成功突破，仍足以嚴重損毀甚至擊沉美國軍艦。而就算該艦隊成功擊落所有來襲的飛彈，它也必須消耗掉大部分或全部垂直發射系統內的飛彈，使其不得不回港補充彈藥，或是曝露在第二波攻擊的危險之中。海軍軍官將飛彈用盡稱作「溫徹斯特」，意思是槍砲彈藥用完，需要像老式的步槍一樣花時間重新裝填。海軍軍艦的垂直發射系統無法在海上補充飛彈。

此理論認為，想要避免風險的美國政府不會下這個賭注，而必須將美國的航艦打擊群部署在離海岸數百甚至上千哩遠處，躲在敵方飛彈的射程之外，卻也在自己艦載機的作戰半徑之外。由於艦

* 譯註：意指變成美國國防部把一些常見名稱用簡稱自成一格的語言。

載機的作戰半徑較短，不進行空中加油的話大約只有五百至六百哩的行動範圍，因此這樣的航艦打擊群無法完成其核心任務，也就是攻擊敵方領土。

嗯，這個理論的意義應該非常明顯了。如果海軍的航艦打擊群不能或不會來到需要它們的地方，那留著它們做什麼？為什麼要花一百三十億美元左右，去打造一艘只要幾枚一百萬美元的飛彈就能癱瘓甚至擊沉的航空母艦？

讀者應該可以想像，這可不是海軍想要聽到的討論。為了對抗這種「區域拒止」的威脅，海軍想出了一套行動計畫，此計畫有著許多名稱，但通常稱作「空海整體戰」（Air-Sea Battle）[19]。本書並不打算詳細描述此計畫的細節，畢竟光是用來寫報告、討論此計畫優缺點而砍掉的樹，就能組成好幾座森林了。基本上該計畫可以這樣形容：空海整體戰的構想，是要讓美國海軍與空軍一起使用長程飛機與巡弋飛彈攻擊敵人的飛彈基地、指管中心，以及衛星與通訊網，也就是敵人發射、管制傳統（非核子）飛彈所需的一切。同時，美軍還需要使用非動能的電子作戰，用來干擾敵人的遠距導引系統。此計畫的提倡者形容，這是「在箭射出來之前，先把弓箭手給殺了」。

同時，海軍相當有信心，或者至少在公開場合很有信心，認為艦隊的層層飛彈防禦系統可以抵禦來襲的巡弋飛彈攻擊。反反艦飛彈、方陣快砲等快速反飛彈火砲系統以及電子作戰都能摧毀或干擾敵人的飛彈。若是做不到的、若是有些飛彈能成功突破，嗯，這就是戰爭啊，戰爭一定帶有某些風險的。

至於中國的東風系列反艦彈道飛彈，海軍的態度[20]是認為這些東西可能根本沒有那麼厲害。

首先，眼前與將來都有幾種防禦措施，可以對抗彈道飛彈的威脅。這包括前面提到的衛星與通訊網干擾，也包括直接追蹤彈道飛彈的彈頭，並用另一枚飛彈擊毀之；目前大多數美國的驅逐艦都有，或是很快就要裝上新式、改良的神盾作戰系統，能追蹤並標定來襲的彈道飛彈。

航艦打擊群也可以利用許多電子作戰與電子掩蔽技術來干擾來襲的導引彈頭。舉例來說，有一個提案是要用3D列印[21]製造數百甚至數千具小而輕的無人機——類似紙飛機，並在上面裝上信號發射器，在航艦打擊群上空製造一片電磁波雲。這就是現代版的煙幕。海軍還正在想辦法投射一艘船的電子影像，類似打造出一艘鬼船，用來引誘[22]敵方的飛彈導引感測器。敵方的彈頭以為自己正在攻擊航空母艦之類的龐大目標，但其實那裡只有空蕩蕩的海水而已。上述科技也可以用來對抗反艦巡弋飛彈。

大多數海軍軍官認為中國的東風系列飛彈不見得能改變態勢，其實還有另一個原因。對於這個「航母殺手」彈道飛彈很可能是中國在吹牛[23]的懷疑正在與日俱增，至少到目前為止應該還只是在嚇唬人而已。

據人們所知，東風系列飛彈只有成功擊中陸地上如軍艦般大小目標的紀錄，而這並不困難；這個系列的飛彈從未以一艘正在幾百甚至幾千哩外移動中的軍艦為目標測試過，而這個狀況和陸地目標其實相差滿多的。同時，反艦彈道飛彈需要非常複雜的整合系統[24]來導引，包括衛星、感測器和通訊系統，如此才能找到、追蹤並將海上的船隻標定為目標。而這樣的系統中國軍方可能還沒有獲得，或是還沒辦法可靠地運用。或許再過五到十年會做得到，但現在還不行。

東風系列飛彈之所以還不足以改變局勢的原因，就是中國意圖要把它做成像是能夠做得到那樣。

自從中國的反艦彈道飛彈在二〇〇〇年代晚期初次引起美國民眾注意之後，中國便毫不掩飾地公開承認此計畫的存在與其宣稱的能力。東風飛彈在軍事研討會、刊物與國營媒體上都有大幅的討論；射程較長（最遠達兩千五百哩）的東風26型甚至還在北京的閱兵典禮上，與戰車、戰機和踢著正步的陸軍士兵一起高調登場[25]。所以有一種可能，就是這種反艦彈道飛彈系統有點類似於電影《奇愛博士》的末日機器的中國版，也就是那個只要俄國遭到入侵就會自動毀滅全世界的裝置。換句話說，如果世人不知道這東西的存在，那它就沒有嚇阻效果了。

就中國而言，這顯然就是東風系列飛彈的主要任務：協助逼迫美國海軍乃至於美國本身放棄在西太平洋的領導地位。中國不希望真的對一支航艦部隊發射一枚這類飛彈，因為很可能導致開啟或嚴重升高衝突，最後對中國經濟的損害可能和美國差不多嚴重。但如果對反艦彈道飛彈的恐懼能逼迫美國海軍遠離海岸幾百甚至幾千哩，那麼中國就成功達到其稱霸亞太地區的目的了。

換句話說，長程反艦巡弋飛彈與反艦彈道飛彈的組合，可能會把美國海軍嚇出這個區域。如此，保證中國能夠獲勝就像有實際發射出飛彈一樣有效。這樣的策略可以一路上溯到中國古代軍事名家孫子身上，他留有這句名言：「百戰百勝，非善之善者也；不戰而屈人之兵，善之善者也。」

所以，中國的飛彈豪賭能成功嗎？中國的陸基、空射與艦基長程飛彈，能迫使美國海軍的航艦部隊與其他水面艦艇遠離南海和東海嗎？目前還不行。美國仍然定期派遣[26]航艦打擊群進入這些海域。

但如果是在危機期間，比方說中國將攻打並登陸臺灣呢？海軍大概仍然願意派出航艦部隊，即使必須承受損失也會如此，就像勞登將軍說的：「這些艦艇本來就是造來上戰場的[27]。」但美國的文官高層呢？他們願意讓幾千名年輕美國男女官兵冒生命危險去保護遠方的盟友嗎？這就是未來的政治問題了，而美國海軍的戰略規劃人員沒有辦法回答這個問題。

然而，海軍如果能夠降低其航艦打擊群可能會遇到的危險，那當然是一件好事。這也正是為什麼在前文所述的兵棋推演以及真實世界的西太平洋中，勞登將軍會如此急著想得到[28]更好的飛彈，以及籌獲更多能發射這些飛彈的船隻。

勞登後來在二〇一四年八月以中將階級，成為所有美國海軍水面作戰部隊的指揮官，他對於這樣的概念有一個正式的名字，叫「分散殺傷力」[29]。他同時也有比較不正式的方式可以形容這個概念。

他稱之為：「浮在水上的東西都能戰鬥」。

勞登和其他海軍戰略家認識到過度依賴航艦部隊的問題：這樣會讓敵人只有少數目標可以選擇，因此得以集中火力。美國海軍在全世界總共只有不到一打航空母艦，每艘出海時，身邊都跟著六艘其他軍艦。像這樣的大編隊其實比較容易被找到、追蹤和攻擊。

但如果你還有另外一大群比較小的戰鬥艦艇四散在海上各地、單獨行動或兩三艘成群，配有長程飛彈，同時還更易於躲過敵方的偵測呢？一時之間，敵人就必須擔心連存在本身都是個謎的美國海軍軍艦會對自己發動攻擊了。

勞登的想法就是這樣。他想為盡量多的軍艦裝上飛彈系統。輕武裝的兩棲攻擊艦，主要以運輸陸戰隊、登陸艇和直昇機為主，它們怎麼辦？它們的任務照舊，但勞登想要在它們船上裝飛彈發射器。那海軍軍事海運司令部轄下的無武裝運輸艦呢？勞登也想比照辦理，讓它們擁有飛彈發射器，進而擁有作戰能力。簡單來說，勞登想要盡量把海軍的每一艘非戰鬥艦艇都變成戰鬥艦艇。他要是做得到的話，說不定就連上岸放假時會用得到的小艇也裝上飛彈。

「更多艦艇、更多火力，並以更為獨立的方式運作，便能提升潛在挑戰我軍的人必須面對的規劃複雜程度與需要的資源。」勞登表示。

「這個概念相對而言比較單純，但卻相當有力。只要採用分散殺傷力的概念，水面艦隊就能協助保持並延伸美國在武力投射上，相對於各種正在成長的海域拒止能力的優勢。當我們面對科技越來越先進的對手時，在對方的戰鬥計算中加入一些不確定性是有意義的。若是雙方交戰，分散殺傷力的結構能幫助美國海軍快速、靈活地反應，並採取主動姿態。」

而勞登的「浮在水上的東西都能戰鬥」概念，有很大一部分仰賴經常為人詬病的濱海戰鬥艦。LCS計畫不是勞登的主意；在這個計畫問世時，他還只是個中階軍官而已。但勞登是個實用主義者。四十幾艘已經進入建造期或正要開始建造的濱海戰鬥艦，將成為海軍數量最多的水面艦艇，他必須善用自己手上現有的東西。勞登常常這樣和他的水面作戰軍官說：「你們都想要驅逐艦[30]，我明白。LCS不是驅逐艦，所以你們不喜歡。但這就是我們手上拿到的牌。別再抱怨了，適應現狀，好好打自己手上的牌吧。」

讀者應該還記得濱海戰鬥艦的問題，就是火力嚴重不足，而且戰鬥時的生存性不佳，也就是只要一發小型飛彈就能讓LCS失去戰鬥力甚至沉沒。勞登解決第一個問題的方法，就是給LCS裝上飛彈發射箱與許多長程飛彈。至於生存性的問題，他打算把LCS藏起來不讓敵人看到。如果敵人找不到它，他們就無法對它開火了。

想想一艘備有飛彈的自由級濱海戰鬥艦，在前文想像的「關那托莫之役」中，可以如何運用。藍軍（美國）的航艦打擊群正準備向紅軍的兩棲入侵部隊發動航空攻擊，而這支兩棲艦隊有一支小型特遣艦隊護衛，包括有三艘飛彈驅逐艦。同時，在離關那托莫一百哩外的小島上，有一艘吃水淺的藍軍LCS偷偷溜進了一處小而淺的港灣入口，然後進入無線電靜默狀態，同時將輪機出力降到最低，以便降低自己的熱訊號。從電磁波的角度上來看，它就和教堂裡的一隻老鼠一樣安靜。它現在只須做一件事，就是被動監聽藍軍航艦部隊的無線電信號。

突然，藍軍航艦部隊遭到護衛紅軍入侵部隊的驅逐艦開火攻擊。日炙和熱天飛彈以兩倍音速衝向航艦部隊，雖然打擊群的飛彈防禦系統成功擊落了飛彈，但系統可能很快就會超出負荷。攻擊的紅軍驅逐艦在航艦部隊的反艦飛彈射程外，由於航艦必須迴避來襲的飛彈，它也無法讓攻擊機及時升空。

航艦部隊已有偵察機與無人機升空，所以它是知道攻擊的紅軍驅逐艦在哪裡，而且它們就在躲起來的LCS飛彈射程內。航艦將確切的目標標定資料傳給正在監聽的LCS，然後LCS便發射一波反艦飛彈，攻擊紅軍的驅逐艦。現在LCS必須閃人了，發射飛彈的瞬間，它的位置就已經曝露了，但別忘了，它很快，附近也有其他淺灘可以躲。同時，LCS發射的飛彈正朝紅軍驅逐艦飛去，這些驅逐艦的船員想著：「天啊！這些飛彈是從哪來的？」他們將所有注意力都集中在藍軍的航艦部隊上，結果現在卻被完全來自不同方向的飛彈攻擊，必須擔心自己的死活了。LCS的飛彈命中了三發，一艘紅軍驅逐艦一發，使它們失去戰鬥能力。藍軍航艦部隊派出了艦載機，陸戰隊登陸成功，關那托莫舉國歡騰……。

和先前一樣，這也只是大幅簡化過的版本，實際上這會是場非常複雜的海空軍事衝突。但這足以說明LCS的能力，特別是在亞太地區，這裡充滿島嶼、狹小海峽、淺水區等連驅逐艦都無法航行的地區。LCS當然還是可以完成其他任務：尋找海盜、毒品走私犯與恐怖份子、支援特種部隊登陸、在不大張旗鼓的狀況下展現美國的「存在」，以免小國盟友受到影響等等。而在軍事衝突中，有些LCS仍能達到其原訂的防禦性工作，就是反潛與排雷作戰，以及直昇機偵察工作。

但請記得勞登說過的話：「防禦很重要，但進攻才能贏[31]。」勞登與其他海軍規劃人員認為，只要備有有效的反艦飛彈，LCS就能在真正的戰鬥中扮演重要的攻擊性角色。

哈里斯上將也同意他的看法[32]。

「我們對ＬＣＳ平台的運用可以比現在更進一步，」哈里斯說，「我常常講一個故事，就是我在冷戰高峰時的一九八〇年代，在薩拉托加號航空母艦（USS Saratoga, CV-60）上當戰術行動官（TAO）時的故事。當時我的職責之一，就是要追蹤蘇聯的那努赤卡級（Nanuchka）、閃電級（Tarantul）和胡蜂級（Osa）*巡邏艇。這些船真的相當小，但我們必須追蹤每一艘，搞清楚它們在地中海的哪裡。為什麼？因為這些船上面裝有冥河飛彈†。這種東西的威脅比它的體積要大得多了。它們可以威脅到航艦、巡洋艦、驅逐艦，可以威脅到一整個海軍。而我希望ＬＣＳ對我們在這個地區的對手也構成同樣的威脅，就像胡蜂級、那努赤卡級和閃電級在八〇年代做的一樣。我認為我們可以升級ＬＣＳ的武裝（裝上飛彈），將它變成戰鬥艦艇。而這將大幅提升ＬＣＳ能帶上戰場的火力。」

哈里斯還想將美國陸軍的陸基飛彈陣地轉移到南海周邊國家，以便提供反艦能力，但願意允許美軍以如此層級永久進駐的國家到底有多少、甚至存不存在都是個問題。

那麼，要帶給ＬＣＳ這般火力的，是什麼樣的飛彈呢？目前，濱海戰鬥艦上有考慮要搭載的，只有射程相對較短（大約七十哩）的舊型魚叉飛彈。但勞登、哈里斯和其他軍官都知道，世界上還有更好的反艦飛彈。

---

* 譯註：皆為北約代號，蘇聯名稱依序為1234型「牛虻」級、1241型，以及205型「蚊子」級。

† 譯註：蘇聯稱呼P-15「白蟻」（Termit）飛彈。

其中一種是在挪威生產的[33]。

大多數人大概都不會認為挪威是海軍科技發展的先驅，但他們錯了。挪威擁有很長的海岸線、很悠久的海上傳統，還有一支規模小、但訓練精良且擁有先進科技的海軍。當挪威皇家海軍派出飛彈巡防艦弗里喬夫・南森號（HNoMS Fridtjof Nansen, F310）參加二〇一四年在夏威夷外海舉行的環太平洋軍演時，如此歷久彌堅的專業便展示在世人面前。

除了給幸運的水手享受溫暖氣候的機會之外，弗里喬夫・南森號此行的目的，就是展示艦上的「海軍打擊飛彈」[34]。此型飛彈的挪威文名稱是 Nytt sjømålsmissil，「新型海上打擊飛彈」，但雖然名字是這樣，它其實可以瞄準海上與陸上目標。飛彈長約十三呎，以高次音速飛行，搭載重兩百七十六磅的彈頭，一具固態燃料火箭與一具渦輪噴射引擎負責提供動力，由一套慣性 G P S 負責導引。新型海上打擊飛彈已證明自己可以在寒冷氣候中運作，但挪威人這次想證明在溫暖氣候下也不成問題，而它也不辱使命，漂亮地完成了這個工作。

環太平洋軍演有一個環節，稱作 SINKEX，也就是擊沉演習。這對水手而言一直都是個相當令人滿足的節目。如果有人去問任何陸戰隊或陸軍士兵，他們為什麼要從軍，最常得到的答案通常都是：「報效國家、看看世界，還有把一些東西炸掉。」海軍水手通常沒這麼好戰，他們通常會把「學習技能」排第三，「把東西炸掉」排第四，但炸東西仍是十分重要的因素。發射飛彈、射擊艦砲、甚至只是從船尾甲板射擊輕兵器，這些幾乎都是每個水手出外執勤時的重點。而擊沉一艘船，就是最終極的「炸掉東西」演習了。

在徹底拆除雜物，以免破壞環境之後，艦齡已達五十年、長五百六十九呎的兩棲船塢登陸艦奧格登號（USS Ogden, LPD-5）[35]被拖到考愛島西北方六十哩遠的實彈射擊區內。各種飛機、潛艦與水面艦輪番對著它發射飛彈，包括弗里喬夫．南森號在內，它也從一百一十哩外，對老舊的奧格登號發射了海軍打擊飛彈。飛彈從船艏一具和冰箱差不多大的飛彈發射箱發射，還帶著一股讓整艘船為之震撼的颼颼聲。不到一分鐘後，直接命中奧格登號，和眾多軍火一起將該艦送入海底。勞登與其他人都認為[36]，如果這樣的長程反艦飛彈能從像弗里喬夫．南森號這樣的小型巡防艦上發射，那一定也能從LCS與其他種類的艦艇上發射。

但新型海軍打擊飛彈有個問題，這個問題不在於飛彈本身，而是國防部僵化的採購體系。啟動全新的長程反艦飛彈採購案，可能會需要花六到八年的時間在競標、契約異議、測試、生產等程序上。但海軍早就希望手裡能有射程更遠的反艦飛彈了。

不過這個問題有一些權宜之計可以解決。當新飛彈計畫還在進行時，五角大廈可以允許現有飛彈接受升級，只需要新計畫十分之一的公文旅行就能做到。所以波音公司開發了一組套件，將其生產的舊型魚叉飛彈的彈頭減輕，從五百磅減為大約三百磅，這樣射程就能提升到一百哩以上，只是較小的彈頭也會降低殺傷力而已。

同時，國防部正在加緊腳步推動既有的AGM-158C長程反艦飛彈（LRASM）[37]計畫，這是美國空軍聯合空對面遠攻飛彈增程版（JASSM-ER）傳統巡弋飛彈的版本之一。此飛彈配有英國BAE系統開發的長程感測器，結合被動無線電頻率感測與一組能將船隻影像與目標資料庫比對的電子光學終端尋標頭，其設計能自主尋找並攻擊一艘由敵方艦隊嚴密保護的敵艦。此飛彈長約十四呎，攜帶一千磅重的彈頭，能以最高約五百八十哩的高次音速飛行。海軍也在努力研發修改艦基與潛射的戰斧巡弋飛彈[38]，想讓戰斧飛彈能從一千哩外擊中移動中的船隻。他們同時也考慮過其他現有飛彈系統的性能提升案。

那麼，面對中國日漸努力透過部署攻擊性武器、試著不讓美國海軍進入西太平洋關鍵地區，這些新型或改良的飛彈能解決問題嗎？在更多的艦艇上部署更好的飛彈，能協助反制中國軍方拿來攻擊美軍、甚至是阻止美軍開火的武器嗎？

目前或許可以。先前也說過了，若是可以達成目的，中國並不想與美國發生衝突。將臺灣「歸還」給中國控制、稱霸南海的航道、將美軍趕出西太平洋等等，這些都是中共領導階級的核心目標，而且恐怕很難讓他們放棄。

所以只要經濟足以支撐，中國就會繼續發展軍事科技，包括反艦飛彈。如果美國海軍想要保持西太平洋的戰鬥能力，它就必須跟上中國的腳步。

以下是美軍打算做到這點的方法。

麥可・「難搞」・馬納齊少將（Rear Admiral Michael “Nasty” Manazir）[39]正站在未來、放眼過去。

馬納齊看著的過去，是企業號航空母艦（USS Enterprise, CVN-65）[40]，美國與全世界第一艘核動力航空母艦。本艦於一九六一年服役時是當代的奇觀，全長一千一百二十二呎，是當時史上最大的海軍艦艇，也是第一艘所謂的超級航艦。若是將本艦艦艉著地立起來，其高度將會直逼紐約帝國大廈。本艦外號「大E」，在超過半世紀的服役史中，幾乎參與了世界上每一場衝突、到過每一處熱點，從古巴飛彈危機、越戰，一直到阿富汗與伊拉克戰爭，無役不與。

但現在它老了、過時了，很快就會死亡。在馬納齊看著紐波紐斯水道對岸的企業號時，名義上它仍屬於海軍，但已進入除役程序階段。它這時位於乾塢內，雷達與天線都已拆除、船錨也已撤下、某些通道與艙門已經封死、內部任何可以回收再利用的裝備也都移除完畢。這裡的民間造船工人正在準備讓本艦的八具核反應爐移除燃料棒，然後它就會一路拖航到華盛頓州的布雷莫頓，完成最後的拆除。

看到企業號處於這樣的狀態，對許多現役官兵都是很傷心的事。大E在海軍服役的日子比他們任何人都久，他們不太想看到它離開。馬納齊也是這樣的人。他在一九八九到九〇年時，曾參加一場四萬三千哩的「環遊世界飛行」，當時他曾駕著F-14雄貓戰鬥機[41]從大E艦上起飛。

但「難搞」馬納齊比大多數人都明白，海軍與其航艦不能被過去困住。海軍必須放眼未來，而馬納齊這一天就站在這個「未來」上面。他站在即將成為海軍最新航艦的傑拉德．R．福特號（USS Gerald R. Ford, CVN-78）艦橋上，正在紐波紐斯造船廠的船塢內建造中。就像當年的企業號一樣，福特號也與世界其他航空母艦大為不同。

「它是海軍航空的核心，」[42]馬納齊表示，「我們不只是重新啟動一個計畫而已，也不只是升級一套武器系統而已。一切都是適用性的問題，也就是它能給國家帶來什麼。」

馬納齊對航艦相當熟悉。他在加州長大，父親是名陸戰隊員[43]，一九八一年從海軍官校畢業，兩年後贏得了飛行徽章。他的呼號「難搞」與馬納齊這個姓的英文發音有關。呼號是航空隊同事給予的，而不是飛行員自己取的，因此有時會出現粗鄙或好笑的名字，例如「AB」，代表「打屁股的人」，或是一個姓「斯維夫特」、字面意思是「迅捷」的人，他的呼號可能就是「Notso」，意思是「不怎麼樣」。但馬納齊很喜歡「難搞」這個呼號，甚至還在私人信件上這樣簽名。馬納齊長著一張粗獷的方臉，還留著許多鬍子，他很有自信、說話相當平易近人，是那種電影裡的海軍飛行員形象。他曾在世界各地的航艦上駕著F-14與F/A-18超級大黃蜂起降，累積了超過三千七百個飛行小時、超過一千兩百次攔截降落，只摔過一架飛機。

當時是一九八七年，他還是個上尉，正駕著一架雄貓戰機[44]從米拉瑪基地進行訓練任務。這時馬納齊和他後座的雷達攔截官遇到雙引擎失效，不得不在八千呎高空彈射，以降落傘降落至底下的太平洋。馬納齊將彈射的經驗比喻成是「玩俄羅斯輪盤」。雖然有九成的機會彈射不會致命，但只要拉下彈射把手，飛行員大約就有三分之一的機率，會因彈出駕駛艙的G力而造成脊椎受傷，並且幾乎百分之百一定會留下瘀青，而這還是假設一切都順利的狀況下。馬納齊的彈射很順利，他和他的後座同僚搭著膠筏在海上載浮載沉了二十分鐘，就有兩架直昇機將人吊離水面，兩人都沒有什麼嚴重的傷勢。

現在是二〇一四年秋天，「難搞」馬納齊以海軍航空作戰處處長的身份出現在福特號航艦上[45]。他是負責開發、規劃及提供預算給美國海軍所有的航空戰鬥單位，包括航艦在內。

這項工作可不容易，尤其是扯到全新的福特級航艦的話，新型航艦至少還會有三艘，包括福特號、約翰·F·甘迺迪號（USS John F. Kennedy, CVN-79）和新一代、兩百五十年來第九艘繼承這個名字的企業號（CVN-80）。這時的馬納齊已經花了好幾個月被參眾兩院的議員罵到臭頭，問他為什麼福特號的預算如此超支、完工日期如此延後。現在的價格上看一百三十二億美元[46]，比原本預計的還多，而且預計的服役時間也延後兩年，要到二〇一七年才能服役。

馬納齊講得口乾舌燥，只為了解釋任何新型艦艇設計的第一艘船通常都會遇到問題和延誤，而這些都會造成預算超支。可是海軍一定要擁有更多航艦，才能取代老舊的尼米茲級，其中有些艦體甚至還是一九七〇年代中期建造的產物。馬納齊堅持[47]科技更為先進、人員更為精簡的福特級每年每艘可以省下四十億美元的運作成本。考慮到此型航艦預計要服役四十到五十年，一開始的開發與建造開銷根本不算什麼。

「他們為購買福特號所花的錢大呼小叫，」馬納齊說，「他們都說『太貴了，我們買不起。』可是若要得到我們（在福特號上）的科技，就必須重新設計尼米茲級航艦才行。而花在福特號的錢只比原本（尼米茲級最後一艘喬治·H·W·布希號 USS George H.W. Bush, CVN-77）花的多百分之十五。福特號可不只是物超所值而已。」

不是每個人都相信，但總之「難搞」馬納齊是相信的。別管那些在國會和五角大廈討論所謂的

「航母殺手」彈道飛彈與航空母艦過時的說法了，馬納齊相信，若是美國想要保持全球領導地位，它就會一直需要航艦來充當機動航空基地，以便在任何需要的時間與地點投射美國的國力。福特號打算在做到這一點的同時，還要消除許多人對新型飛彈與戰術的種種擔憂。

福特級與先前的尼米茲級航艦外觀不太一樣[48]。首先會引人注意的，是容納艦橋與飛行作戰中心的艦島明顯比先前的尼米茲級要後面很多。海軍軍官表示，這讓飛行甲板的面積更大，因此彈射與回收飛機所需的時間就可以減少。先前的機械式雷達也沒有了，換成平面掃描的雷達，能產生更強、更有效的雷達波。外觀看起來，這艘航空母艦比先前的更瘦、更流暢。

福特號還有一些不同之處，是一眼無法看出來的。舉例來說，該艦有一千萬呎的電線，取代了先前航艦好幾哩長的舊式蒸汽管線、閥門等機械系統。相較於先前的航艦，福特號的電子系統可以更安全地運作，而且需要的官兵更少；當福特號終於服役時，艦上將只有四千六百名官兵與飛行員，比舊型的尼米茲級所需要的近六千人少上許多。

福特號彈射與回收艦載機的方式也不一樣。本書先前曾提過，舊式的彈射器採用蒸汽動力，將艦載機丟出飛行甲板。這些彈射器很重，需要很多維修，若是設定不當，不是將戰機扯壞，就是無法達到起飛所需的速度。福特號採用的新型電磁彈射器系統，在彈射器軌道上排有許多磁鐵，並用磁力來推動飛機前進。電磁式的系統移動部件非常少，因此維修的需求便得以降低。福特號的攔索也採用電磁方式而非液壓方式制動，使操作人員更能掌控其運作。這些新系統還使航艦可以操作更多種類的戰機，從小型的無人機到最大的有人、無人戰機、偵察機或電戰機都能操作。

福特級還有其他引人注目的革新：改良的升降機可以將更多戰機與彈藥運送到飛行甲板、改良的雷達系統、改良的起降管制系統、更寬的頻寬、更多電力等等。但比航艦本身更革命性的改變，是海軍打算給它和它的護衛艦艇裝上的東西。

首先是F－35聯合打擊機[49]，官方暱稱是閃電II式，但很奇妙的是沒人這樣叫它，大家都叫它JSF。海軍所使用的F－35C型是一款單座、單引擎、全天候、匿蹤性能極佳的多功能戰機，極速達每小時一千兩百哩，中途不加油的作戰半徑大約有六百哩。海軍打算一共要購買大約四百架艦載型的F－35C，打算編列每架八千五百萬美元以上的預算，並於二〇一八年開始服役。F－35還有其他型號，由空軍和海軍陸戰隊分別使用；陸戰隊版可以垂直起降，就像海獵鷹式戰機一樣。這款第五代戰機備有許多最先進的電子設備，包括可以延長偵測範圍並精準標定空對空目標的電子光學尋標系統，還有長距離標定目標用的主動電子掃描的陣列雷達。雷達能讓F－35的飛行員從遠方有效地攻擊空中與地面目標，還能提升他的狀況覺知能力，以便加強飛行員的生存能力。

為了供應燃料與偵察資料給F－35C，以及航艦航空聯隊裡的超級大黃蜂和咆哮者戰機，海軍正在開發MQ－25魟魚式（Stingray）無人機[50]，這種以彈射器起飛的無人機長得有點像長了翅膀的飛碟。它原本的主要任務是要充當空中加油機，以便延伸艦載機的航程，同時提供一些偵察資料與情資；更新的版本可能會加裝相關裝備，以便能夠攻擊敵方目標。在浪濤起伏的航空母艦上彈射、回收無人機並沒有聽起來的那麼簡單，但海軍已成功測試過一款戰鬥無人機，也就是X－47B。X－47B長得有點像巨大的灰色蝙蝠，擁有大約兩千五百哩的航程，遠遠超過海軍目前的有人攻擊機。

由於無人攻擊機不需要裝備搭載飛行員的相關配備——彈射座椅、供氧系統等等，它們可以飛得更遠、待在空中更久，也能身處於對有人機而言風險太高的環境。雖然X-47B只是一架概念機，但它的後繼無人攻擊機仍可能讓美國的航艦得到更多所需的長距離打擊能力。

至於那些大家都說會讓超級航艦退流行的中國長程反艦飛彈，海軍也正在努力處理了。他們正在打造幾十年前還只停留在想像[51]的武器系統，包括高能量雷射、所謂的「磁軌砲」，以及超高速砲彈（hypervelocity projectiles，HVP）。

整體而言，高能量雷射光束會透過在飛彈外殼上燒出一個洞、以高熱破壞內部來反制來襲的飛彈。雷射還可以用來「閃瞎」飛彈上的電子光學感測器，讓感測器失效。雖然雷射砲聽起來可能像是未來世界的武器，但海軍現在就已經在改裝過的兩棲登陸艦朋樹號（USS Ponce, AFSB(I)-15）上裝上一組雷射武器了。一般而言，高能量雷射的定義是指光束強度至少達到十瓩的雷射光，朋樹號搭載的系統——名字相當直接，就叫雷射武器系統，LaWS，據稱功率達到三十瓩，足以打穿兩吋厚的鋼鐵。LaWS外觀看起來像短而胖的飛彈發射箱，它已成功在測試中擊毀無人機與小型攻擊艇等目標。

但海軍的願景可不是只有三十瓩而已[52]。若是能將雷射的能量提升至兩百到三百瓩，這樣的雷射至少就能擊落某些反艦巡弋飛彈。若是更進一步提升強度，達到一百萬瓦以上，這樣的雷射面對反艦巡弋飛彈就更為有效，甚至還能對抗反艦彈道飛彈；雷射系統甚至還可以裝在航艦上，成為最後一道防線。沒錯，雷射武器還有一些問題必須解決，包括天候對雷射系統威力的影響等等，但使用雷射武器迎擊來襲的飛彈，比用幾百萬美元的反反艦飛彈要便宜多了。它還能讓海軍艦艇擁有「更大的彈藥庫」，因為雷射系統可以射擊的次數會比飛彈系統更多。雷射是視距內武器，不是超水平線武器，因此它們無法取代海軍艦艇上的飛彈，但卻可以多提供一層飛彈防禦。

這點也適用於電磁軌道砲，簡稱EMRG，這是海軍超過十年以來一直在研究的東西。磁軌砲是一種使用電力取代火藥等化學物質來推動砲彈的大砲[53]；它看起來有點像巨大的馬鈴薯空氣砲，就是小孩子有時候會在後院自己製作、用來射擊馬鈴薯的那種長管砲。強力的電流會製造出磁場，進而推動一塊滑動的金屬導體，也就是電樞，讓它在兩條軌道之間加速——所以這種武器的名稱才會有軌道二字——以便以最高可達每小時五千六百哩的高速射出砲彈，也就是每秒前進大約一英里半，最遠可射中超過一百哩外的目標。在這樣的速度下，即使只是一顆小而沒有裝入炸藥的實心砲彈，也擁有十分強大的動能；只要命中一發，就像是被一顆小型隕石擊中一樣。如同雷射武器一樣，磁軌砲的射擊成本也相當低廉。每發所消耗的電力，在美國大概只需要一美元的電費，而磁軌砲的實心彈藥其實也就只是一塊鋼鐵而已。磁軌砲與雷射砲還有一點相當類似，就是它也能讓海軍艦艇擁有更大的彈藥庫。一艘驅逐艦只能帶大約一百枚飛彈，但卻能帶數千發磁軌砲的砲彈。

磁軌砲的問題，在於它需要龐大的電力來源[54]才能運作，若是要射到最大距離、並以最高速率連續射擊的話，差不多需要二十五百萬瓦的電力。而海軍現有的戰鬥艦艇，大多都沒辦法分出這麼多電力。航艦擁有足夠的發電能力，可以發射磁軌砲與雷射武器，但這可能會影響到航艦的主要任務，也就是艦載機的起降。比較理想的作法，應該是將磁軌砲裝在航艦的護衛艦艇上，讓它們替航艦提供飛彈防禦。有些海軍承包商正在努力開發以鋰電池為基礎的特殊「能量匣」，可以收納在特製的櫃子內，大小和大型的壁掛式家庭劇院組差不多，能提供持續高輸出所需要的電力。還有另一種構想，是將磁軌砲安裝在目前海軍擁有八艘的先鋒級遠征高速運輸艦（Spearhead-class expedition fast transport，EPF）。此型艦艇以前稱作聯合高速艦（JHSV）[55]。EPF的體型不大，全長大約只有三百呎，但卻能產生很多電力，還有著雙體船體和直逼每小時五十哩的極速，要跟上航艦不成問題。海軍目前已有計畫，要在一艘EPF上安裝磁軌砲進行測試了。

超高速砲彈[56]是另一種反制反艦飛彈威脅的方法。HVP是一種小型砲彈，長只有兩呎，裝有十五磅的炸藥。這種砲彈的優勢是它非常快，接近傳統砲彈的兩倍速度，並且就像「智慧型」砲彈一樣，可以採用GPS導引來命中目標。這種砲彈的缺點，就是它們非常昂貴，依類型而定，每發的價格可能在兩千五百萬美元到驚人的八十萬美元之間。HVP原本是設計來讓新型磁軌砲發射的，後來海軍發現，這種砲彈也可以改裝，然後讓海軍巡洋艦與驅逐艦上的五吋艦砲射擊。這種砲彈也可以改裝成給更大的一五五公釐砲使用，也就是海軍最新火力平台朱瓦特級驅逐艦[57]。

朱瓦特號（USS Zumwalt, DDG-1000）肯定是當代外觀最奇怪——也有些人認為是最酷——的海軍軍艦。諷刺的是，其側面傾斜的上層構造物，看起來竟相當類似於南北戰爭時南方邦聯的鐵甲艦維吉尼亞號（CSS Virginia，比較常見的名稱是梅里馬克號），該艦曾在南北戰爭中與美國的莫尼特號（USS Monitor）鐵甲艦對戰。但與梅里馬克號不同的是，朱瓦特號的傾斜設計不是為了反彈砲彈，而是為了反彈雷達波。朱瓦特號沒有甲板欄杆、沒有外部舷梯、沒有向外擴張的艦橋，甚至沒有外露的桅桿或天線；它的一切設計都是為了將本艦的雷達蹤跡徹底降到最低。它無法真的讓敵方的電子探測系統找不到，但可以非常接近這個目標。朱瓦特號可能是史上最隱形的大型軍艦。

該艦真的很大，長達六百呎、排水量達一萬五千噸，比海軍的巡洋艦還大。它的戰鬥能力可能也比巡洋艦更強。艦上有八十座垂直發射艙，可以發射艦對空、艦對地與反潛飛彈，還有先前提過兩門口徑更大、射程更遠的一五五公釐艦砲，與其他艦艇的艦砲不同，朱瓦特號的艦砲在必要時可以將砲口指向正上方。不使用時，大口徑艦砲會收進雷達反射艙內，其艙門只在需要時才往外打開。朱瓦特號寬廣的飛行甲板也能操作兩架直昇機與許多無人機。

最令人驚豔的，還是朱瓦特號可以安裝的未來武器。由於其輪機產生的電力十分充足——七十八百萬瓦，足以替美國將近五萬五千戶家庭供電——它能使用海軍正在開發的磁軌砲和高能量雷射武器。它還能裝上垂直發射的長程打擊兼偵搜無人機。為了管理這麼多武器，朱瓦特號配有先進的雷達、感測器與通訊系統，能追蹤、標定反艦巡弋飛彈與反艦彈道飛彈。由於朱瓦特級驅逐艦的作業系統透過稱為「全艦電腦化環境」（Total Ship Computing Environment）連線，它們每艘只需要一百五十名左右的官兵便能作戰，相當於海軍巡洋艦官兵的一半不到。雖然海軍總是會有備用人員，但理論上艦橋只需要三個人，輪機室則只需要一個人。

海軍打算怎麼運用這樣的船呢？大概不會拿來當航艦打擊群的護衛艦吧。它比較可能會成為所謂獵殺支隊的核心，也就是兩艘或三艘軍艦組成的小編隊，其中可能包括濱海戰鬥艦，利用其匿蹤特性靠近海岸，攻擊敵人的陸基飛彈陣地與飛彈艦艇。朱瓦特級配有前文所述的未來武器系統，也可以提供長距離飛彈防禦，抵擋敵人的反艦巡弋飛彈與彈道飛彈。

簡單來說，朱瓦特級驅逐艦是非常革命性的創舉。而且還可能正是最適合遠端的西太平洋戰場的武器。該地區的最高指揮官哈里斯上將是這麼形容的：「這完全就是我看過最酷的一艘船。如果蝙蝠俠有自己的軍艦[58]，那一定就是朱瓦特級。這種船每方寸都是這麼強大的火力，簡直像是把B-2（匿蹤轟炸機）做成一艘船，再給它裝上大砲。」

當然，朱瓦特級驅逐艦並不是十全十美，最主要的問題就是數量可能不夠。在二〇〇〇年代中期，海軍本來打算建造三十二艘，但很快這個數字就減到只剩三艘了。數量的減少有一部分是因為海軍高層對該艦的先進科技抱有疑慮，甚至可能只是因為它的外型太前衛。朱瓦特級的預計建造數量減少也與該艦日益水漲船高的單位造價有關，現在一艘已要價約四十億美金。但海軍戰略家仍相信，就算只有一艘這種新船，只要運用得宜，依然可以在衝突中扮演關鍵要角。

海軍還有其他未來的武器正在開發，包括無人水下載具（UUV）[59]，可以用於各種任務，包括獵雷。洛克希德馬丁公司的一款原型機是個重一萬四千五百磅、長二十三呎的怪物，能拖著兩千呎長的拖曳式陣列聲納在海中前進。這種無人潛艇可以從軍艦上出發——例如LCS，然後自己依照事先指定的路徑前進，同時LCS則離線執行其他任務。其他的UUV提案，則是可以從碼頭下水，然後在水中航行一兩個月，看看有什麼發現，再將資料回傳至軍艦或岸上。

重點是，這些未來武器系統，不論是超高能雷射、磁軌砲、超高速砲彈、水下無人機還是朱瓦特級驅逐艦，都能改變與中國軍事對峙的態勢。但問題是，除了朱瓦特級以外，這些系統至少都要等到二〇二〇年代前期或中期，才能完全達到作戰能力。

而照中國在南海的所作所為來看，我們實在很難不去懷疑到了那時，到底還有沒有一個可以供改變的局勢待在那裡。

美國海軍公佈中國在南沙群島填海造陸的影像，而且親自帶媒體記者登機拍攝，讓他們親眼目睹事情的嚴重程度。（US Navy）

第九章
沙土長城

當P－8A海神式巡邏機往西飛過[1]南海時，有一段無線電訊息透過國際頻道大聲而清楚地傳到了機組員的耳中。

「這裡是中國海軍、這裡是中國海軍！你正在接近我們的軍事警戒區。請立刻離開，以免造成誤會！」P－8機組員以一份事先仔細準備的聲明回應：「我們是美國軍機，本機正於貴國領空之外執行合法軍事活動，並遵守國際法規範。」

這樣的對話來回了好幾次，然後另一個聲音出現在無線電上。「這裡是中國海軍，離開本地區，你的行為不友善，並且很危險。你的行為很危險！」然後海神機的機組員又再次複頌了一次事先準備好的回應。這樣的對話又來回了幾次，一直保持著老樣子，P－8機組員聽得出來，中共的無線電呼叫越來越不耐煩了。最後第三個中方的聲音出現，直接大吼道：「你給我滾！」

但在二〇一五年五月的這一天，這架美國海軍的P－8巡邏機哪裡也不會去，只會繼續完成自己的任務，不管解放軍海軍喜不喜歡都一樣。因為海軍和美國政府知道中國正在南海做什麼，現在他們想讓全世界都看見。飛機上載著CNN的採訪人員，也是第一次海軍允許記者搭上在西太平洋處於任務狀態的P-8A。採訪人員出現在機上，正說明了哈里斯上將與其他國防官員對中國有多麼生氣、挫折。

看來這次中國終於做過頭了。

P-8此次任務的目的地，是南沙群島（Spratly Islands）附近幾塊先前不怎麼重要的珊瑚礁上空的空域，最靠近的中國海岸線在六百多哩遠的北方。若要瞭解這幾塊不重要的礁岩和整個南沙群島何以變成國際上的潛在引爆點，就得先瞭解一些背景。

南沙群島[2]是十四個小而由沙子堆積的島組成，面積介於一英畝到一百多英畝之間；這些島之間還有超過一百處礁岩、沙洲與其他水下「地理特徵」，總共佔據約十六萬平方英里的海域。雖然千年來中國與東南亞的漁民都知道這個地方，但對西方人而言，此地是在一八四三年由英國捕鯨船船長理查．史普拉特利（Richard Spratly）「發現」的，因此在英文中也以他命名。

雖然南沙群島的這些小島沒有可耕地，也幾乎沒有足以支撐人類居住的水源，但過去兩個世紀以來，各國卻為了此地爭執不休。中國、越南、菲律賓、臺灣、馬來西亞，就連小小的汶萊都對南沙群島的諸多小島和附近的「地理特徵」宣示主權，其中還有國家派兵前去佔領。搶佔島嶼的競賽在一九七〇年代達到高峰，當時有報告指出該地區可能有著大量的石油與天然氣。到了一九八〇年代中期，十四個真正的島嶼都已分別由菲律賓、越南和臺灣佔領。

對中共而言不幸的是，它太晚加入南沙群島的圈地運動了。等中國蓬勃發展的市場經濟使其有必要在南海保護其航道、並且擁有自己的石油生產時，南沙群島只要沒有大部分泡在水裡的「地理特徵」都已經被別人佔領了。所以中共決定，如果它無法佔領現有的島嶼，那它就製造幾個新的，就從永暑礁開始。

永暑礁是一片橢圓形的珊瑚礁，長約十四哩，寬約四哩；它的英文名稱「十字火礁」（Fiery Cross Reef）取自一八六〇年一艘在此地觸礁的英國快速帆船。除了南端一塊孤伶伶、高約一碼的岩石之外，此地在滿潮時都是泡在水面下的，就像這附近大多數的礁岩一樣。很難想像會有人為了這種地方動手殺人，但確實有。

一九八八年，在沒什麼人注意的情況下，中共開始在永暑礁上建造他們所謂的海洋與天氣監視站，不顧已有越南、菲律賓和臺灣主張領有此地的主權。中國的船隻載著工程師、建築工人和挖泥工前往該地，只花了一個星期多，就將當地的珊瑚礁擴建成八萬六千平方呎的永久陸地，相當於兩個美式足球場，之後他們還會在這裡建造軍營和碉堡。後來中共還派水兵佔領了華陽礁（Cuarteron Reef），就是附近另一處浮在水上的礁岩。

越南對中共奪取礁岩的行為尤其憤怒。雖然與美國進行的越戰中，當時的北越政府曾得到中共的支持，但越南人從來沒有忘記過他們對中國的恐懼和不信任。從越南人的觀點來看，中國在過去一千年至少入侵過越南二十次。而最近一次入侵就發生在十年前的一九七九年，解放軍入侵越南，以回應越南入侵其附庸國柬埔寨。這兩個共產國家之間的情感可是一點也不好。

由於越南無法將中共趕出永暑礁，因此將兩艘老舊的運輸艦與一百名士兵派去佔領附近幾處礁岩，包括赤瓜礁（Johnson South Reef）[3]，一處滿潮時會沒入水中的地理特徵，位於永暑礁東方約八十哩處。越南軍在該礁岩插上國旗後，有幾艘解放軍海軍的巡防艦出現，派出登陸隊與越南軍對峙。不知怎地，雙方開始交火——雙方對於是誰先開火的說法不同——然後在共軍的登陸隊撤退後，解放軍軍艦便開始以機槍掃射。此事件的一段影片，顯示越南的眾多部隊站在及膝的海水中，被中共的機槍一一射殺。最後，超過六十名越南士兵死亡，兩艘越南運輸艦也遭到擊沉。後來中共在永暑礁與赤瓜礁之外，又佔領了四處礁岩，並在上面建造了小型軍事碉堡。

但他們還沒完。一九九五年，中共又偷偷溜上另一處無人佔領的礁岩，就是距離菲律賓巴拉望島外海只有一百三十五哩遠的美濟礁（Mischief Reef）[4]，並在這處漲潮時會沉入水中的礁岩上立了長樁，建造了水泥碉堡。當一艘菲律賓漁船經過並發現此事時，共軍逮捕了漁民，並拘禁了他們一週，但這樣的佔領行為不可能永遠不為人所知。菲律賓政府對中共的入侵行為表示抗議，宣稱該礁岩是其歷史領土的一部分，但他們其實也無能為力。一九九二年被趕出蘇比克灣之後，美國海軍當然不會幫忙，菲律賓海軍只有幾艘二次大戰時期的巡邏艇而已。至於中共則對此事有兩個版本的說法。一種說法是說那些水泥碉堡只是給遇難漁民用的藏身處；另一個說法是這次佔領與建造是一群「未獲授權」的初階軍官私自行動的結果，也就是「抗命軍人」那個老藉口。而就算這個藉口是真的——顯然不是，中共也不打算把礁岩還回去。

南海還有其他島嶼火藥庫。舉例來說，位於海南島南方大約兩百哩、離越南也差不多遠的西沙群島（Paracel Islands）[5]在一九七四年曾發生一場激戰。中共艦艇與人員和當時的南越駁火，造成大約五十名南越士兵陣亡，讓中共得以穩定控制該群島的大多數島嶼。在更遠的南方，離菲律賓海岸大約一百哩遠的仁愛暗沙（Second Thomas Shoal）[6]，一處三十哩長的礁岩群，屬於南沙群島，中共與菲律賓都宣稱握有此地的主權。為了宣示主權，菲律賓海軍在一九九九年將一艘老舊的二戰戰車登陸艦擱淺在這裡的一處礁岩上，並派駐小部隊駐守。從此以後，就一直有小批菲律賓士兵在這裡過著悲慘的生活，還要面對在自己腳下腐朽的軍艦和企圖阻止他們得到補給的中共海上部隊。還有本書先前提過的民主礁（Scarborough Shoal），那又是一處三十哩長、覆滿鳥糞的岩石與水下暗礁，離菲律賓海岸約一百二十哩遠；一如先前所述，中共海上部隊自二〇一二年以來，就一直驅趕此地的菲律賓漁民。中國與其他國家爭奪的南海島嶼、礁岩與暗沙清單還可以繼續寫下去。

而為什麼這些看似不重要的土地和不算土地的東西這麼重要呢？這有一部分是因為國家主義，也就是「不論有多遙遠，沒有國家有權拿走他國領土」的簡單想法。舉例來說，若是墨西哥海軍有天突然跑來，在南加州外海荒蕪、風很大的安納卡帕島（Anacapa Island）上插了墨西哥國旗，那美國民眾一定會憤怒不已。菲律賓人、越南人和中國人對於永暑礁、美濟礁和民主礁的想法也是一樣的。

但還有別的事情，使得南沙群島和南海其他群島格外重要。這和本書先前提過、允許國家控制沿岸海洋資源的經濟海域有關。這些海洋資源包括商業捕漁和石油鑽探開發。

依據一九八二年聯合國海洋公約，擁有真正島嶼——定義為永遠高於海平面，且能支持人類居住與經濟活動的陸地——的國家可以主張擁有島嶼四周最多兩百海里的經濟海域[7]。如果國家擁有的是聯合國公約所定義的「礁」，也就是高於海平面但不能支持人類活動或經濟活動的地理特徵，那它仍然可以主張擁有十二海里的領海。像美濟礁這種低於海平面的地理特徵不能使持有國主張領海或經濟海域。

所以依照聯合國公約，看起來中共奪取的礁岩並不能算是島嶼，甚至不能算是礁，因此中共應該無法據此取得更多經濟海域。但中共手上還有另一張牌，就是所謂的「九段線」[8]。

如名稱所示，九段線*是一系列很長的線段，出現在二十世紀的中國地圖上。這些線往南繞到越南外海，然後再沿著馬來西亞、汶萊和菲律賓海岸向北，最後一直連到臺灣。由於九段線的形狀，有時也稱為牛舌線。中共宣稱這九段線內的一切，也就是幾乎整個南海和南海的所有島嶼，在歷史上都屬於中國領土。這樣就不用管什麼島、礁、經濟海域了。依中共的看法，他們一直都擁有整個南海，因此其他佔領爭議島礁的國家都是入侵者，可以合法驅逐。此地區內沒有其他國家承認九段線†，但中共也不在乎。

還有另一個理由，使這些看似不重要的島嶼對中共特別重要：它們具有成為軍事基地的潛力。

———

世人要到後來才明白，中共其實一直都打算[9]將奪下的礁岩改造成軍事前哨基地，而中方則一直不肯鬆口承認。在二十一世紀前十年的大多數時間裡，他們都堅稱自己在南海只有和平意圖，說該地區內的其他小國不必害怕，就像十五世紀時，沒有人需要害怕鄭和的艦隊一樣。中共甚至在二〇〇二年和東南亞國協（ASEAN）簽署協議，承諾包括中共在內，所有締約國都會「以和平方式解決領土與治理權糾紛，不使用武力也不威脅使用武力，而以友善的諮詢與協商方式進行。」

值得一提的是，在看似合作的同樣這十年內，中共正在快速擴張[10]其軍力，尤其是海軍，以便將國力投射至遠離其海岸的地方。而南海這些奪來的礁岩會在這當中扮演相當重要的角色。

當然，在孤立的礁石上蓋幾座只有少數中方人員進駐的碉堡，並不會對任何人構成什麼威脅，頂多也只會威脅到進駐的部隊自己而已。舉例來說，中共佔領礁岩的部隊當中，有些得到補給的頻率太低，有報告指出這些部隊可能會因為飲食不良而得敗血病。如果中共想要把這些礁岩變成有軍事價值的據點，那這些礁岩就必須擴建才行。

自二〇一四年開始，中共也真的開始這麼做了。

在十幾年來相對的風平浪靜之後，中共突然開始一項沒有對外公開的緊急計畫，要「重新主張」這些礁岩的主權。幾十艘艦艇與挖泥船和幾百名工人開始挖掘海床上的幾百萬噸泥沙[11]，然後再填到永暑礁、渚碧礁（Subi Reef）、赤瓜礁、美濟礁等南沙群島的礁岩上。一年多以後，先前奪取的

* 譯註：中華民國稱呼為十一段線，中共總理周恩來於一九五三年移除越南東京灣內的兩段線，因此只剩九段。

† 譯註：如前所述，官方上中華民國政府仍維持對十一段線的主張，包括中共的九段線。

永暑礁[12]面積便從兩個美式足球場成長至六百六十五英畝，原本幾乎沒有可用土地的美濟礁則一口氣擴建到一千四百英畝。最後中共總共從這七個礁岩上「取回」了超過三千英畝的土地，外界懷疑他們還會要繼續搞下去。

請記住，依照國際法，這些新的「島」其實根本不是島。你不能把沙子和珊瑚倒到低於海面的暗礁上去，然後就說它是個有所有相關法律權利的島。但中共根本不管這些細節。中共想要南海新領土，所以它就自己打造了幾塊出來。

但比新領土更重要的，是解放軍在這些新領土上建造的東西。永暑礁很快就充滿了先進的雷達罩、直昇機坪、衛星通訊設施、軍營、砲陣地，甚至還有給佔領部隊使用的籃球場和網球場。永暑礁還有一座新的機場，擁有一條一萬呎長的跑道。

那條跑道尤其令人憂心。小型運輸機和搜救機是不需要一萬呎長跑道的。這麼長的跑道都快要可以讓太空梭降落了，當然也可以讓戰鬥機起降。後來出現的強化機庫似乎確認了中共正打算將永暑礁變成軍用機場。

在其他奪回的礁岩上也有類似設施之後，中共便擁有離自己海岸幾百哩遠的前進部署基地，可以透過軍事手段佔領南海的大半地區。中共在西沙群島有主權爭議的永興島（Woody Island）已有一處航空基地，之後這邊還會有飛彈陣地與戰鬥機的進駐。先進雷達、飛彈陣地和戰鬥機的組合，能讓中共擁有足夠的信心，將整個南海劃為限航防空識別區，同時還有軍力可以實行這樣的主張。這些新的島嶼基地可以讓中共有能力阻止其他小國在它宣稱擁有的海域內開採資源。當然，在真正的戰爭中，這樣的基地很快就會被飛彈擊潰，但在任何不發生戰爭的狀況下，這些島嶼基地的「強制力」還是十分強大的。

全世界都沒有預料到中共會突然擴張、軍事化這些礁岩。這是嚴重打破現狀的行為，也是一種故意、直接的升高衝突行為。沒錯，有些其他宣稱領有島嶼的國家，包括臺灣和越南，都會擴張自己的島嶼。但這些擴張都只擴了幾十英畝，不像中共一擴就是幾千英畝。

中共官員堅稱這些島嶼基地與機場是為了和平用途而建造，例如搜救行動，這樣的說詞當然沒有人相信。但他們也相當強硬。舉例來說，中共的外交部長[13]就在公開場合表示：「中方保護主權與領土完整的意志堅若磐石……這是人民對政府的要求，也是我們合法的權利。」

其他在南海有領土主張的國家都對中共軍事化礁岩的行為十分憤怒——以及害怕。這就像中共將一支不會動的航艦部隊下錨停在他們的海岸線外一樣；如果換成是冷戰的情境，那就類似蘇聯於一九六二年在古巴部署飛彈一樣。但和美蘇衝突不同的是，這些反對如此強力之舉的國家，沒有一個能做出比出言抗議更進一步的行動。

至於美國政府，在官方上它從未對各種島礁的領土主權主張表態，只說希望各方，包括中共，依國際法和平解決爭端而已。同時，它還強烈反對使用這些島礁來限制公海航行自由的行為。

但對美國國防相關人員，尤其是海軍而言，像這樣突然將南海礁岩軍事化的行為實在太過分了。連一向反對採取對抗態勢面對中共的歐巴馬總統[14]，都這樣評論中共的造島行為：「中國……正在利用其龐大的體積與力量，迫使其他國家屈服。我們認為這可以用外交方式解決，但只因為菲律賓或越南沒有中國大，不代表你就可以把他掃到一邊去。」

對歐巴馬政府而言，這已經算是很強硬的語言了。但對哈利．哈里斯上將而言，語言永遠不足以嚇阻中共，也不足以讓美國的友邦和盟邦安心。

沒錯，哈里斯也可以拿出強硬的語言。但他也希望美國海軍有一些實際的行動。

二〇一五年三月，P-8A載著CNN團隊前往南沙群島前幾個月。哈里斯上將正在坎培拉的澳大利亞戰略政策智庫（Australian Strategic Policy Institute, ASPI）發表演講[15]。這時哈里斯仍是美國太平洋艦隊指揮官，但他已經準備要升遷了；國會才剛確認讓他出任太平洋司令部的指揮官，他很快就會前往就任。

一如往常，哈里斯在演講一開始，先講了幾個自我解嘲的笑話，然後才話鋒一轉，開始向聽眾強調美澳軍事合作對抗北韓威脅的重要。最後，他開始講起了中共的人工島。

> 我們也看到某些海岸國家在濫用海上主權宣示。有些這樣的宣示已經過了頭，開始製造出不確定性與不穩定性。這樣的干擾行為使我們不得不強化本地區的合作……南海有幾個國家宣示彼此互相衝突的主權，使這裡發生誤會的機會明顯提升。但真正在此時此刻使許多人擔憂的，是目前中共

正在進行、前所未有的土地奪回行為。

> 中共正在將沙填入活珊瑚礁製造人工土地——有些珊瑚礁是在海平面下的，然後再在上面鋪上混凝土。中共現在已製造出超過四平方公里的人工土地。他們正在用抽泥船和推土機，花幾個月的時間建造一堵沙土長城。當我們看看中共對其他宣稱擁有領土的小國所做的挑釁行為模式……，其實建造人工島的行為會讓人嚴重懷疑中共的意圖也不意外……中共接下來的行為會是重要的指標，顯示此地區正走向對峙或是合作。

「沙土長城」！這真是最完美的形容了。雖然哈里斯不會這樣說，但他的暗示相當明顯：中國曾經建造萬里長城，以便抵禦北方的蠻族，現在它又蓋了另一道長城，來把南邊的「蠻族」也擋在外面。這個詞出自即將成為印太地區美軍最高指揮官的口中，光是它本身就足以登上美國和世界各地的頭條。有一個頭條寫：「美國將領：中國正打造沙土長城」；另一則頭條：「美國抨擊中國在南海建造的沙土長城。」

這是多年來美軍高階將領對中國最強硬的聲明，對有些人而言可能太強硬了。在沙土長城演講引來這麼多注意之後，哈里斯的幕僚就接到海軍軍令部長葛林納幕僚的電話[16]，很有禮貌地希望哈里斯上將稍微調整一下自己發言的姿態。他沒有調整，而且他也不必調整。先前已經提過，太平洋司令部司令直接對國防部長負責，不必經過海軍軍令部長。哈里斯和葛林納從未公開反對彼此對中國政策的出入，因為兩人都不會想要這樣做。而且不管怎麼說，反正到了那一年年底，葛林納就要退休了。

所以哈里斯持續講著中共造成的潛在威脅。倒不是說哈里斯公開批評歐巴馬政府的政策，他是個海軍軍官，深信軍隊要由民選政府控制。如果有人命令他閉嘴，他會閉嘴的，但在他接到這樣的命令之前，他仍相信如果美國的利益受到威脅，那美國人就一定要知道。

舉例來說，在科羅拉多州亞斯本[17]舉行的一次國安高層會議中，哈里斯是這樣說的：「大多數國家選擇以外交方式解決爭端。但中國則選擇透過侵略性、威脅性的造島行為改變現狀，而不採取有意義的外交行動來解決爭端或接受仲裁……這樣的行動不但傷害環境，也不會強化任何國家對南海爭議地區的法律主張。」

對一位即將統領在太平洋所有美軍的資深將領而言，這樣的發言相當直接，但這還不是最直接的[18]。後來在哈里斯出席參議院軍事委員會的聽證會時，有人問他這些人工島是否已經軍事化，並且違反了中共國家主席習近平在前一年秋天對歐巴馬總統的保證。歐巴馬政府原本似乎是相信這個保證的。哈里斯的回應坦白到了無法置信的地步：

「依我之見，中國顯然正在使南海軍事化，」哈里斯對著參議員說，「除非你相信地球是平的，不然你不會反對這個看法。」

正是這樣的發言讓有些高階行政官員有點不安，也正是這樣的強硬語言，讓哈里斯成了中共眼中的大壞蛋[19]。

「我們注意到美國軍方這位官員（指哈里斯上將）近日非常忙碌，一會出現在美國國會，一會出現在美國國防部，而他給我們的印象，是他想要貶低中國在南海的合法合理行動，並製造區域的不合諧，」中共外交部一名發言人說，「他正在為美國在南海行使霸權說事，為在海上耀武揚威尋找藉口。」

但惹毛他們的不只是哈里斯的公開言論，還有他的種族。自從哈里斯開始公開談論南海以後，中共的國營媒體就開始以多數美國人都會覺得很失禮的方式，拿哈里斯半日本的血統作文章。他們常常稱他是「日本將軍」[20]，還指出他對中共懷有敵意是如何的理所當然，因為有哪個日本人不是如此呢？

舉例來說，中共的官媒新華社是這樣評論他的：「對於理解當前美方在南海驟然升級的攻擊性的背景，便不能忽視[21]哈里斯上將的血統、出身和政治、價值觀傾向。」

哈里斯通常都會忽略那些和種族有關的羞辱[22]。但身為一個在美國南方長大的小孩，他得努力證明自己是「百分之百的美國人」，而現在居然輪到中共的國營媒體來質疑他的「血緣」，這實在是有點惱人。

前面也說過了，哈里斯不只想要拿出強硬的語言，他還要拿出行動，來展示美國面對中國在南海侵略行動的決心。他的第一個行動，就是執行一趟FONOP，也就是自由航行行動，以便駁斥中共企圖以人工島基地來宣稱領有主權、進而可以禁止其他國家船隻與航空器進入該地區的想法。

FONOP這個詞[23]早在一九八三年就存在於海軍的字典裡了，但重點其實是有這個想法之後，海軍的行動，也就是保護國際公海的自由通行權。如果有一個國家企圖限制自由通行權，或是不合法地主張一片海域的主權，美國就會循外交管道抗議，並且可能會以派軍艦前往該海域展示軍力的行動，來支持這樣的抗議。如果有必要的話，海軍也會使用這樣的軍力。舉例來說，在格達費於錫德拉灣劃下他口中的「死亡線」，並將該海灣大部分劃為利比亞領海後，雷根總統便派出兩個航空母艦打擊群進入該海灣執行FONOP行動。後來有一架利比亞戰機對兩架海軍的F-14雄貓式戰機[24]發射空對空飛彈，美機便將兩架利比亞戰機擊落。之後還有其他事件發生，死亡線後來也就不了了之了。

中國並未真的在南海的新人工島四周劃下「死亡線」，但顯然他們打算主張擁有附近海域的主權。所以哈里斯想要派[25]美國海軍的軍艦、掛著美國國旗進入人工島的十二海里範圍內，同時為了確保他傳達的訊息夠強，他想派一支航艦打擊群過去。

「如果我們不行使航行自由，可能就會失去這樣的自由，」哈里斯說，「FONOP是我們的核心信念[26]之一，一定要準備好保護它。」

但很不幸的是，歐巴馬政府面對有關中國的事務總是十分謹慎[27]，他們不願意做到這一步。

但哈里斯還是獲准派停泊在新加坡的濱海戰鬥艦沃斯堡號前去「靠近」南沙群島的地方執行「例行巡邏[28]」。搞清楚，這不是正式的FONOP，只是例行巡邏而已。當沃斯堡號靠近這些島礁時，便遭到中方船隻的尾隨，包括054A型飛彈巡防艦鹽城號（舷號546）。依照CUES的規則，中共軍艦保持著合理的距離，這點對沃斯堡號是個好消息。

還記得二〇一三年，解放軍將領吳勝利在聖地牙哥參觀沃斯堡號時，差點因為濱海戰鬥艦火力嚴重不足而笑出來吧。現在本艦巡邏南海時也好不到哪去。沃斯堡號這時裝上了[29]「水面作戰任務模組」，包括一架海鷹直昇機和一架火力偵察兵無人直昇機。但中共的巡防艦若是有那個意願，仍能輕易地將沃斯堡號擊沉。因此海軍絕不會讓LCS單獨出外巡邏，一定會派更大的軍艦跟著。正當鹽城號尾隨沃斯堡號時，還有一艘飛彈驅逐艦拉森號（USS Lassen, DDG-82）跟著鹽城號，以防萬一[30]。

在過去，沃斯堡號在南沙群島例行巡邏並不算什麼，因為海軍執行這類巡邏已經有好幾年甚至好幾十年了。但在最近幾年，歐巴馬政府已指示海軍避免靠近爭議地區，而現在哈里斯又想要恢復這種巡邏。公開沃斯堡號的巡邏過程也很不尋常，這一切都是為了向友邦與盟邦展示美國海軍不會被逼出南海國際海域的決心。

由於哈里斯握在手上的牌受限於歐巴馬政府給他的選項，他想到了一個辦法可以給中國施壓。他要公開羞辱[31]他們。

公開羞辱在中國文化中有著相當重要的地位。政府利用廣告看板、電視，甚至是擴音器來公開行為不檢的人：污染環境、欠債不還、不孝順父母的子女、在國外做出「不文明」行為的觀光客，甚至是在聖母峰[32]上刻下自己名字的中國登山客，中共法令視此舉為破壞公物。對被指名道姓的人而言，這是很丟臉的行為，而丟臉在中國比在西方要嚴重多了。在中國，被公開羞辱的人自殺或是從此消失都是很常見的事情[33]。

當然，哈里斯並不指望政治局或中共中央軍委的成員對人工島上的基地感到羞愧；依他們的想法，他們並沒有做錯什麼事。但他知道[34]中共的軍方與行政高層若是看到自己的行為被公諸於更廣大的世界，或許會覺得有點不好意思。沒錯，這些礁岩奪取計畫的衛星影像[35]已經公開了，還有很多文章在討論這件事，不只是軍事面，還包括此舉造成的環境破壞。但哈里斯知道，若是大家能真的在影片上看到中共在做什麼，而且是接近即時地看到的話，這樣一定能吸引更多注意。

因此他的新聞官跑去找來了CNN的人[36]，而他們當然對可以去一趟南沙群島非常興奮。二〇一五年五月，P-8A從菲律賓的舊克拉克空軍基地起飛，就在這架P-8靠近[37]美濟礁、永暑礁和渚碧礁時，CNN團隊什麼都錄到了：中共在無線電上警告，「滾開！」、潟湖裡到處都是中共軍艦、挖泥船將泥土倒入原本在海平面下的礁岩上、明顯正在擴張的軍事設施。除此以外，哈里斯還釋出了海軍的錄影片段，顯示P-8在最近幾個月飛過中共所佔領的島礁的偵搜畫面。

這奏效了。南海的島嶼佔領與軍事化突然成了大話題，不只是CNN，還包括美國與全世界的新聞媒體。雖然中共並未抗議最近幾個月P-8在接近人工島的地方飛了幾十趟偵搜任務的事，但讓CNN的人上去拍攝這件事真的惹毛他們了[38]。

「最近美軍的偵查舉動，對中方島礁的安全構成威脅，極易引發誤判，導致海空意外事件。」中共外交部的一位發言人說，「是十分不負責任，也是十分危險的，有損地區和平穩定。……我們要求美方嚴格遵守國際法和相關國際規則，不要採取任何冒險和挑釁行動。」

遵守國際法與相關國際規則？從一群幾乎把每一條國際法都犯過一遍的人嘴裡說出來，還真是有趣。

民眾對中國造島行動的認知，甚至還讓歐巴馬政府的重要行政高層稍微積極了一點。在CNN報導了P-8行動的幾天後，國防部長卡特（Ash Carter）在正式於珍珠港將太平洋司令部交給哈里斯的時候表示：「請不要誤會：美國會派飛機與艦艇前去任何國際法允許的地方[39]，就像世界其他地方一樣……中國的行為正使該地區以全新的方式團結起來，並且正在提升美國參與亞太事務的需求。我們會滿足這些需求。我們會在接下來的幾十年間，繼續成為亞太地區的主要維安強權。」

雖然自己曾開口要求哈里斯上將調整對中國侵略性的評論，但海軍軍令部長葛林納私底下其實也對南海所發生的事情有所警覺。後來在他退休後，曾表示：「我很後悔我沒有對中共採取更強硬的態度[40]。我們可以做得更多。」

然而只要事涉中國，歐巴馬政府總是會找到辦法縮手。中共國家主席習近平在九月就要正式來訪[41]華府了，美國政府不想要做出任何被中國認為是挑釁的事情。這意思也就是說政府什麼都不想做。

所以哈里斯花了好幾個月[42]，才總算得到許可，可以在軍事化的人工島附近發動自由航行行動，只是對外不能叫 FONOP 而已。

二〇一五年十月，驅逐艦拉森號[43]靠近南沙群島，後面還跟著一艘解放軍的驅逐艦。拉森號進入其中一座人工島渚碧礁的六海里範圍內，明顯進入中共宣稱的十二浬「領海」範圍。但在國務院法務人員的堅持下，拉森號至少還遵守了「無害通過」他國領海的部分規則，也就是說，當該艦靠近渚碧礁時，其武器射控雷達會關閉、不會舉行操演、不會讓直昇機升空，總之就是不會做任何軍事相關的事情。換句話說，拉森號表現得就像是美國尊重中共宣稱的十二浬領海一樣。唯一的差別是，拉森號並未請求中共的許可，就直接靠近了渚碧礁，而這一點在國際法上相當重要，可以讓美國堅稱它並未承認中共的領海主張。

就在拉森號靠近十二海里界限時，解放軍的驅逐艦反覆在無線電上問道，「你已進入中國海域，請說明你的意圖為何？」但卻沒有採取攻擊性的舉動。事實上，根據拉森號艦長的說法，在離開渚碧礁地區之後，那艘中國的驅逐艦甚至還對美艦發出了一則相當開心的訊息：「喂，我們不跟著你啦。祝你一路順風，希望日後還有機會再相遇。」艦長並不認為對方是有在嘲諷。

這實在是很怪。海軍軍官堅稱這並不是「無害通過」，但也不願意明白地稱之為自由航行行動，然後又不阻止記者如此稱呼。好像美國一方面想要讓盟友安心、說明自己不會退讓，可是同時又不想招惹中共。這樣的模糊處理[44]並不見得能讓盟邦覺得放心。

不論海軍的目的為何，拉森號通過渚碧礁一事在公諸於世之後，肯定引起了中方的注意。尤其是吳勝利上將，他被叫去[45]參加年度的共產黨高層會議說明事情的經過。在拉森號行動後不久，吳勝利便與新任軍令部長約翰．理察森上將（Admiral John Richardson）做了一次視訊會議，他也是潛艦指揮官出身，而與葛林納不同，他在公開場合對中共的意圖所顯現的態度是直接的。如果中共國營媒體的說法準確的話，吳上將對拉森號的事其實相當不滿。

「如果美方繼續進行這種危險的挑釁行動，雙方海空一線兵力之間極有可能發生嚴重緊迫局面，甚至擦槍走火。」報導中是這樣引用吳勝利的發言的。

等一下。擦槍走火？他剛剛說的是「擦槍走火」嗎？雙方的高階指揮官常常會提到美國與中共之間可能發生的「意外」或是「對峙」，而雙方的鷹派評論家互丟「戰」開頭的詞也有好幾年了。可是其中一方海軍的高階將領真正開始討論戰爭，這可是頭一遭。

當然，翻譯可能是個問題。這份聲明也應該會「調整」一下吳勝利的措辭。但沒有人會質疑吳勝利的發言代表著威脅層級的升高。

回到太平洋司令部[46]總部，哈里斯認為中共只要企圖威嚇美國，正當的回應就是再派一艘船回到南沙群島執行FONOP，而且是真正的FONOP，還要越快越好。除此以外的回應都會被認為是示弱行為。但要等到六個月以後，歐巴馬政府才會允許另一艘飛彈驅逐艦威廉・P・勞倫斯號（USS William P. Laurence, DDG-110）[47]回到南沙群島，並且進入中共在現已成為人工島的永暑礁四周所主張的十二浬領海。勞倫斯號遭到三艘中國艦艇跟蹤，還有兩架中國戰機從海南島緊急起飛，從這艘美國軍艦上空飛過。

但奇怪的是，雖然五角大廈正式將勞倫斯號的行動稱作是「例行自由航行」操演，卻也說這艘美國軍艦基本上都依「無害通過」的規則進行，而如前文所述，這兩者其實不太一樣。

雖然哈里斯受到政府政策的限制，但他還是成功做了幾次展現強硬一面的行為。在二〇一六年年中，他派了約翰・C・史坦尼斯號（USS John C. Stennis, CVN-74）航艦打擊群去南海巡邏兩個月。

為了替航艦部隊的出現爭取更多曝光度，國防部長卡特還帶了一群記者登上出海的航艦，並在一架貝爾—波音V-22魚鷹多功能傾斜旋翼機上拍了張照片。當一位記者問卡特，航艦部隊的出現是否會升高南海地區的緊張時，卡特回應得又快又強硬。

「這不但不正確，而且還與事實相反，」他說，「我們已經出現在這裡好幾十年了[48]。這個問題之所以會出現，只是因為去年發生的事，而這是中共行為表現的問題。所以美國航艦出現在這裡並不是新鮮事，選在已經緊張的時期出現才是新鮮事，而我們希望能降低這樣的緊張。」

史坦尼斯號在南海的行動被中共視為眼中釘，而且還顯示著鐘擺至少開始擺向美國採取更積極態度的一邊了。整體而言，美國政府仍然對中國採取軟姿態。雖然有越來越多證據顯示，展示武力而非笑容才是形塑中共行為表現的最好辦法，但歐巴馬政府仍然打算邀請解放軍加入自己這邊。在許多國會領袖公開反對、更別說還有部分海軍軍官私下表示反對之下，美國仍然允許解放軍參加該年度仲夏於夏威夷和聖地牙哥舉辦的環太平洋二〇一六演習。

所以當美國水手與飛行員正在執行具有潛在危險性的假自由航行行動與偵察飛行，中國軍方幾乎已經在用戰爭威脅美國停止這種行為時，歐巴馬政府則同時正在追求與中國更為「親近」的軍事關係。這似乎很怪，但暖戰就是這麼一回事，至少歐巴馬政府是打算這樣打這場暖戰的。

但在環太平洋軍演期間，最大的新聞卻不是來自夏威夷或聖地牙哥，而是來自半個地球外的海牙[49]。二〇一三年，菲律賓向國際常設仲裁法院提告，說中國企圖非法侵佔位於菲律賓經濟海域內的民主礁。到了二〇一六年夏天，法院裁定中國的人工島不能算是島，因此不能主張經濟海域，連領海都不行。法院還裁定中共宣稱「歷史上」領有民主礁與南海其他島礁的主張無效；基本上就是說，九段線連一段都不成立，沒有法律上的效果。

不幸的是，海牙法院沒有任何機制可以實行這樣的裁定。而中共也一如預期，對外宣佈說這樣的裁定沒有意義，它絕不會放棄對這些島嶼的主權。

「我們絕不會停止（南沙）群島的建設工作。」吳勝利上將[50]在法院裁定後告訴他的對口單位，也就是軍令部長約翰・理察森，「南沙是中國的固有領土，在南沙島礁進行必要的建設完全合情、合理、合法。那些企圖通過展示軍事肌肉迫使我們屈服的做法，結果只能適得其反。」

這樣的回應實在不像是打算要和解。事實上，中共駐美大使崔天凱就在華府智庫戰略與國際研究中心（Center for Strategic and International Studis，CSIS）的滿屋子人[51]面前，宣稱中共將不會「屈服於一張廢紙」。他應該不是故意的，但這句話與德國外交部長*在第一次世界大戰開始時所說的那句惡名昭彰的宣言不謀而合。當時這位部長宣稱，保護比利時不受德國入侵的條約「只是一張廢紙」。這句評論對世上許多國家，包括當時中立的美國而言，都代表著德國的自大與對條約的輕視。

我們都知道這個故事後來是怎麼發展的。這就是世界大災難的開端。美國、全世界乃至中國本身，只能希望北京對於條約與國際規則擁有近似相同的觀念，不會造成南海與東海又一次的浩劫。

---

* 譯註：事實上講這句話的是一九一四年時任德意志帝國總理的奉歐巴德・馮・貝特曼—霍威克（Theobald von Bethman-Hollweg，一八五六年至一九二一年）。他在英國因德國違約入侵比利時而對德國宣戰後，問即將離開的英國駐德大使：「英國怎麼會為了一張廢紙向德國宣戰？」這張廢紙指的是一八三九年倫敦條約，其中保障了比利時的中立身份。

但崔天凱並不打算為了孕育這樣的希望而付出太多。他宣稱中國與菲律賓乃至其他亞洲鄰國之間都不存在什麼問題，直到美國決定要重新介入西太平洋為止。「南海局勢緊張開始於四五年前，與美國推出『重返亞洲』戰略的時間大致相同。」他對CSIS的與會者這樣說道。他還說，北京不但拒絕對一張廢紙低頭，也不會對航空母艦低頭。

這個意思就是，北京並不打算被美國的驅逐艦巡邏或美國與日本、南韓乃至於其他美國夥伴的聯合海軍演習而逼得撤退，而上述這些是歐巴馬政府願意採取的主要海上行動。在那一年的夏天和秋天[52]，飛彈驅逐艦馬侃號就在南海執行任務。美國的兩棲攻擊艦好人理查號（USS Bonhomme Richard, LHD-6）擁有更強大的攻擊火力，在關島外海以北約海麻雀艦對空飛彈擊落一具無人靶機後，就與兩艘驅逐艦一起前往南海巡邏。美國海軍陸戰隊與日本自衛隊一起在關島與提尼安島外海舉行了艦艇與直昇機聯合兩棲作戰，雙方的海上部隊還一起在菲律賓海受訓。美國與南韓的驅逐艦、潛艦與軍機在朝鮮半島以東的海域執行協同行動。美國海軍和越南人民海軍還在峴港附近舉行了年度海軍交流活動。

但是西太平洋並不是每個人都對美國展示力量與合作的行為感到滿意。新上任的菲律賓總統羅杜特蒂（Rodrigo Duterte）在十月拜訪了北京，並且公開宣佈他的國家將會「離開美國」。他說：「朋友，道別的時候到了。[53]」

因此西太平洋的暖戰就這樣一路拖到了二〇一六年的秋天。雖然美國有著些許的成功，但長期來看，美國一直在節節敗退，失去一塊又一塊的海洋。

沒錯，美國仍擁有這個地區最強大的軍力。沒錯，它仍能派遣航艦打擊群進入南海與東海，並且在它這麼做時，會讓盟友感到安心，肯定也有助於嚇阻中共採取大規模侵略的想法。然後也沒錯，美國仍會派出軍艦與航空器進入爭議海域與空域，以便維持和平、實行國際法。但這些海域和空域每天都在變得更危險。

我們已經討論了許多年，美國一直嘗試要讓中共按照規矩來、加入全世界。美國透過溫和的語言和高階文武官員的聯繫，致力於製造兩國政府與軍方之間的信任與合作。基於這樣的政策，美國政府大多數時候都幾乎忽略或只輕微抗議中共的侵略行為，包括在國際海域與空域危險騷擾美國船隻與航空器、考本斯號事件、片面主張東海防空識別區、環太平洋軍演間諜船事件等等。雖然哈里斯上將等人非常努力，但就連南海的沙土長城，目前也都只能有美國政府有限的回應，而這樣的回應完全無法改變現場的現實狀況。中共仍然擁有自己的軍事化人工島。每次美國微弱的回應，中共只會在軍事上更具侵略性，不會放棄侵略性。加上希拉蕊．柯林頓看似在美國大選中穩操勝券，至少民調和專家是這麼認為的，看來歐巴馬政權的被動政策還會再持續下去。

然後就在二〇一六年十一月八日星期二這天，美國總統當選人下了令，要大幅改變美國的政策路線。

新當選的川普承諾為美國海軍提供更多的預算，他的目的，就是要讓美國再次強大。（US Navy）

第十章
變更路線

自冷戰結束以來，美國海軍一直都有兩份預算書[1]。

在第一份預算書裡，寫著海軍為了在該年度的全世界完成任務，所希望能得到的東西：艦艇若干艘、飛機若干架、水兵若干員額，有多少錢要花在造新船上、多少錢要花在研發上等等。裡頭寫的不只是海軍達到現有要求所想要取得的東西，還包括為了新的需求與超出預期的需求所想要得到的東西。這就是海軍的願望清單、夢想預算，就是將領們只能在夢中看見的預算，也因此除了海軍高層以外，從來沒有人能看見這本預算書的內容。要是有人看到，尤其如果是被國防部和國會裡的政務官發現原來這些將領想要這麼多錢的話，他們一定會仰頭大笑。

所以海軍一直都有第二份預算書，也就是真正的預算案，裡頭寫著海軍高層認為至少有一線希望、可以通過白宮和國會的撥款程序、不會被議員們大卸八塊的金額。這樣的預算案必須將任務甲放在同等重要的任務乙前面，然後將專案丙的預算拆分，挪給專案丁使用；這樣的預算案必須從未來武器系統戊的預算裡挖一塊出來，以便維持現行武器系統已，依此類推。很多人都以為美軍都會三思自己真正需要什麼，然後滿足於只得到其中的一半。在過去這或許是事實，但現在已經不是這樣了。

其實在冷戰結束後的慘澹歲月裡，海軍從六百艘船艦縮水到不到三百艘的同時，它還得努力爭取每一艘船、每一分錢，而海軍在這個過程中不斷地敗下陣來。即使是阿富汗與伊拉克的戰爭，也沒辦法讓美軍的艦隊陣容有什麼起色。海軍很難從國防部和白宮得到最基本的預算，尤其是在歐巴馬政府任內，連將領都得在國會的聽證會中承受議員的攻擊，而且攻擊不分黨派。為什麼一艘航空母艦要一百三十億美元？新型的核動力潛艦真的有必要嗎？為什麼新世代海軍戰鬥機預算超支、進度也落後？我們到底真正需要是怎麼樣的海軍？

多年來，海軍將領都已經習慣了。一直到二〇一六年大選投票日為止，他們也都以為這種狀況會持續下去。

就在川普當選美國總統的幾週後，負責處理海軍預算的將領就開始接到川普交接團隊的電話。電話的內容和以前的大為不同。

「把你們真正需要的東西都告訴我們，」川普交接團隊的人說，「不，等一下，標準再提高一點，把你們真正『想要』的東西都說出來。你們想要更多艦艇嗎？更多戰機嗎？要不要更多錢來開發磁軌砲？高能量雷射？無人載具研發？說出來就對了。不要管你覺得我們出得了多少錢。不要管國會裡那些砍預算的人會說什麼。不要給我們你們自以為實際上能拿到的東西，給我們你們的願望清單、你們的第一份預算書。」

海軍高層簡直不敢相信。這些人是認真的嗎？多少年來，高階海軍軍官一直都希望能恢復三百艘艦艇的陣容，可是現在川普和他的團隊[2]卻公開表示要打造出「三百五十艘船」的海軍，不只是要讓美國在世界各地有著更多的海軍身影，也是為了刺激美國疲軟的造船業。海軍從四十年前的雷根政府之後，就再也沒有聽過這種事了。

當然，並不是每個人都相信川普政府真的能讓海軍全部的願望實現。但至少，擴建海軍一事有了白宮的支持，海軍高層便有機會在國會與公眾輿論面前堅守自己的立場，而這是在歐巴馬任內他們做不到的。就算海軍不能拿到所有需要的東西，顯然二〇一七年以後的美國海軍至少也不會是二〇一六年那個正在走下坡的海軍了。資深海軍軍官也許不完全同意川普的政策與發言，甚至有些人根本沒有把票投給他，但顯然沒有[3]任何一位資深海軍軍官會反對有人計畫建立強大的美國海軍，不管這個計畫是誰提出來的。

川普好像要說明自己有多投入擴張海軍一樣，提名了菲利普·比爾登（Philip Bilden）[4]當海軍部長。他是個很有錢的私人產權管理師，有著豐富的亞洲經驗。比爾登的父親是海軍軍官，自己則當過陸軍情報官，他的大學論文主題是研究十九世紀影響力深遠的海軍理論家馬漢，此人主張強大的海軍是任何強權國家的生存所需。比爾登後來選擇不出任此職位，因為川普所選的第一位陸軍部長候選人文森·維奧拉（Vincent Viola）由於必須與自己事業上的利益劃清界線也無法出任，但至少華府的新團隊肯定表達了一個相當明確的訊息*。

而讓許多資深海軍軍官覺得海上情勢即將改變的，不是只有川普政府對軍事預算的觀點而已。還有川普對美國與中國關係的強硬看法。

先前已經提過，八年來，歐巴馬政府的政策一直都是不要擾亂美國與中國的關係。對歐巴馬而言[5]，如果美國對中國在南海看似不嚴重的侵略行為睜一隻眼、閉一隻眼，或許中國就會在其他議題上與美國合作，或者至少不要對抗美國。這些議題包括跨太平洋夥伴關係協定、全球暖化、資訊安全等等。

而對川普和他的團隊而言，這樣的軟姿態有點像是二戰之前的慕尼黑協定那種綏靖政策。他們相信這只會鼓勵中方更具侵略性，正如本書先前所提，有不少資深海軍軍官私底下也都同意他們的看法。另外，川普並不需要中國在地區性貿易問題上與他合作，因為他上任後三天，美國就退出跨太平洋夥伴關係協定了。而早在競選期間，他就說得很清楚，川普政府不會把全球暖化當成是優先處理的事情。至於與中國的貿易，川普是個熟悉國際貿易的生意人，他似乎明白與中國的貿易戰對美國造成的傷害，就如同對中國造成的傷害一樣多。

重點是，在川普選上總統並就職之後，他很清楚地表達了一點：歐巴馬政府那種對中國如履薄冰的政策到此為止了。事實上，他好像還滿享受挑動中國領導階級的敏感神經的。

臺灣總統想打電話給這位總統當選人祝賀嗎？川普覺得沒關係，要是北京不高興，那是他們的問題。川普不但接了電話，還公開表示主導美國與中國關係長達四十年的一中政策[6]可能要生變了。

他後來或多或少收回了這句話。中國的艦艇還在騷擾公海的美軍偵察船？二〇一六年十二月，中國船隻在菲律賓外海沒收了一艘由鮑迪奇號[7]操作的無人水下載具。歐巴馬政府也許聳聳肩就算了，但川普團隊則讓全世界都知道，在他就職以後，任何這種行為都要面對嚴重的後果，而且還強烈暗示這種後果不只是拿消防水管噴一噴中國船員就算了。中國還在軍事化南海的人工島嗎？川普的新國務卿[8]提勒森（Rex Tillerson）對國會表示，美國或許不會「允許」中國「進入」這些爭議島嶼，但他沒有說美國要怎麼阻止中國。

中國對這一切的反應[9]非常容易可以猜測得到。國營媒體批評川普政府的行為「煽動群眾」，並指控川普「和小孩一樣無知」。官方部份，中國外交部也提醒華府，說與臺灣有關的一個中國政策是中共的「核心利益」，這個外交辭令的意思，就是說這個國家願意為了這件事而戰。北京還派了航空母艦遼寧號通過臺灣海峽[10]，有點像是中國版的ＦＯＮＯＰ。這一切態度都很強硬，但也顯示出八年來華府或多或少比較和善的往來之後，中共領導階級被這突如其來的態度轉變嚇了一跳。

川普對中國的侵略性態度只是在吹牛嗎？只是在空口說白話嗎？除了川普和幾位核心幕僚之外，沒有人知道，中共高層也不知道。而這說不定就是川普政府的意圖。確實，當川普對北韓的態度因核武問題而轉趨強硬之後，這位美國新總統就放鬆了對中國的反對態度，在處理平壤當局的事

＊原註：二〇一七年六月川普又試了一次，這次提名投資銀行家兼退休陸戰隊飛行員史賓塞（Richard V. Spencer）出任海軍部長。他於同年八月三日宣誓就職。

情上提到了北京的協助，還借用共和黨的老臺詞，說希望中國能讓其亞洲鄰國安定，以便交換與美國之間關係的改善。這樣的政策在幾十年來已經證明了沒有效果，而且大家對接下來的發展可不是有點擔心而已。問題不是川普與中共國家主席習近平的關係會不會惡化，而是什麼時候會惡化。

還有人擔憂川普打算對他口中的「他的軍隊」所做的事，他在敘利亞和阿富汗大肆推動他自己的轟炸行動，來進一步證明新華府的決心。

國家元首常常發現所謂的「狂人理論」在國際關係上相當好用。這個理論認為，如果你的對手相信你真的瘋了，比方說瘋到會發動戰爭，甚至是核戰，那他們就會害怕把你逼得太緊。尼克森總統運用這種方法對付蘇聯和北越的事蹟就很出名，他熱烈地鼓勵像季辛吉等幕僚向外國的對口單位私下表示美國總統精神不穩定，什麼事都做得出來。已經有人認為川普也在玩同一個把戲了。[11]

如果這是真的，那說不定有效。中共領導階級從未質疑過美國的軍力；他們只會質疑美國的意志力。如我們所見，這樣的質疑不斷地被證明是正確的。當然，站起來面對中共會是個相當敏感、甚至可能危險的作法。畢竟中共的領導階級有他們自己的考量。中國的經濟發展正在趨緩、社會蠢蠢欲動、人民越來越偏向國家主義，因此領導階級不能給人一種對美國低頭的印象，美國也絕不應以此為目標。

美國與中共之間的分歧相當大，而且由來已久。中共對於海上自由通行的威脅相當嚴重，同時它又不尊重國際法、過份且非法地主張領土，還會欺負比較小或脆弱的鄰國，而這些問題都是明確且正在進行中的危險，正威脅著西太平洋的和平與穩定。把這些問題擺在二〇一七年，似乎沒有比在考本斯號遇上遼寧號的二〇一三年更接近可以善了的地步。

但有一點不一樣。二〇一三年的美國，派了一艘準備不足的考本斯號及其官兵前往南海，同時還不知道到底要這些官兵怎麼做。美國下令考本斯號在公海上面對新的解放軍海軍，卻又不能陷入對峙。美國下令考本斯號證明美國海軍在公海上想去哪就去哪，但結果卻只證明自己能去中共沒有禁止他們去的地方。美國叫該艦與其官兵向盟友證明美國還在那邊保護他們，實際上卻又讓這艘船被人趕出南海。而這件事與其他對峙的結果，就是美國在西太平洋的地位下降，並使中共領導階級更為大膽。

不論總統是誰，美國海軍的將領現在對於中國在西太平洋的意圖已不再抱有懷疑的態度，包括他們的意圖與美國的期望不相符的這一點在內。除非美國海軍決定要超出所有人的想像，將所有艦艇、軍機和人員全部撤回關島，否則和持續擴張的解放軍海軍再次發生對峙就是無可避免的事。至於連自己的支持者都承認是個非常善變人物的川普，或許他有一天早上醒來，覺得自己不應該繼續挑釁中共，希望這樣能讓本地區的超級強權回到北韓或其他急迫議題的會議桌旁，然後到了晚上，他可能又會轉而支持完全不同的政策。像這樣來回擺盪不定的政策，並不會改變已經完全浮出水面的現實。放眼未來，不論是誰坐上雙方權力金字塔的頂端，美國與中國的軍事關係都還是掌握在那些指揮艦艇、駕駛飛機、在遠離華府與北京的海上執行任務的人手中。

二〇一七年的美國和二〇一三年的美國並不一樣。下一次[12]若是解放軍海軍在公海上危險地與美國海軍軍艦對峙，美軍的指揮官應該不太可能會下令輪機室再來一次「全速特急倒俥」了。

對美國和美國海軍而言，特急倒俥的時代似乎已經結束了。

謝誌

本書若是沒有眾人的鼓勵與支持，是絕不可能完成的。我寫這些人的名字可以寫好幾頁，但我會盡量簡短帶過。

首先，最重要的是，我要特別感謝我的經紀人 Jim Hornfisher，他發現了這個企畫的潛力，在一切看似無望時和我站在一起，還替我指引方向、提供靈感。同時我也要感謝 Terry McKnight 幫我介紹了本領高強的 Jim。我還要感謝 Scribner 出版社的 Rick Horgan，他也看到了本書的潛力，並且對本書一直很有信心，包括在最艱難的時候。

我希望感謝兩位老師，他們在我最需要的時候，及時鼓勵了我，他們是 George Deal 和 Bob Cole。

我還要感謝 Jefferson Morris 的支持、理解和指引。他在我研究與寫作的過程中讓我不致於迷失方向，也是一位好朋友、顧問，必要時也是一位要求完美的編輯。Gordon Dillow 也貢獻了他的長才，將我偏離正軌的第一份草稿收下，轉向正確的方位。本書的每一頁都能看到他的才華。

在本書的寫作過程中，許許多多與美國海軍有關的人士也提供了不可或缺的協助，包括實際身在軍中的人以及外圍相關人士。有些人不願意具名，我在此誠摯地感謝這些匿名消息來源與指導者，包括一位非常特別的人，我和我的編輯稱他為「Dunsell 艦長」。

還有其他人我一定要具名誌謝：麥可．馬納齊、John Kirby、Ray Mabus、湯馬斯．勞登、Tamsen Reese、Richard Hunt、強納森．葛林納、Christopher Servello、Clayton Doss、Danny Hernandez、哈利．哈里斯、Darryn James、Patrick McNally、Hayley Sims、Caroline Hutcheson、Loren Thompson、葛雷．宮伯特、Bryan Clark、Robert Haddick、Jim Sheridan、Mike Kaszubowski、Tony Velocci、Jim Mathews、Jim Asker、Carolyn Beaudry、Keith Little、David Kindley、Jason Scott、Craig Hooper、Bonnie Glaser、Susan Hess、Tim Wilke、Jeffrey Czerewko、Robert Myers、George Rowell、Ben Freeman、Nick Schwellenbach、David Wise、Kara Yingling、Bob Nugent、Richard Aboulafia、Alex Gray、蘭迪．富比士、Chris Rahmen、Bradley Perrett、Greg Poling、Brett Crozier、William Choong、William Salvin、Laurent Liu、Gary Stewart 和 Teresa Stewart、Ed Chen、Rick Dunham、Charles Spears、Rod Felderman、Sabrina Greaves、DeMarcus Lawrence、Javonta Smith、Russel Kates、Travis McClellan、Richard Prest、Brad Peniston、Norman Polmar、Michael Bruno、James Kirk、Matthew Stroup、Lishan Chang，還有 Cindy Tierney 和 Preferred Travel 團隊的其他成員。

我必須特別感謝我的遠房親戚 Jeaneet——還有 T——願意讓我在他們家架設我的「西岸」辦公室，還讓我待在那邊的過程中非常舒適。我還要感謝我在澳洲的老朋友 Tony Locke 和 Leah Raabe，他們在我前往澳洲唸大學時一直忍受著我，在我周遊太平洋研究、寫作時還把我當成家人一樣歡迎我回去。

我在此感謝中國大陸與臺灣的人民，他們熱情且溫暖地招待了前去作客的我。

最後，我想在此提起兩位在本書付梓前過世的好友：John Gresham 和 David Donald。他們一直都是很會鼓勵我的友人，我會想念他們兩人的。

附錄　中國人民解放軍海軍兵力

資料來源：美國海軍情報局
最後更新 2019.11
非等比例側面圖

主要水上作戰艦艇

001 型航空母艦（庫茲涅佐夫元帥級）
16 遼寧

002 型航空母艦（庫茲涅佐夫元帥改良級）
17 山東

003 型航空母艦
計畫建造 2 艘

055 型飛彈驅逐艦（刃海級巡洋艦）
101　南昌 ※ 計畫要建造 8 艘

052D 型飛彈驅逐艦（旅洋 III 改良級）
※ 計畫要建造 12 艘

122	132	157　南寧
123　蘇州	133	162　淮南
124	134	163
125　唐山	156　淄博	164

052D 型飛彈驅逐艦（旅洋 III 級）

117	西寧	131	太原	173	長沙
118	烏魯木齊	154	廈門	174	合肥
119	貴陽	155	南京	175	銀川
120	成都	161	呼和浩特		
121	齊齊哈爾	172	昆明		

052C 型驅逐艦（旅洋 II 級）

150	長春	152	濟南	170	蘭州
151	鄭州	153	西安	171	海口

052B 型驅逐艦（旅洋 I 級）

168 廣州　　169 武漢

051C 型飛彈驅逐艦（旅州級）

115 瀋陽　　116 石家莊

051B 型驅逐艦（旅海級）

167 深圳

956E 型飛彈驅逐艦（現代級）

136 杭州　　137 福州

956EM 型飛彈驅逐艦（現代級）

138 泰州　　139 寧波

052 型驅逐艦（旅滬級）

112 哈爾濱　　113 青島

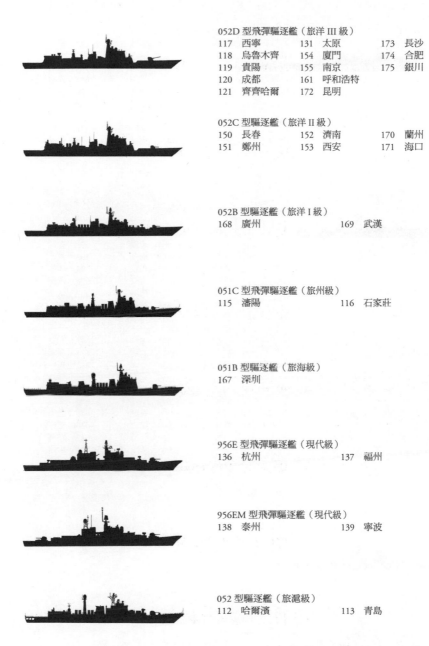

054A 型飛彈巡防艦（江凱 II 級）

500	咸寧	546	鹽城	573	柳州
515	濱州	547	臨沂	574	三亞
529	舟山	548	益陽	575	岳陽
530	徐州	549	常州	576	大慶
531	湘潭	550	濰坊	577	黃岡
532	荊州	568	衡陽	578	揚州
536	許昌	569	玉林	579	邯鄲
538	煙臺	570	黃山	598	日照
539	蕪湖	571	運城	599	安陽
542	棗莊	572	衡水	601	南通

056 ／ 056A 型反潛護衛艦（江島級）

056 型

501	信陽	582	蚌埠	590	威海
503	宿州	583	上饒	591	撫順
509	淮安	584	梅州	592	瀘州
510	寧德	585	百色	595	潮州
511	保定	586	吉安	596	惠州
512	菏澤	587	揭陽	597	欽州
580	大同	588	泉州		
581	營口	589	清遠		

056A 型

502	黃石	551	遂寧	611	六安
504	宿遷	552	廣元	613	孝感
505	秦皇島	554	德陽	617	景德鎮
506	荊門	556	宜春	620	贛州
507	銅仁	557	南充	621	攀枝花
508	曲靖	593	三門峽	623	文山
513	鄂州	594	株洲	625	巴中
514	六盤水	603	定州	626	梧州
518	義烏	604	牡丹江	627	恩施
520	漢中	605	張家口	628	永州
535	宣城	606	東營	630	阿壩
540	烏海	608	聊城		
541	張掖	610	朔州		

※ 至少尚有 13 艘已經下水或服役同型艦未知舷號或艦名

054 型巡防艦（江凱 I 級）

525	馬鞍山艦	526	溫州艦

053H3 型（升級）巡防艦（江衛 II 級）

564	宜昌	566	懷化
565	葫蘆島	567	襄陽

053H3 型巡防艦（江衛 II 級）

521　嘉興	527　洛陽（改裝升級中）
524　三明	528　綿陽（改裝升級中）

053H1G 型（江湖改良級）

558　北海	560　東莞	562　江門
559　佛山	561　汕頭	563　肇慶

051G1 ／ G2 型飛彈驅逐艦（旅大 III 級）

165　湛江	166 珠海

22 型飛彈快艇（紅稗級）
60 艘在役

037-II 型飛彈快艇（紅箭級）

770　陽江	772　南海	774　廉江
771　順德	773　番禺	775　新會

037IG 型反潛護衛艇（紅星級）

651　萊陽	751　金沙	758　永春
652　萊西	753　東安	759　福清
653　曲阜	754　臨武	760　長樂
654　成武	755　潮陽	764　龍巖
655　乳山	756　澄海	766　福鼎
656　壽光	757　古田	767　福安

037IS 型驅潛艇（海情級）※ 持續退役中

612 － 614	710 － 713	761 － 763
632 － 634	743 － 744	786 － 789

037 ／ 037I/ID 型反潛護衛艇
（海南級／海九級）
少量在役

兩棲作戰艦艇

075 型 LHA 兩棲攻擊艦（玉深級）
※ 計畫建造 3 艘，2 艘已經下水艤裝

071 型 LPD 船塢登陸艦（玉照級）

980　龍虎山	988　沂蒙山	999　井岡山
986　四明山	989　長白山	
987　五指山	998　崑崙山	

※ 第 8 艘尚未確認舷號、艦名

072A 型 LST 大型戰車登陸艦（玉亭 II 級）

911　天柱山	916　天目山	993　羅霄山
912　大青山	917　五台山	994　戴雲山
913　八仙山	981　大別山	995　萬羊山
914　武夷山	982　太行山	996　老鐵山
915　徂徠山	992　華頂山	997　雲霧山

072III 級 LST 大型登陸艦（玉亭 I 級）

908　雁盪山	935　雪峰山	938　呂梁山
909　九華山	936　海洋山（改成磁軌砲實驗艦）	939　普陀山
910　黃崗山		940　天台山
934　丹霞山	937　青城山	991　峨眉山

072／072II 型 LST 大型登陸艦（玉坎級）

072 型

927 雲台山　928 五峰山　929 紫金山

072II 型

930 靈岩山　932 賀蘭山

931 洞庭山　933 六盤山

073III 型 LSM 登陸運輸艦（玉登級）

990 金城山

074A 型 LCU 登陸艇（玉北級）

3128 － 3129　3315 － 3319

3232 － 3235

073A 型 LSM 登陸運輸艦（運輸級）

941 嵊山號　945 華山號

942 魯山號　946 嵩山號

943 蒙山號　947 廬山號

944 玉山號

067 型 LCM/YFU 通用登陸艇（玉南 II 級）

（約 30 艘在役）

074 型 LSM 通用登陸艇（玉海級）

3111 － 3113　3244

3115 － 3117　3357 － 3359

3128 － 3129　7593 － 7595

958 型 LCUA 氣墊登陸艦（野牛級）

3325　3327

3326　3328

※ 尚有兩艘建造中

726 型 LCMA 氣墊登陸艇（玉義級）

726 型

3320　3321　3322

726A 型

3330　3236　3239

3331　3237

3332　3238

水雷作戰艦艇

081 型 MCM 水雷反制艦（渦池級）

805	張家港	841	孝義	846	禹城
810	靖江	842	台山	847	仁懷
831	※ 未知艦名	843	常熟	848	宣威
839	瀏陽	844	鶴山	849	無棣
840	瀘溪	845	青州		

082-II 型 MHS 水雷反制艦（渦藏級）

804	霍邱	809	開平	814	東港
808	如東	811	榮成	818	崑山

MSI 近岸掃雷艇（渦囊級）

8041 － 8043	8111 － 8113	8181 － 8183
8091 － 8093	8141 － 8143	

※ 持續建造中，可以遙控

6605/6610 型 MSF 掃雷艦（T-43）
少量在役

082 型 MSC 海岸掃雷艇（渦掃 I 級）

800	802
801	803

082 I 型 MSC 近岸掃雷艇（渦掃 II 級）

806 － 807	820 － 827
816 － 817	

輔助艦艇

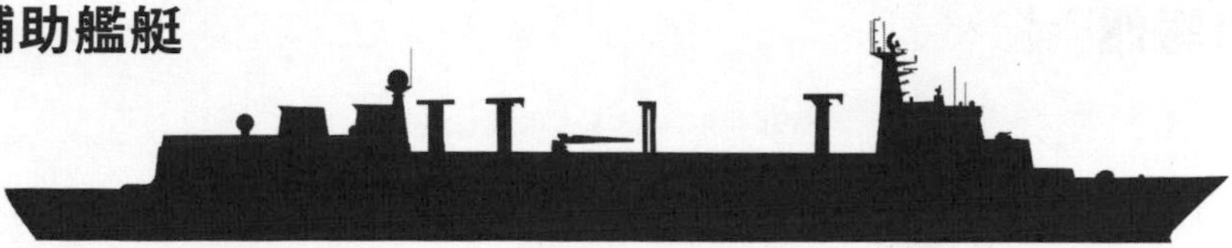

901 型綜合補給艦（福玉級）
965 呼倫湖　967 查干湖
計畫建造 4 艘

903 型／ 903A 型綜合補給艦（福池級）

903 型

886　千島湖　887　微山湖

903A 型

889　太湖　963　洪湖　968　可可西里湖
890　巢湖　964　駱馬湖
960　東平湖　966　高郵湖

905 型運輸補給艦（福清級）
882　鄱陽湖

908 型綜合補給艦（南倉級）
885 青海湖

904B 型綜合補給艦（彈藥 II 級）
961　軍山湖　962　瀘沽湖

904A 型綜合補給艦（彈藥 I 級）
888　撫仙湖

904 型運輸補給艦（大運級）
883　洞庭湖

073 II Y 型運輸艦（玉島級）
938　呂梁山

情報船

815 型電子偵察船（東調級）
851　北極星

813 ／ 815A ／ 815AG 型電子偵察船（東調 II 級）

852　海王星	855　天權星	858　玉衡星
853　天王星	856　開陽星	859　金　星
854　天狼星	857　天樞星	

* 外觀細節會有差異

814A 型偵察船（大諜級）
北調　900

927 型海洋研究船（東監級）

780　天璿星	781　天璣星	782　搖光星

共建造 6 艘

639 型測量船（勘海級）

北測　901	東測　232	南測　429
北測　902	東測　233	南測　430

636A 型海洋綜合調查船（書龐級）
872　海洋二十號／竺可楨
873　海洋二十三號／錢學森
874　海洋二十四號／鄧稼先
875　海洋二十二號／錢三強
876　海洋二十五號／錢偉長
※ 尚在建造新艦

環境研究艦（書龐級）
893　詹天佑　　894　李四光　　895　不 明

水聲試驗船（勘探級）
北調　993

偵察拖網漁船（FT-14 級）

湛漁　819	湛漁　822	浙海漁　628
湛漁　820	浙海漁　626	浙海漁　629
湛漁　821	浙海漁　627	

勤務艦

醫院船（安慎級）
新艦型

920 型醫院船（安慰級）
866　岱山島（和平方舟號）

醫院船（安康級）
北醫 01　南醫 11　東醫 13
南醫 10　東醫 12

綜合保障船（大觀級）
88　徐霞客（向前進一號）　89　酈道元（向前進二號）

實驗艦（大華級）
畢昇
* 實驗武器裝備安放位置

072III 型實驗艦（玉亭 I 級）
936　海洋山

680 型訓練艦（大都級）
83　戚繼光

679 型航海訓練艦（大興級）
81　鄭和號

0891A 型訓練艦（大世級）
82　世昌號

272 型破冰船（延繞級）
海冰 722　　海冰 723

926 型潛艦支援艦（打撈級）
864　海洋島　　867　長　島
865　劉公島

925 型潛艦支援艦（大江級）
861　長興島　　863　永興島
862　崇明島

922 Ⅲ型救生船（大浪 II 級）
北救 122　　北救 138
東救 332　　南救 510

917 型三體救生船（大三級）
北救 143　　南救 511
東救 335

救援船（海救 101 級）
南救 171　　北救 739
南救 195　　北救 742
南救 198　　北救 743
* 還有更多（民用救助船的軍用版）

救援拖船（大拖級）
南拖 159　　南拖 196
南拖 194　　北拖 742
* 還有更多

輔助遠洋拖船（圖強級）

南拖 181

南拖 189

北拖 721

輔助遠洋拖船（滬救級）

南拖 147	南拖 185	北拖 717
南拖 156	北拖 635	東拖 836
南拖 174	北拖 711	東拖 842
南拖 175	北拖 712	

* 部分已退役

911 型消磁勤務船（大閘級）

東勤 870	南勤 207

912　III 型消磁勤務船（延磁級）

北勤 736	南勤 203
東勤 864	南勤 205

917 型撈雷船（大門級）

北運 455	北運 529	南運 841
北運 484	東運 758	南運 844
北運 485	東運 803	南運 854

* 部分已退役解體

撈雷船（大酬級）

北運 530	南運 846
東運 760	南運 847

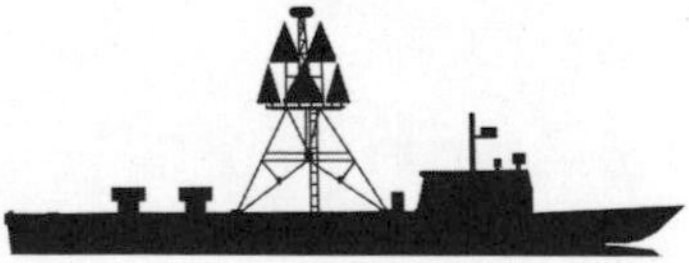

無人靶船（督北級）

試驗 216	東靶 11
南靶 01	

* 尚有更多

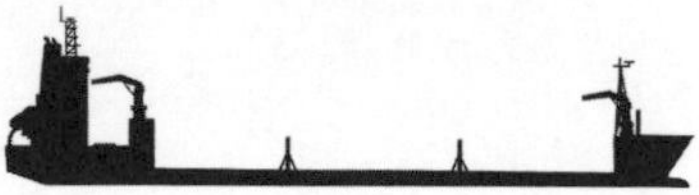

漢莎・森堡型改半潛船

868　東海島

7 "Statement by Pentagon Press Secretary Peter Cook on Incident in South China Sea" , December 2016; "Chinese Seize U.S. Navy Underwater Drone in South China Sea," *DOD News*, December 2016; "Pentagon Demands China Return US Underwater Drone," Barbara Starr and Ryan Browne, CNN, December 2016; "China Said It Would Return a Seized U.S. Naval Drone. Trump Told Them to 'Keep It,' " Missy Ryan and Emily Rauhala, *Washington Post*, December 2016.

8 "Did Trump's Team Just Threaten War with China?," Michael H. Fuchs, *Defense One*, January 2017.

9 "Chinese State Tabloid Warns Trump, End One China policy and China Will Take Revenge," Brenda Goh and J. R. Wu, Reuters, January 2017; "Beijing Pushes Back on Trump Admin Over Disputed Islands in South China Sea," Richard Engel, Marc Smith and Eric Baculinao, NBC News, January 2017; 親自採訪.

10 "Taiwan Scrambles Jets, Navy as China Aircraft Carrier Enters Taiwan Strait," Wu, Hung and Martina; 親自採訪.

11 同上.

12 親自採訪.

40 親自採訪.

41 同上.

42 同上.

43 " 'Hope to see you again': China Warship to U.S. Destroyer After South China Sea Patrol," Yeganeh Torbati, Reuters, October 2015.

44 親自採訪.

45 親自採訪; "U.S.-China Naval Relations Grow More Tense," Michael Fabey, *Aerospace Daily & Defense Report*, October 2015.

46 親自採訪.

47 "U.S. Warship Challenges China's Claims in South China Sea," David Tweed, Bloomberg, May 2016; "China Scrambles Fighters as U.S. Sails Warship Near Chinese-Claimed Reef," Michael Martina, Greg Torode and Ben Blanchard, Reuters, May 2016; 親自採訪.

48 "U.S. Carrier Strike Group's South China Sea Operations Sending Message," Michael Fabey, *Aerospace Daily & Defense Report*, March 2016; remarks by Secretary Carter in a Media Availability aboard USS *John C. Stennis* in the South China Sea, U.S. Defense Department, April 2016, https://www.defense.gov/News/Transcripts/.

49 "Tribunal Rules Against China in Territorial Dispute," Michael Fabey, *Aerospace Daily & Defense Report*, July 2016; 親自採訪.

50 "Wu to CNO: Beijing Won't Stop South China Sea Island Building," Sam LaGrone, *USNI News*, July 2016; 親自採訪.

51 直接觀察.

52 Navy News Desk; 親自採訪.

53 "Philippines President Duterte Says 'Time to Say Goodbye' to America," *Guardian*, October 2016; "Philippines President Duterte Says 'Time to Say Goodbye' to America," Lindsay Murdoch, *Sydney Morning Herald*, October 2016.

第十章　變更路線

1 親自採訪.

2 "What Would Trump's 350-Ship Navy Look Like?," Kyle Mizokami, *Popular Mechanics*, December 2016; "Naval Think Tank Study Calls for More Submarines, Smaller Carriers," Michael Fabey, *Scout Warrior*, February 2017; 親自採訪.

3 親自採訪.

4 "President Announces Navy Secretary Nominee," White House release, January 2017; "Trump Names Businessman as Navy Secretary," Tom Vanden Brook, *USA Today*, January 2017; "Philip Bilden Withdraws from Navy Secretary Consideration," David B. Larter, *Navy Times*, February 2017.

5 親自採訪.

6 "Beijing Concerned by Trump Questioning 'One China' Policy on Taiwan," Josh Chin, *Wall Street Journal*, December 2016; *On China*, Kissinger; "China Approves 38 New Trump Trademarks for His Businesses," NBC News, March 2017; 親自採訪.

Intelligence.

11 *Military and Security Developments Involving the People's Republic of China 2016*, DOD Annual Report to Congress; *Countering China's Adventurism in the South China Sea,* CSBA; *Before and After*, Asia Maritime Transparency Initiative, CSIS; 親自採訪.

12 *Countering China's Adventurism in the South China Sea: Strategy Options for the Trump Administration*, CSBA; *Before and After*, Asia Maritime Transparency Initiative, CSIS; 親自採訪.

13 "China's Will to Safeguard Sovereignty 'Unshakable' Foreign Minister," Xinhuanet, May 2015, http://news.xinhuanet.com/english/2015-05/16/c_134244810.htm.

14 "Obama Says Concerned China Uses Size to Bully Others in Region," Emily Stephenson, Reuters, April 2015.

15 Admiral Harry Harris speech, Australian Strategic Policy Institute, Canberra, March 2015.

16 親自採訪.

17 Aspen Security Forum Remarks by Adm. Harris, Pacific Command, July 2015.

18 Harris's statement before Senate Armed Services Committee, February 2016.

19 "China Slams US Admiral's South China Sea Remarks," *China Daily Europe*, February 2016.

20 親自採訪.

21 "US Admiral Harry Harris Has the Measure of China," David Feith, *Australian*, August 2016.

22 親自採訪.

23 Department of Defense Freedom of Navigation Program Fact Sheet.

24 "U.S. Shoots Down 2 Libya Jets; Kadafi Vows to Seek Revenge: F-14s Fired in Self-Defense, Carlucci Says," John M. Broder, *Los Angeles Times*, January 1989.

25 親自採訪.

26 Admiral Harry Harris, Defense One Leadership Briefing, November 2016.

27 親自採訪.

28 親自採訪; "Fort Worth Patrols South China Sea, Practices Cues with PLAN Ships," Michael Fabey, *Aerospace Daily & Defense Report*, May 2015.

29 "Possible Smaller LCS Fleet Seen with Bigger Aviation Punch," Michael Fabey, Aviation Week Intelligence Network, January 2014.

30 親自採訪.

31 同上.

32 "China to 'Name and Shame' Tourists Who Leave Graffiti on Mt. Everest," Neil Connor, *Telegraph*, May 2016.

33 親自採訪.

34 同上.

35 *Before and After*, Asia Maritime Transparency Initiative, CSIS.

36 親自採訪.

37 "Exclusive: China Warns U.S. Surveillance Plane," CNN.

38 "U.S. Threatens Peace in South China Sea, Beijing Says," Brad Lendon, CNN, May 2015.

39 "Carter Warns China U.S. Will Go Wherever Global Law Permits," David J. Lynch, Bloomberg, May 2015.

Hypervelocity Projectile: Background and Issues for Congress, CRS; 親自採訪.

54 CRS; 親自採訪; "Navy to Fire 150 kW Ship Laser Weapon from Destroyers, Carriers," Michael Fabey and Kris Osborn, *Scout Warrior*, January 2017.

55 親自採訪; "Railgun Remains Priority for U.S. Navy," Michael Fabey, Aviation Week Intelligence Network, April 2014.

56 "CSBA: Shorter-Range Missile Defense Equals Bigger Savings," Fabey; *Navy Lasers, Railgun, and Hypervelocity Projectile: Background and Issues for Congress*, CRS; 親自採訪.

57 "NavWeek: Ballad of the Traveling Gun," Michael Fabey, Aviation Week *Ares* blog, June 2014; "New Stealthy Navy Destroyer Starts Combat System Activation," Michael Fabey, *Scout Warrior*, January 2017; "USN Considers Alternatives to LRLAP for Zumwalt Gun System," Michael Fabey, *IHS Jane's Navy International*, December 2016; "Navy Updates Radar Software on Stealthy Zumwalt," Michael Fabey, *Defense Systems*, October 2016; "In Transit: Zumwalt Class Tackles Challenges as It Readies for Service," Michael Fabey, *IHS Jane's Navy International*, December 2016.

58 "Zumwalt Stokes Pacific Command Interest," Michael Fabey, *Aerospace Daily & Defense Report*, January 2016.

59 親自採訪; Lockheed Martin company information.

第九章　沙土長城

1 "Exclusive: China Warns U.S. Surveillance Plane," Jim Sciutto, CNN, September 2015; 親自採訪.

2 *South China Sea*, Hayton; *Before and After: The South China Sea Transformed*, Asia Maritime Transparency Initiative（亞洲海事透明倡議）, Center for Strategic and International Studies (CSIS), February 2015; *Asia's Cauldron*, Kaplan; 親自採訪.

3 https://www.youtube.com/watch?v=uq30CY9nWE8; https://www.youtube.com/watch?v=Uy2ZrFphSm; *South China Sea*, Hayton; 親自採訪.

4 *Incident at Mischief Reef: Implications for the Philippines, China, and the United States*, Stanley E. Meyer (US Army War College（美國陸軍戰爭學院）, 1996); *South China Sea*, Hayton; *Before and After: The South China Sea Transformed*, Asia Maritime Transparency Initiative, CSIS; 親自採訪; *China Occupies Mischief Reef in Latest Spratly Gambit*, Daniel J. Dzurek (Durham University, 2013).

5 "The 1974 Paracels Sea Battle, A Campaign Appraisal," Toshi Yoshihara, *Naval War College Review* (Spring 2016); *Asia's Cauldron*, Kaplan; 親自採訪.

6 *South China Sea*, Hayton; *Before and After*, Asia Maritime Transparency Initiative, CSIS; 親自採訪.

7 *South China Sea*, Hayton; *Before and After*, Asia Maritime Transparency Initiative, CSIS; 親自採訪; CRS; *Asia's Cauldron*, Kaplan; UN Convention on the Law of the Sea, 1982.

8 *Before and After*, Asia Maritime Transparency Initiative, CSIS; CRS; 親自採訪.

9 親自採訪; "Seeing the Forest Through the SAMs on Woody Island," , CSIS, February 2016; *Countering China's Adventurism in the South China Sea: Strategy Options for the Trump Administration*, CSBA; *South China Sea*, Hayton; "Joint Declaration of ASEAN and China On Cooperation in the Field of Non-traditional Security Issues" (Phnom Penh4, November 2002) http://wcm.fmprc.gov.cn/pub/eng/topics/zgcydyhz/dlczgdm/t26290.htm.

10 親自採訪; *The PLA Navy: New Capabilities and Missions for the 21st Century*, Office of Naval

26 Navy News Desk; 親自採訪; Pacific Fleet Command, Pacific Command.

27 親自採訪.

28 "NavWeek: LCS Got Game," Fabey, Aviation Week *Ares* blog; 親自採訪.

29 " 'Distributed Lethality' Good Fit for Asia-Pacific, Navy Commander Says," Michael Fabey, *Aerospace Daily & Defense Report*, January 2015; *Surface Force Strategy: Return to Sea Control*, Commander, Naval Surface Forces, January 2017.

30 親自採訪.

31 "Navy Admiral Seeks to Add Power to Force," Fabey, *Aerospace Daily & Defense Report*; 親自採訪.

32 Admiral Harry Harris, speaking at Center for Strategic and International Studies (CSIS), January 2016.

33 "Norwegian Ship Proves Tropical Use of Strike Missile," Michael Fabey, *Aerospace Daily & Defense Report*, July 2014.

34 Kongsberg company site, https://www.kongsberg.com/en/kds/products/missilesystems/navalstrikemissile; Raytheon, 親自採訪.

35 https://www.youtube.com/watch?v=AaSPvWiqgeM; U.S. Pacific Fleet release, July 2014.

36 親自採訪.

37 "Lockheed Hones LRASM Surface Launch," Michael Fabey, *Aerospace Daily & Defense Report*, July 2016; "Lockheed Touts LRASM Missile for LCS/Frigate," Graham Warwick and Michael Fabey, Aviation Week Network, January 2016.

38 Navy Fact File; Boeing company material, 親自採訪.

39 親自採訪; 親自觀察.

40 *Carrier*, Clancy and Gresham; 親自登艦.

41 親自採訪; U.S. Navy Biographies.

42 "NavWeek: Ford Tour," Michael Fabey, Aviation Week *Ares* blog, April 2014.

43 親自採訪; U.S. Navy Biographies.

44 親自採訪.

45 親自採訪; 直接觀察.

46 親自採訪; "Ford Carrier Delayed Again Due to 'First-of-Class Issues,' " Megan Eckstein, *US Naval Institute News*, July 2016.

47 親自採訪.

48 直接觀察; 親自採訪; Navy Fact File.

49 Navy Fact File; 直接觀察; Lockheed Martin company information.

50 Navy Fact File; 親自採訪; navy budget documents; "Unmanned Carrier Aircraft Good Idea, Analysts Say," Michael Fabey, *Aerospace Daily & Defense Report*, February 2016.

51 "CSBA: Shorter-Range Missile Defense Equals Bigger Savings," Michael Fabey, *Aerospace Daily & Defense Report*, May 2016; *Navy Lasers, Railgun, and Hypervelocity Projectile: Background and Issues for Congress*, CRS, March 2017; 親自採訪.

52 親自採訪; "Industry Seeks Power Boost for Navy Lasers," Michael Fabey, *IHS Jane's Navy International*, January 2017.

53 "CSBA: Shorter-Range Missile Defense Equals Bigger Savings," Fabey; *Navy Lasers, Railgun, and*

3 Research & Gaming, U.S. Naval War College（美國海軍戰爭學院）, https://www.usnwc.edu/Research---Gaming.aspx; 親自採訪.
4 U.S. Navy Biographies; 親自採訪.
5 "Navy Admiral Seeks to Add Power to Force," Michael Fabey, *Aerospace Daily & Defense Report*, December 2015.
6 親自採訪.
7 *Mayday*, Cropsey; 親自採訪.
8 親自採訪.
9 "Admiral Highlights Missile, Sub Needs in Asia-Pacific," Michael Fabey, *Aerospace Daily & Defense Report*, March 2016; 親自採訪.
10 *Fire on the Water*, Haddick; *Winning the Salvo Competition: Rebalancing America's Air and Missile Defenses*, Center for Strategic and Budgetary Assessment（戰略暨預算評估中心）(CSBA), May 2016; 親自採訪.
11 *Thread of the Silkworm*, Iris Chang (Basic Books, 1995); 親自採訪.
12 *Fire on the Water*, Haddick; *Winning the Salvo Competition*, CSBA; 親自採訪; *China Naval Modernization: Implications for U.S. Navy Capabilities—Background and Issues for Congress*, CRS; *The PLA Navy: New Capabilities and Missions for the 21st Century*, Office of Naval Intelligence.
13 *Thread of the Silkworm*, Chang.
14 親自採訪.
15 *Fire on the Water*, Haddick; *Winning the Salvo Competition*, CSBA; 親自採訪; CRS; *The PLA Navy: New Capabilities and Missions for the 21st Century*, Office of Naval Intelligence.
16 "CNO: U.S. Asia-Pacific Operations Unaffected by Chinese Anti-Ship Ballistic Missiles," Michael Fabey, Aviation Week Intelligence Network, May 2013.
17 親自採訪.
18 "NavWeek: Keeping Asian Waters Pacific," Michael Fabey, Aviation Week *Ares* blog, March 2013; "NavWeek: Singapore Fling," Michael Fabey, Aviation Week *Ares* blog, May 2013; *China Naval Modernization: Implications for U.S. Navy Capabilities—Background and Issues for Congress*, CRS; 親自採訪; *Fire on the Water*, Haddick; *Winning the Salvo Competition*, CSBA.
19 "Asia-Pacific Defense Partners Discuss Air-Sea Battle Concept," Michael Fabey, Aviation Week Intelligence Network, May 2013; 親自採訪.
20 "Asia-Pacific Defense Partners Discuss Air-Sea Battle Concept," Fabey; "CNO: U.S. Asia-Pacific Operations Unaffected by Chinese Anti-Ship Ballistic Missiles," Fabey; 親自採訪.
21 親自採訪.
22 Navy Fact File; 親自採訪.
23 親自採訪.
24 親自採訪; "CNO: U.S. Asia-Pacific Operations Unaffected by Chinese Anti-Ship Ballistic Missiles," Fabey.
25 "Pentagon Unconcerned by DF-21 Parade Appearance," Michael Fabey, *Aerospace Daily & Defense Report*, September 2015; "Showtime: China Reveals Two 'Carrier-Killer' Missiles," Andrew S. Erickson, *National Interest*, September 2015.

17 親自採訪.

18 "Spying Concerns, Regional Belligerence Cloud Chinese Role in Pacific Naval Exercises," Bill Gertz, *Washington Free Beacon*, June 2014.

19 "China to Attend Major U.S.-Hosted Naval Exercises, but Role Limited," Phil Stewart, Reuters, March 2013.

20 親自採訪; "Chinese RIMPAC Delegation Snubs Japanese Sailors," Sam LaGrone, *US Naval Institute News*, July 2016.

21 親自採訪; 直接觀察; "In Pacific Drills, Navies Adjust to New Arrival: China; Political Challenges Arise with China's Participation in U.S.-led Rimpac Exercises," Jeremy Page, *Wall Street Journal*, July 2014; "Inside China's First Rimpac Naval Exercise," Fabey; "Aboard a Chinese Destroyer," Steele.

22 直接觀察; 親自登艦; 親自採訪.

23 "US Official Chides China over Spy Ship," William Lowther, *Taipei Times*, August 2014.

24 *Terrorism: Commentary on Security Documents Volume 136. Assessing the Reorientation of U.S. National Security Strategy Toward the Asia-Pacific*, Douglas Lovelace, Jr., ed. (Oxford University Press, 2014).

25 親自採訪.

26 "China Defends RIMPAC Spy Ship," Sam LaGrone, *US Naval Institute News*, July 2014.

27 "PACOM Chief: U.S. Not Worried About Chinese Intel Ship at RIMPAC," *Navy Times* July 2014.

28 親自採訪.

29 "China Continues International Harassment of U.S. Forces," Michael Fabey, Aviation Week Intelligence Network, August 2014; "Pentagon Undeterred by Chinese Interception of P-8," Michael Fabey, Aviation Week Intelligence Network, August 2014; 親自採訪.

30 親自採訪.

31 "Chinese Interceptions of U.S. Military Planes Could Intensify Due to Submarine Base," Greg Torode and Megha Rajagopalan, Reuters, August 2014. 譯註：「（前略）中國必須出面攔截，這也是國際慣例。既然出面，就必須起到威懾作用，靠得越近威懾越大。9公尺距離不算什麼，冷戰時期，蘇聯戰機對美國偵察機靠得更近，有時只有幾十公分。蘇聯的Su-27甚至曾從美國軍機下方飛過，用尾翼把美國偵察機的腹部劃開一道口子。」，摘自〈張召忠：我戰機距美軍機9米不算啥 靠得越近威懾越大〉，《人民網》，2014年08月25日。http://military.people.com.cn/BIG5/n/2014/0825/c1011-25530499.html

32 "Chinese MOD Calls for a Stop of U.S. 'Close-In' Surveillance Flights," Sam LaGrone, *US Naval Institute Press News*, August 2014.

33 親自採訪.

34 "China, US Navies Planning Joint Exercise," Erik Slavin, *Stars and Stripes*, August 2014.

35 U.S.-China Air Encounters Annex Sept. 2015, U.S. Defense Department.

36 "US, China Conduct Anti-Piracy Exercise," navy.mil, December 2014.

第八章　更多、更好的飛彈

1 親自採訪.

2 "NavWeek: LCS Got Game," Michael Fabey, Aviation Week *Ares* blog, March 2014; 親自採訪.

14 親自採訪；*Agreement Between the Government of the United States of America and the Government of the Union of Soviet Socialist Republics on the Prevention of Incidents On and Over the High Seas*, U.S. Department of State, 1972,https://www.state.gov/t/isn/4791.htm.

15 親自採訪；"Pacific Navies Agree on Code of Conduct for Unplanned Encounters; Agreement Comes After Rise in Territorial Tensions," Jeremy Page, *Wall Street Journal*, April 2014; "Navy Leaders Agree to CUES at 14th WPNS" , April 2014, Navy News Desk.

16 親自採訪.

17 親自採訪；"Pact to Reduce Sea Conflicts," Zhao Shengnan, China Daily（《中國日報》）, April 2014.

18 *Command Investigation into Ship's Readiness and Leadership ICO USS Cowpens (CG-63)*, Commander, U.S. Naval Surface Force, July 2014.

19 "CO Seldom Left In-Port Cabin During Second Half of Ship's Deployment, Report Found," *Military Times*, August 2014.

20 親自採訪.

第七章　屠龍派

1 親自採訪；親自體驗飛行；"Pacific Fleet Commander Gets Close Look at P-8 Advanced Capabilities," Navy News Desk, January 2014; U.S. Navy Biographies; Navy Fact File.

2 親自採訪；U.S. Navy Biographies.

3 *Death in Camp Delta*, Seton Hall University School of Law Center for Policy and Research, December 2009.

4 *Intimate Rivals*, Smith; *China's ADIZ over the East China Sea: A "Great Wall in the Sky"?*, Jun Osawa, Brookings Institute, December 2013.

5 "China Enforcing Quasi-ADIZ in South China Sea: Philippine Justice," Prashanth Parameswaran, *Diplomat*, October 2015.

6 親自採訪.

7 "Air Defense ID Zone to Deter Those with Designs on China's Territory," Zhang He, *People's Daily*, November 2013.

8 "What's an ADIZ?," David A. Welch, *Foreign Affairs*, December 2013.

9 親自採訪.

10 U.S. Navy Budget Submissions; Navy Fact File.

11 親自採訪；Navy Fact File.

12 *China Naval Modernization*, CRS; *The PLA Navy: New Capabilities and Missions for the 21st Century*, Office of Naval Intelligence.

13 親自採訪.

14 直接觀察；親自登艦；親自採訪.

15 "U.S. Navy Says China Spy Ship Proves International Waters Recognition," Michael Fabey, Aviation Week Intelligence Network, July 2014; "Inside China's First Rimpac Naval Exercise," Fabey; Navy News Desk.

16 *U.S.-China Military Contacts: Issues for Congress*, CRS.

43 "Need for Speed Still Drives LCS," Michael Fabey, Aviation Week Intelligence Network, December 2012.

44 "What Price Freedom? LCS-1 Leaves Dry Dock Amid Questions About Worthiness," Fabey, Aviation Week Intelligence Network; "What Price Freedom? Cost Concerns Continue to Bedevil LCS," Michael Fabey, Aviation Week Intelligence Network, May 2012.

45 親自採訪; "USS Freedom Reports Seawater Cooling System Faults," Michael Fabey, Aviation Week Intelligence Network, April 2013.

46 直接觀察; 艦艇參觀; 親自採訪; "USS Freedom Takes Spotlight at IMDEX," Michael Fabey, Aviation Week Intelligence Network, May 2013; "What Price Freedom?," Fabey.

47 艦艇參觀; 親自採訪; *Littoral Combat Ship Concept of Operations*, U.S. Navy.

48 親自採訪.

49 Navy Fact File; *The Naval Institute Guide to the Ships and Aircraft of the U.S. Fleet*, internal navy strategy documents.

50 CRS; *The PLA Navy: New Capabilities and Missions for the 21st Century*, Office of Naval Intelligence.

51 Navy News Desk.

52 親自採訪; Navy News Desk.

53 親自採訪.

第六章　特急倒俥

1 *Cowpens* deck log; 親自採訪.

2 "Enterprise's EW Module Stays Below the Radar," navy.mil, January 2004; Navy News Desk.

3 *China Naval Modernization: Implications for U.S. Navy Capabilities— Background and Issues for Congress*, Congressional Research Service (CRS), June 2016; "How Does China's First Aircraft Carrier Stack Up?," *China Power*, Center for Strategic and International Studies (CSIS), April 2016; "Exposed: How China Purchased Its First Aircraft Carrier," Zachary Keck, *National Interest*, January 2015.

4 "Chinese Aircraft Carrier Liaoning Takes Up Role in South China Sea," Chan.

5 親自採訪.

6 *China Naval Modernization*, CRS; *The Naval Institute Guide to the Combat Fleets of the World*, Wertheim.

7 親自採訪.

8 親自採訪; *China Naval Modernization*, CRS; *The Naval Institute Guide to the Combat Fleets of the World*, Wertheim.

9 親自採訪.

10 親自採訪.

11 U.S. Pacific Fleet statement, December 2013; "U.S., Chinese Warships Narrowly Avoid Collision in South China Sea," David Alexander and Pete Sweeney, Reuters, December 2013; "China Confirms Near Miss with U.S. Ship in South China Sea," Sui-Lee Wee, Reuters, December 2013.

12 "US 'Plays Innocent' After Near Collision at Sea," Qiu and Yang.

13 Liz Carter, *Foreign Policy*, December 2013.

Soviet-to-visit-Pentagon-inner-sanctum/6483565938000/.
17 親自採訪.
18 "U.S.-China Relationship Part of Greenert's Legacy," Michael Fabey, *Aerospace Daily & Defense Report*, September 2015.
19 *Intimate Rivals*, Smith; *South China Sea*, Hayton; *U.S.-China Military Contacts: Issues for Congress*, Congressional Research Service, March 2012; 親自採訪.
20 "South Korea Cracks Down on Illegal Chinese Fishing, with Violent Results," Lyle J. Morris, *Diplomat*, November 2012; *U.S.-China Military Contacts: Issues for Congress*, CRS; 親自採訪.
21 "The China-Philippines Dispute in the East Sea," Vietnamnet Bridge, http://english.vietnamnet.vn/fms/special-reports/106862/the-china-philippines-dispute-in-the-east-sea.html.
22 "Chinese Patrol Boats Confront Vietnamese Oil Exploration Ship in South China Sea," Joseph Santolan, World Socialist Web Site, www.wsws.org.
23 *South China Sea*, Hayton.
24 *Intimate Rivals*, Smith; CRS; 親自採訪.
25 親自採訪.
26 親自採訪.
27 親自採訪; "Focus on Zhang Zheng, Captain of Liaoning," Sina English, http://bbs.english.sina.com/archiver/?tid-105448.html; "Chinese Aircraft Carrier Liaoning Takes Up Role in South China Sea," Chan.
28 親自採訪; "China Trains More Carrier-Borne Fighter Pilots" , Xinhua; "Operational Aircraft Carrier a Few Years Away: Admiral" , *South China Morning Post*.
29 親自採訪; "The Next Generation of China's Navy," *Diplomat*; *Biographies of Key Chinese Military Officers*, CNA China Studies, April 2013; "China's Military Modernization: The Legacy of Admiral Wu Shengli," Jeffrey Becker, Jamestown Foundation, *China Brief*, August 2015.
30 http://ipv6.navy.mil/view_image.asp?id=44898.
31 "Fatal Crash of Chinese J-15 Carrier Jet Puts Question Mark over Troubled Programme," Choi Chi-yuk, *South China Morning Post*, July 2016.
32 親自採訪.
33 親自登艦與相關採訪.
34 Navy Fact File.
35 親自採訪; 登艦與親自觀察.
36 親自採訪; *The PLA Navy: New Capabilities and Missions for the 21st Century*, Office of Naval Intelligence.
37 ipv6.navy.mil/view_image_list.asp?id=153&page=148.
38 親自採訪, "Chinese Navy Leader to Visit San Diego," navy.mil, September 2013.
39 Navy Fact File; 親自採訪.
40 親自採訪.
41 親自採訪.
42 "USN Seeks to Improve Crew Training, Readiness to Support LCS Overseas Maintenance," Michael Fabey, *IHS Jane's Navy International*, November 2016.

Intelligence; *China's Anti-Satellite Weapon Test*, CRS, April 2007; *Defense Department Annual Report to Congress, Military and Security Developments, People's Republic of China*, U.S. Defense Department.

25 親自採訪；"Navy Succeeds in Intercepting Non-Functioning Satellite," navy.mil; https://www.youtube.com/watch?v=pDqNjnUNUl8.

26 親自採訪; CRS; "Chinese Vessels Approach Sealift Command Ship in Yellow Sea," www.navy.mil/Submit/display.asp?story_id=45048; "Chinese Boats Harassed U.S. Ship, Officials Say," Barbara Starr, CNN, May 2009.

27 親自採訪; "China Sub Collides with Array Towed by U.S. Ship," Richard Cowan, Reuters, June 2009; "Sub Collides with Sonar Array Towed by U.S. Navy Ship," Barbara Starr, CNN, June 2009.

28 "China hits out at US on Navy Row," BBC, March 2009.

29 "Navy Sends Destroyer to Protect Surveillance Ship After Incident in South China Sea," Ann Scott Tyson, *Washington Post*, March 2009.

30 親自採訪.

第五章　擁抱熊貓派

1 親自採訪.

2 U.S. Navy Biographies; 親自採訪.

3 "Admiral Locklear: Climate Change the Biggest Long-Term Security Threat in the Pacific Region," Center for Climate and Security, March 2009, https://climateandsecurity.org/2013/03/12/admiral-locklear-climate-change-the-biggest-long-term-security-threat-in-the-pacific-region/.

4 "Chief of US Pacific Forces Calls Climate Biggest Worry," Bryan Bender, *Boston Globe*, March 2013.

5 親自採訪.

6 "Dear Admiral Halsey," John Wukovits, *Naval History Magazine*（《海軍歷史雜誌》）, April 2016, US Naval Institute（美國海軍學會）.

7 親自採訪.

8 親自採訪.

9 www.navy.mil/navydata/our_ships.asp.

10 *The Rape of Nanking: The Forgotten Holocaust of World War II*（《被遺忘的大屠殺：1937南京浩劫》）, Iris Chang（張純如）(Basic Books, 1997); *Intimate Rivals: Japanese Domestic Politics and a Rising China*, Sheila A. Smith (Columbia University Press, 2015).

11 "Hostile Neighbors: China vs. Japan," Bruce Stokes, pewglobal.org, September 2016.

12 親自採訪.

13 "Navy Sends Destroyer to Protect Surveillance Ship After Incident in South China Sea," Tyson.

14 Navy News Desk, navy.mil; "Remarks at the Center for Strategic and International Studies," Admiral Jonathan Greenert, May 2014, http://www.navy.mil/navydata/people/cno/Greenert/Speech/140519%20CSIS.pdf.

15 *Issues for Congress*, CRS, October 2014.

16 "The Washington Summit: For First Time, a High Soviet Officer Gets Inside Pentagon," John M. Broder, *Los Angeles Times*, December 1987; "Ranking Soviet to Visit Pentagon Inner Sanctum," December 1987, UPI Archives, http://www.upi.com/Archives/1987/12/08/Ranking-

3 親自拜訪；*Pirates of the South China Coast*, Murray; *Mayday*, Cropsey.

4 *Journey into Darkness: The Gripping Story of an American POW's Seven Years Trapped Inside Red China During the Vietnam War*, Philip E. Smith (Pocket, 1992).

5 pownetwork.org.

6 *Born to Fly*, Osborn; *China-U.S. Aircraft Collision Incident of April 2001: Assessments and Policy Implications*, CRS.

7 "2nd Pilot Blames U.S. Crew For Mishap," CBS News, April 2001.

8 "Chinese Pilot's Wife Sends Bush Emotional Letter," Wang Wei, CNN, April 2001, http://www.cnn.com/2001/WORLD/asiapcf/east/04/06/letter.to.bush/.

9 "US Spy Plane Crew Comes Home to A Hero's Welcome," Agence France-Presse, April 2001.

10 親自採訪；*China-U.S. Aircraft Collision Incident of April 2001: Assessments and Policy Implications*, CRS.

11 *Born to Fly*, Osborn.

12 "Missing Pilot Awarded Title of 'Guardian of Territorial Airspace and Waters,'" http://www.china.org.cn/english/2001/Apr/11188.htm.

13 親自採訪；*China-U.S. Aircraft Collision Incident of April 2001: Assessments and Policy Implications*, CRS.

14 親自拜訪；親自採訪；chinatravelguide.com.

15 親自拜訪；親自採訪；*Mayday*, Cropsey; *The PLA Navy: New Capabilities and Missions for the 21st Century*, Office of Naval Intelligence; *China Naval Modernization: Implications for U.S. Navy Capabilities—Background and Issues for Congress*, CRS.

16 親自採訪；CRS; *Fire on the Water*, Haddick; www.msc.navy.mil/inventory/ships.asp?ship=106; https://www.youtube.com/watch?v=hQvQjwAE4w4; "Close Encounters at Sea: The USNS Impeccable Incident," Captain Raul Pedrozo, *Naval War College Review* 62 (Summer 2009).

17 *South China Sea*, Hayton.

18 *History of the Maritime Zones Under International Law*, National Oceanic and Atmospheric Administration（美國國家海洋暨大氣總署）.

19 親自採訪；CRS; *South China Sea*, Hayton.

20 親自採訪；*China-U.S. Aircraft Collision Incident of April 2001: Assessments and Policy Implications*, CRS.

21 "China's Merchant Marine," Blasko; "China-Owned Ships: Fleet Expansion Accelerates" ; *China's Quest for Great Power*, Cole; https://www.youtube.com/watch?v=hQvQjwAE4w4; "The Time the U.S. Nearly Nuked North Korea Over a Highjacked Spy Ship," Colin Schultz, Smithsonian.com, January 2014, http://www.smithsonianmag.com/smart-news/time-us-nearly-nuked-north-korea-over-highjacked-spy-ship-180949514/.

22 "Close Encounters at Sea," Pedrozo; "2001-2009 - South China Sea Developments," GlobalSecurity.org, http://www.globalsecurity.org/military/world/war/south-china-sea-2009.htm.

23 親自採訪；"A Chinese Submarine Stalked an American Aircraft Carrier," Kyle Mizokami, *Popular Mechanics*, November 2015.

24 親自採訪；*The PLA Navy: New Capabilities and Missions for the 21st Century*, Office of Naval

8 親自採訪；親自登艦.

9 同上.

10 "The Legacy of the Korean War: Cold War Thinking Framed by Conflict," Merrill Goozner, *Chicago Tribune*, July 1993.

11 "The Fantastic Voyage," Raymond Zhou, *China Daily*, October 2008.

12 *When China Ruled the Seas: The Treasure Fleet of the Dragon Throne, 1405–1433*, Louise Levathes (Simon & Schuster, 1994); Hong Kong Maritime Museum（香港海事博物館）.

13 *Zheng He Xia Xiyang*, CCTV-8, 2009.

14 *When China Ruled the Seas*, Levathes; Hong Kong Maritime Museum.

15 *Harmony and War: Confucian Culture and Chinese Power Politics*, Yuan-kang Wang (Columbia University Press, 2010).

16 *Pirates of the South China Coast: 1790–1810*, Dian H. Murray (Stanford University Press, 1987).

17 *On China*, Kissinger.

18 親自採訪；*The PLA Navy: New Capabilities and Missions for the 21st Century*, Office of Naval Intelligence.

19 同上；*Naval War College Review* 68 (Summer 2015).

20 親自採訪；*On China*, Kissinger; *Mayday*, Cropsey.

21 "Christopher to Meet his Chinese Counterpart," Steven Erlanger, *New York Times*, March 1996.

22 *Naval War College Review* 68 (Summer 2015).

23 親自採訪；"PLAN Commander Is a RimPac First," Michael Fabey, *Aviation Week*, September 2014.

24 親自採訪；*The PLA Navy: New Capabilities and Missions for the 21st Century*, Office of Naval Intelligence; *China Naval Modernization: Implications for U.S. Navy Capabilities—Background and Issues for Congress*, Congressional Research Service（國會研究處）(CRS), June 2016; *Defense Department Annual Report to Congress, Military and Security Developments, People's Republic of China*, U.S. Defense Department; World Bank.

25 "China's Merchant Marine," a paper for the China as "Maritime Power" Conference, Dennis J. Blasko, CNA Conference, July 2015; "China-Owned Ships: Fleet Expansion Accelerates," *Hellenic Shipping News*, March 2016; *China's Quest for Great Power: Ships, Oil, and Foreign Policy*, Bernard D. Cole (Naval Institute Press, November 2016).

26 親自採訪；*The PLA Navy: New Capabilities and Missions for the 21st Century*, Office of Naval Intelligence; *China Naval Modernization: Implications for U.S. Navy Capabilities—Background and Issues for Congress*, CRS; *Defense Department Annual Report to Congress, Military and Security Developments, People's Republic of China*, U.S. Defense Department.

27 親自採訪；"PLAN Commander Is a RimPac First," Fabey.

28 親自採訪.

第四章　這就是暖戰

1 *Born to Fly*, Osborn; (CRS); 親自採訪.

2 親自採訪；moviemistakes.com.

March 2001.
49 "Sailors Killed in Red Sea Helicopter Crash Identified," Lea Sutton and Christina London, NBC San Diego, September 2013.
50 "Missing Sailor Prompts Navy Search-and-Rescue Operation Off North Carolina Coast," Sarah Begley, *Time*, April 2016.
51 http://www.public.navy.mil/surfor/cg67/Pages/MissingCrewmemberIdentified.aspx#.WPFWD6K1vIU.
52 "After the War: The Homecoming; A Return to North Carolina, Marred by Loss of 2 Sailors," Robert D. McFadden, *New York Times*, May 2003.
53 親自採訪.
54 "Navy Wraps Up $40 Million in Repairs to Port Royal," William Cole, *Honolulu Advertiser*, September 2009.
55 U.S. Pacific Fleet（美國太平洋艦隊）, www.cpf.navy.mil/.
56 http://www.navy.mil/submit/display.asp?story_id=18257.
57 "S.D.-Based Navy Ship, Sub Collide in Strait of Hormuz," Steve Liewer, *San Diego Union-Tribune*, March 2009, navy.mil.
58 " 'Sub, dead ahead!' How a Warfare Exercise Committed the Navy's Cardinal Sin," Corinne Reilly, *Virginian-Pilot*, June 2014, navy.mil.
59 "U.S. Sub and Japanese Boat Collide," Thomas E. Ricks and Paul Arnett, *Washington Post*, February 2001; U.S. Navy Court of Inquiry, Pacific Fleet; "Navy Sub, Transport Ship Collide in Oman," Andrea Stone, *USA Today*, January 2002.
60 Navy News Desk, navy.mil.
61 UNICEF USA, https://www.unicefusa.org/mission/emergencies/hurricanes/2013-philippines-typhoon-haiyan, Navy News Desk; 親自採訪.
62 親自採訪.

第三章　吳上尉的新海軍

1 親自採訪; 親自登艦; "Chinese Checkers in the Pacific," Michael Fabey, *Aviation Week*, August 2014; "Inside China's First Rimpac Naval Exercise," Michael Fabey, *Aviation Week*, July 2014; "Aboard a Chinese Destroyer," Jeanette Steele, *San Diego Union-Tribune*, July 2014.
2 *Congressional Research Service; Defense Department Annual Report to Congress, Military and Security Developments, People's Republic of China*, DOD; *People's Liberation Army Navy: Combat Systems Technology: 1949–2010*, James C. Bussert and Bruce A. Elleman, (Naval Institute Press, 2011).
3 *The PLA Navy: New Capabilities and Missions for the 21st Century*, Office of Naval Intelligence.
4 親自採訪; 親自登艦; "Chinese Checkers in the Pacific," Fabey; "Inside China's First Rimpac Naval Exercise," Fabey; "Aboard a Chinese Destroyer," Steele.
5 *China Underground*, Zachary Mexico (Soft Skull Press, 2009).
6 *The Governance of China*, Xi Jinping (Foreign Languages Press, 2014).
7 CRS; *The PLA Navy: New Capabilities and Missions for the 21st Century*, Office of Naval Intelligence; 親自採訪.

22 *Yangtze River Patrol and Other US Navy Asiatic Fleet Activities in China, 1920–1942, as Described in the Annual Reports of the Navy Department*, Naval History and Heritage Command; *The Sand Pebbles*, Richard McKenna (Harper & Row, 1962); *The Sand Pebbles*(Movie), Twentieth Century Fox, 1966.

23 Naval History and Heritage Command; History.com.

24 World War II Database, http://ww2db.com; *Pacific Crucible: War at Sea in the Pacific, 1941–1942*, Ian W. Toll (W. W. Norton, 2012).

25 www.navy.mil.

26 親自採訪; *A Century of Spies: Intelligence in the Twentieth Century*, Jeffrey T. Richelson (Oxford University Press, 1995).

27 "A Cold War Fought in the Deep," Christopher Drew, Michael L. Millenson, and Robert Becker, *Chicago Tribune*, *Newport News Daily Press*, January 1991; *Blind Man's Bluff: The Untold Story of American Submarine Espionage*, Sherry Sontag, Christopher Drew, and Annette Lawrence Drew (Public Affairs, 1998).

28 Submarine Force Museum; 親自採訪.

29 親自採訪.

30 navy.mil; 親自採訪.

31 U.S. Navy, Defense Department budgets.

32 親自前往; *Almanac of American Military History*, Spencer C. Tucker (ABC-CLIO, 2012).

33 U.S. Defense Department（美國國防部）, defense.gov.

34 Pacific Command（太平洋司令部）, www.pacom.mil/.

35 親自採訪; *Restoring American Seapower*, CSBA.

36 親自登艦; 親自採訪; *Carrier*, Clancy and Gresham; Navy Fact File.

37 個人經驗.

38 親自採訪; 親自登艦.

39 navy budget documents.

40 親自採訪.

41 Navy Investigation (report); "Congressman Says Most Killed in Nimitz Crash Showed Traces of Drugs," Robert Reinhold, *New York Times*, June 1981.

42 Naval Safety Center（海軍安全中心）, http://www.public.navy.mil/NAVSAFECEN/Pages/index.aspx.

43 https://www.youtube.com/watch?v=v2v1Pgpzp88.

44 "Local Sailor Killed on Carrier IDd," NBC San Diego, December 2010.

45 "Navy Punishes 4 in USS Reagan Carrier Death, Generator Mishap," Seth Hettena, *San Diego Union-Tribune*, May 2005.

46 "Navy Human Error to Blame for Incident Injuring 8 Sailors on Carrier Ike," *Navy Times*, July 2016.

47 "U.S. Navy Mishap Costs Soar with Recent Incidents," Michael Fabey, *Aerospace Daily & Defense Report*, June 2016.

48 "Report Calls for Review of USS Frank Cable officers' Actions," Allison Batdorff, *Stars & Stripes*, May 2007; "USS Frank Cable— Officials: Sailor killed by helicopter rotor," Chris Plante, CNN,

21 親自採訪；"US 'Plays Innocent' After Near Collision at Sea," Qiu Yongzheng and Yang He, *Global Times*（《環球時報》）, December 2013.

22 親自採訪.

第二章　屬於美國的海洋

1 "Magellan's Voyage," *American Heritage*, October 1969, http://www.americanheritage.com/content/magellan%E2%80%99s-voyage.

2 *Geographic Guide Oceania*, www.geographicguide.com/oceania-maps.htm.

3 *Hong Kong Observatory, Annual Tropical Cyclone Report*, U.S. Joint Typhoon Warning Center (JTWC)（美國聯合颱風預警中心）; (US) National Hurricane Center（美國）國家颶風中心；Navy News Desk.

4 Naval History and Heritage Command（海軍歷史與遺產司令部）.

5 Merseyside Maritime Museum; Hong Kong Observatory（香港天文台）.

6 Shipwrecklog.com.

7 "A Rare Peek Inside Floating Lab," Greg Moran, *San Diego Tribune*, February 2012.

8 U.S. Navy Investigation（海軍犯罪調查處）, Navy News Desk.

9 "U.S. Coast Guard Sinks Japanese Boat Washed Away by Tsunami," Chelsea J. Carter, CNN, April 2012, edition.cnn.com/2012/04/06/us/japan-tsunami-ship/?hpt=us_c1; "Japanese 'Ghost Ship' Sunk off Alaska," Associated Press, April 2012, http://www.cbc.ca/news/canada/british-columbia/japanese-ghost-ship-sunk-off-alaska-1.1207936.

10 *South China Sea*, Hayton; United Nations Economic and Social Commission, http://www.unescap.org/stat/data; *Inter Press Service*, http://www.ipsnews.net/news/economy-trade/trade-investment/.

11 "Malacca Strait Transits Grow 2% to Record in 2015, Boxships See Dip in H2," *Seatrade Maritime News*, January 2016; Marine Vessel Traffic Malacca Strait Ship Traffic Tracker, http://www.marinevesseltraffic.com/2013/07/marine-traffic-malacca-strait-dual.html.

12 AMI International給作者的電子郵件；親自採訪.

13 *The Naval Institute Guide to Combat Fleets of the World: Their Ships, Aircraft, and Systems*, 16th Edition, Eric Wertheim (Naval Institute Press, 2013).

14 親自採訪；AMI; *Asia's Cauldron*, Kaplan; *South China Sea*, Hayton; *Asia-Pacific Rebalance 2025 Presence and Partnerships*, CSIS.

15 登上自由號的經驗；親自採訪.

16 speech, December 2005, Texas congressman Ted Poe.

17 U.S. Pacific Fleet Command History（美國太平洋艦隊指揮史）.

18 *America's Naval Heritage: A Catalog of Early Imprints from the Navy Department Library*, Naval Historical Center (Government Printing Office).

19 The Dawlish Chronicles, www.dawlishchronicles.com.

20 *Brief Summary of the Perry Expedition to Japan*, 1853, Naval History and Heritage Command.

21 "Dewey at Manila Bay: Lessons in Operational Art and Operational Leadership from America's First Fleet Admiral," Commander Derek B. Granger, U.S. Navy, *Naval War College Review* 64, no.4 (Autumn 2011).

軍情報局）.
4 *On China*, Kissinger.
5 *Countering China's Adventurism in the South China Sea*, CSBA.
6 *Fire on the Water*, Haddick.
7 *Countering China's Adventurism in the South China Sea*, CSBA.

第一章　這一天的任務

1 U.S. Navy release; Ship's Deck Log of the USS Cowpens (hull number) 63, Division NN01, Attached to COMCARSTRKGRU THREE Group, Seventh Fleet, Commencing 000(-8H) December 1st 2013 at SULU SEA, Ending 2315 (-8H) December 31st 2013 at SUBIC BAY, PHILIPPINES.
2 *The Naval Institute Guide to the Ships and Aircraft of the U.S. Fleet*, Nineteenth Edition, Norman Polmar (Naval Institute Press, 2013).
3 U.S. Navy release, www.navy.mil/navydata/fact.
4 親自採訪; U.S. Navy Biographies.
5 親自採訪; USS *Cowpens* daily ship log; U.S. Navy Material Conditions of Readiness.
6 U.S. Navy release.
7 親自採訪; *Submarine: A Guided Tour Inside a Nuclear Warship*（《核子潛艦之旅》）, Tom Clancy（湯姆克蘭西）with John Gresham (Berkley Books, 1993).
8 親自採訪; *Carrier: A Guided Tour of an Aircraft Carrier*, Tom Clancy with John Gresham (Berkley Books, 1999); *Restoring American Seapower: A New Fleet Architecture for the United States Navy*, Center for Strategic and Budgetary Assessment (CSBA), 2017.
9 親自採訪; USS *Cowpens* daily ship log.
10 親自採訪; "USS *Antietam* and USS *Cowpens* to Complete Hull Swap" release, Commander, Seventh Fleet.
11 親自採訪; "Command Investigation into Ship's Readiness and Leadership ICO USS *Cowpens* (CG-63)" Commander, U.S. Naval Surface Force.
12 親自採訪; USS *Cowpens* daily ship log; command operations reports and related documents in Naval Historical Center.
13 親自採訪; Navy News Desk.
14 親自採訪.
15 "USS *Antietam* and USS *Cowpens* to Complete Hull Swap."
16 "Navy to Let Ousted Captain of Yokosuka-Based Ship to Get 'Honorable' Retirement," Erik Slavin, *Stars and Stripes*, January 2012; Navy News Desk.
17 親自採訪; "Chinese Aircraft Carrier Liaoning Takes Up Role in South China Sea," Minnie Chan, *South China Morning Post*（《南華早報》）, November 2013.
18 *Asia-Pacific Rebalance 2025 Presence and Partnerships*, CSIS.
19 *The PLA Navy: New Capabilities and Missions for the 21st Century*, Office of Naval Intelligence.
20 親自採訪; *China Defense Blog*, http://china-defense.blogspot.com/2012/09/meet-sr-col-zhang-zheng-captainfor.html, September 2012.

註釋

大事紀

1 *On China*, Henry Kissinger (Penguin Press, 2011); 親自採訪.

2 *The South China Sea: The Struggle for Power in Asia*, Bill Hayton (Yale University Press, 2014); Asia-Pacific Rebalance 2025 Presence and Partnerships, Center for Strategic and International Studies（戰略與國際研究中心）(CSIS), 2016.

3 *On China*, Kissinger.

4 World Bank（世界銀行）, http://data.worldbank.org/.

5 World Bank.

6 *Born to Fly: The Untold Story of the Downed American Reconnaissance Plane*（《壯志凌雲：「中」美南海撞機事件的幕後故事》）, Shane Osborn（沙恩・奧斯本）, Malcolm McConnell（麥坎・麥康奈爾）, (Broadway Books, 2002); *China-U.S. Aircraft Collision Incident of April 2001: Assessments and Policy Implications*, Congressional Research Service (CRS), 2001.

7 *Defense Department Annual Report to Congress, Military and Security Developments, People's Republic of China*, Department of Defense, 2015.

8 *Asia-Pacific Rebalance 2025 Presence and Partnerships*, CSIS.

9 *South China Sea*, Hayton.

10 Admiral Harry Harris（哈利・哈里斯上將）speech, Australian Strategic Policy Institute（澳大利亞戰略政策智庫）in Canberra, 2015.

11 U.S. Navy release, www.navy.mil.

12 親自採訪; *Countering China's Adventurism in the South China Sea: Strategy Options for the Trump Administration*, Center for Strategic and Budgetary Assessment (CSBA), 2016; "Taiwan Scrambles Jets, Navy as China Aircraft Carrier Enters Taiwan Strait," J. R. Wu, Faith Hung, Michael Martina, Reuters, January 2017.

作者序

1 親自採訪.

2 *Asia's Cauldron: The South China Sea and the End of a Stable Pacific*, Robert D. Kaplan (Random House, 2014); *Fire on the Water: China, America, and the Future of the Pacific*, Robert H. Haddick (Naval Institute Press, 2014); *The China Dream: Great Power Thinking and Strategic Posture in the Post-American Era*, Liu Mingfu (CN Times Books, 2015); *The Hundred-Year Marathon: China's Secret Strategy to Replace America as the Global Superpower*, Michael Pillsbury (Henry Holt, 2015); *Mayday: The Decline of American Naval Supremacy*, Seth Cropsey (Duckworth Overlook, 2013).

3 *The PLA Navy: New Capabilities and Missions for the 21st Century*, Office of Naval Intelligence（海

美中暖戰：兩強競逐太平洋控制權的現在進行式

Crashback: The Power Clash Between the U.S. and China in Pacific

作者　麥克・法貝（Michael Fabey）
譯者　常靖
主編　區肇威
封面設計　莊謹銘
內頁排版　宸遠彩藝

社長　郭重興
發行人兼出版總監　曾大福
出版發行　燎原出版／遠足文化事業股份有限公司
地址　新北市新店區民權路 108-2 號 9 樓
電話　02-2218-1417
傳真　02-8667-1065
客服專線　0800-221-029
信箱　sparkspub@gmail.com
Facebook　www.facebook.com/SparksPublishing/

法律顧問　華洋法律事務所／蘇文生律師
印刷　成陽印刷股份有限公司

出版日期　二〇二〇年〇六月／初版一刷
定價／四二〇元

美中暖戰：兩強競逐太平洋控制權的現在進行式 / 麥克．法貝 (Michael Fabey) 著；常靖譯．-- 初版．-- 新北市：燎原出版，2020.06
320 面；14.8×21 公分
譯自：Crashback : the power clash between the U.S. and China in the Pacific
ISBN 978-986-98382-4-5(（平裝）

1. 海權　2. 南海問題　3. 中美關係

592.42　　109007244